国家出版基金资助项目
Projects Supported by
the National Publishing Fund

"十四五"国家重点
出版物出版规划项目

国家出版基金项目
NATIONAL PUBLICATION FOUNDATION

数字钢铁关键技术丛书 | 主编　王国栋

冷轧过程数字化建模
与智能优化

Digital Modeling and Intelligent Optimization
of Cold Rolling Process

孙　杰　陈树宗　王青龙　胡云建　张殿华　等著

U0352927

（彩图资源）

北　京
冶金工业出版社
2024

内 容 提 要

本书针对板带材冷连轧过程，系统论述了关键工艺质量指标的数字化建模与智能优化，介绍了冷连轧工艺与自动化控制系统，结合数据驱动与机器学习方法，阐述了冷轧力能参数高精度预测与轧制过程多目标优化设计，给出了非稳态过程厚度控制与多机架厚度-张力协调优化控制策略，提出了板形调控功效获取与板形预测方法，并实现了薄硬带钢冷轧振动预测与优化控制。

本书可供从事冷轧工艺与自动化工作的工程技术人员、科研人员阅读，也可供高等院校材料成型、自动化等相关专业的师生参考。

图书在版编目(CIP)数据

冷轧过程数字化建模与智能优化/孙杰等著. —北京：冶金工业出版社，2024.6
（数字钢铁关键技术丛书）
ISBN 978-7-5024-9869-6

Ⅰ.①冷⋯　Ⅱ.①孙⋯　Ⅲ.①冷轧—生产过程—数学模型　Ⅳ.
①TG335.12

中国国家版本馆 CIP 数据核字（2024）第 094902 号

冷轧过程数字化建模与智能优化

出版发行	冶金工业出版社	电　话	(010)64027926
地　址	北京市东城区嵩祝院北巷 39 号	邮　编	100009
网　址	www.mip1953.com	电子信箱	service@mip1953.com

策　划　卢　敏　责任编辑　张佳丽　卢　敏　美术编辑　吕欣童
版式设计　郑小利　责任校对　王永欣　李　娜　责任印制　窦　唯
北京捷迅佳彩印刷有限公司印刷
2024 年 6 月第 1 版，2024 年 6 月第 1 次印刷
787mm×1092mm　1/16；14.25 印张；344 千字；213 页
定价 99.00 元

投稿电话　(010)64027932　投稿信箱　tougao@cnmip.com.cn
营销中心电话　(010)64044283
冶金工业出版社天猫旗舰店　yjgycbs.tmall.com
（本书如有印装质量问题，本社营销中心负责退换）

"数字钢铁关键技术丛书"
总　序

　　钢铁是支撑国家发展的最重要的基础原材料，对国家建设、国防安全、人民生活等具有重要的战略意义。人类社会进入数字时代，数据成为关键生产要素，数据分析成为解决不确定性问题的最有效新方法。党的十八大以来，以习近平同志为核心的党中央高瞻远瞩，抓住全球数字化发展与数字化转型的重大历史机遇，系统谋划、统筹推进数字中国建设。党的十九大报告明确提出建设"网络强国、数字中国、智慧社会"，数字中国首次写入党和国家纲领性文件，数字经济上升为国家战略，强调利用大数据和数字化技术赋能传统产业转型升级。国家和行业"十四五"规划都将钢铁行业的数字化转型作为工作的重点方向，推进生产数据贯通化、制造柔性化、产品个性化。

　　钢铁作为大型复杂的现代流程工业，虽然具有先进的数据采集系统、自动化控制系统和研发设施等先天优势，但全流程各工序具有多变量、强耦合、非线性和大滞后等特点，实时信息的极度缺乏、生产单元的孤岛控制、界面精准衔接的管理窠臼等问题交织构成工艺-生产"黑箱"，形成了钢铁生产的"不确定性"。这种"不确定性"严重制约钢铁生产的效率、质量和价值创造，直接影响企业产品竞争力、盈利水平和原材料供应链安全。

　　钢铁行业置身于这个世界百年未有之大变局之中，也必然经历其有史以来的最广泛、最深刻、最重大的一场变革。通过这场大变革，钢铁行业的管理与控制将由主要解决确定性问题的自动控制系统，转型为解决不确定性问题见长的信息物理系统（CPS）；钢铁行业发展的驱动力，将由工业时代的机理驱动，转型为"抢先利用数据"的数据驱动；钢铁行业解决问题的分析方法，将由机理解析演绎推理，转型为以数据/机器学习为特征的数据分析；钢铁过程主流程的控制建模，将由理论模型或经验模型转型为数字孪生建模；钢铁行业全流程的过程控制，必然由常规的自动化控制系统转型为可以自适应、自学习、自组织、高度自治的信息物理系统。

这一深刻的变革是钢铁行业有史以来最大转型的关键战略，它必将大规模采用最新的数字化技术架构，建设钢铁创新基础设施，充分发挥钢铁行业丰富应用场景优势，最大限度地利用企业丰富的数据、诀窍和先进技术等长期积累的资源，依靠数据分析、数据科学的强大数据处理能力和放大、倍增、叠加作用，加快建设"数字钢铁"，提升企业的核心竞争力，赋能钢铁行业转型升级。

将数字技术/数字经济与实体经济结合，加快材料研究创新，已经成为国际竞争的焦点。美国政府提出"材料基因组计划"，将数据和计算工具提升到与实验工具同等重要的地位，目的就是更加倚重数据科学和新兴计算工具，加快材料发现与创新。近年来，日本JFE、韩国POSCO等国外先进钢铁企业，已相继开展信息物理系统研发工作，融合钢铁生产数据和领域经验知识，优化生产工艺、提升产品质量。

从消化吸收国外先进自动化、信息化技术，到自主研发冶炼、轧制等控制系统，并进一步推动大型主力钢铁生产装备国产化。近年来，我们研发数字化控制技术，有组织承担智能制造国家重大任务，在国际上率先提出了"数字钢铁"的整体架构。

在此过程中，我们组成产学研密切合作的研究队伍"数字钢铁创新团队"，选择典型生产线，开展"选矿-炼铁-炼钢-连铸-热轧-冷轧-热处理"全流程数字化转型关键共性技术研究，提出了具有我国特色的钢铁行业数字化转型的目标、技术路线、系统架构和实施路线，围绕各工序关键共性技术集中攻关。在企业的生产线上，结合我国钢铁工业的实际情况，提出了低成本、高效率、安全稳妥的实现企业数字化转型的实施方案。

通过研究工作，我们研发的钢铁生产过程的数字孪生系统，已经在钢铁企业的重要工序取得突破性进展和国际领先的研究成果，实现了生产过程"黑箱"透明化，其他一些工序也取得重要进展，逐步构建了各层级、各工序与全流程CPS。这些工作突破了复杂工况条件下关键参数无法检测和有效控制的难题，实现了工序内精准协调、工序间全局协同的动态实时优化，提升了产品质量和产线运行水平，引领了钢铁行业数字化转型，对其他流程工业的数字化转型升级也将起到良好的示范作用。

总结、分析几年来在钢铁行业数字化转型方面的工作和体会，我们深刻认识到，钢铁行业必须与数字经济、数字技术相融合，发挥钢铁行业应用场景和数据资源的优势，以工业互联网为载体、以底层生产线的数据感知和精准执行为基础、以边缘过程设定模型的数字孪生化和边缘–产线的 CPS 化为核心、以数字驱动的云平台为支撑，建设数字驱动的钢铁企业数字化创新基础设施，加速建设数字钢铁。这一成果，已经代表钢铁行业在乌镇召开的"2022 全球工业互联网大会暨工业行业数字化转型年会"等重要会议上交流，引起各方面的广泛重视。

截至目前，系统论述钢铁工业数字化转型的技术丛书尚属空白。钢铁行业同仁对原创技术的期盼，激励我们把数字化创新的成果整理出来、推广出去，让它们成为广大钢铁企业技术人员手中攻坚克难、夺取新胜利的锐利武器。冶金工业出版社的领导和编辑同志特地来到学校，热心指导，提出建议，商量出版等具体事宜。我们相信，通过产学研各方和出版社同志的共同努力，我们会向钢铁界的同仁、正在成长的学生们奉献出一套有里、有表、有分量、有影响的系列丛书。

期望这套丛书的出版，能够完善我国钢铁工业数字化转型理论体系，推广钢铁工业数字化关键共性技术，加速我国钢铁工业与数字技术深度融合，提高我国钢铁行业的国际竞争力，引领国际钢铁工业的数字化转型和高质量发展。

中国工程院院士 王开辉

2023 年 5 月

前　言

冷轧主要面向汽车、电机、精密仪器等高端产品需求，是交通、能源、国防军工等领域的重要保障。冷轧过程尺寸精度达微米级、动态响应达毫秒级、轧制速度每分钟达千米以上、工艺及质量参数达上千个，是最复杂的工业控制过程之一。冷连轧控制水平在某种程度上代表着一个国家钢铁行业的发展水平。

我国高端冷连轧工艺与控制技术曾长期依赖进口，但引进的数学模型、厚度、板形与轧制稳定性等核心控制软件均为"黑箱"，严重制约了高端产品开发和前沿技术创新。同时，工艺机理模型受制于简化性假设条件，难以支撑更高精度的控制需求；传统控制方式对于众多工艺参数的交叉耦合考虑不足，造成机架内与机架间控制过程的相互干扰，也限制了产品质量和生产线运行水平的进一步提升。

东北大学轧制技术及连轧自动化国家重点实验室长期从事冷轧工艺与控制系统研发工作。在丰富轧制过程尺寸与稳定性理论的基础上，融合生产数据构建数字化模型，提升模型精度与适应能力，研发出关键质量指标智能协调优化技术，开发出自主可控的冷连轧控制全套工业软件，满足了极薄厚度、更高精度和更高速度的生产需求，实现了从控制系统自主研发到引进系统升级优化，再到关键技术对外输出的跨越。

作者以多年生产一线的科研成果和实践经验为基础，参阅了国内外大量的文献和技术资料，撰写了本书，在内容上力求理论联系实际，突出本领域技术的实用性和先进性，以期对我国冷轧控制技术提升有所帮助。本书详细阐述了冷轧过程力能参数、厚度-张力控制、板形控制、轧制振动等数字化模型与智能优化工作。其中，第1章由孙杰、张殿华撰写，第2章和第3章由陈树宗、王军生撰写，第4章和第5章由胡云建、孙杰撰写，第6章和第7章由王青龙、孙杰撰写，第8章和第9章由鲁兴、王云龙、孙杰撰写。撰写过程中得到了王国栋院士、邸洪双教授的指导，以及轧制技术及连轧自动化国家重点实验室领导老师们的关心和帮助，并参阅了国内外专家、学者的文献资料，以及一些企业的生产实例、图表和数据等，本书的出版得到了国家重点研发计划项目（2022YFB3304800）、国家自然科学基金项目（U21A20117，51774084）、辽宁省应用基础研究计划项目（2022JH2/101300008）的支持，在此一并表示衷心的感谢。

由于作者水平有限，书中不妥之处，敬请广大读者批评指正。

作　者
2023 年 12 月

目　录

1 冷轧工艺与自动化控制

冷轧板带材属于高附加值金属产品，其尺寸精度、表面质量、力学性能及工艺性能均优于热轧板带钢，是机械制造、汽车、建筑、电子仪表、家用电器、食品等行业所必不可少的原材料。工业发达国家在金属行业结构上的一个明显变化是在保持板带比持续提高的前提下，高附加值的深加工冷轧板带产品显著增加[1]。发达国家热轧板带材转化为冷轧板带材和涂镀层板的比例高达90%以上。

随着我国经济发展以及产业结构逐步升级，制造业产能迅速扩张，国内市场对冷轧板带产品的需求量巨大，并将长期保持一个增长的态势。在冷轧板带产量增加的同时，下游行业对板带质量提出了越来越高的要求。为了提高冷轧板带材产品的质量，工艺技术人员对冷轧生产设备，特别是自动化控制系统提出了越来越高的要求[2-4]。

1.1 板带材冷轧生产工艺

板带材冷轧生产具有以下工艺特点[5-6]：

（1）加工硬化。由于冷轧是在金属的再结晶温度以下进行且冷轧过程中会产生较大的累积变形，故在冷轧过程中会产生加工硬化，使材料的变形抗力增大、塑性降低。加工硬化超过一定程度后，轧件将因过分硬脆而不适于继续冷轧。因此板带材经冷轧一定道次后，往往要经软化处理（再结晶退火、固溶处理等），使轧件恢复塑性，降低变形抗力，以便继续轧薄，或进行冲压、折弯、拉伸等其他深加工。

（2）工艺冷却和润滑。冷轧过程中产生的剧烈变形热和摩擦热使轧件和轧辊温度升高，这将影响板带材的表面质量和轧辊寿命；同时轧辊温度过高也会使油膜破裂，使冷轧不能顺利进行。因此，为了保证冷轧正常进行，对轧辊及轧件应采取有效的冷却措施。通常情况下，冷轧时采用乳化液作为冷却剂。此外，乳化液还起到工艺润滑的作用。工艺润滑在冷轧中的主要作用是减小金属的变形抗力，这不但有助于保证在已有的设备能力条件下实现更大的压下，而且还可使轧机能够经济可行地生产厚度更小的产品。在轧制某些品种时，采用工艺润滑还可以起到防止金属黏辊的作用，提高带钢的表面质量。

（3）大张力轧制。在冷轧过程中，较大的张力可以改变金属在变形区的主应力状态，能减小单位压力，便于轧制更薄的产品和降低能耗。同时，张力能防止带钢在轧制过程中跑偏，使带钢能准确地进入轧辊和卷取，保证带钢的平直度。另外，张力还起到调整冷轧机主电机负荷的作用，从而提高轧机的生产效率。

随着冷轧生产技术的发展，带材冷轧已淘汰了过去的单张或半成卷生产方法，取而代之的是成卷生产方法。以带钢为例，冷轧板带钢的生产流程主要由酸洗、冷轧、脱脂、退火、平整、精整和涂镀等工艺组成。具有代表性的冷轧板带钢产品是金属镀层薄板（包括镀锡板、镀锌板等）、深冲钢板等，各种冷轧产品生产流程如图 1-1 所示。

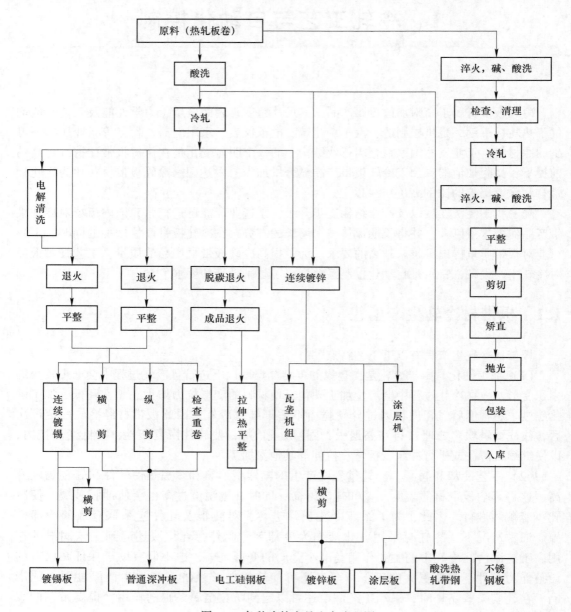

图 1-1　各种冷轧产品生产流程图

冷轧板带材最初是以可逆轧制方式进行生产的，但该类轧机速度慢，生产过程中需要频繁停车、穿带、启车等，导致产量低。为了大规模、高效率地生产优质冷轧板带材产品，开始采用多机架连续式轧制的冷连轧机进行生产。但可逆式冷轧机的生产方式灵活，且产品规格跨度大，使得该类轧机还无法被替代。目前，板带材冷轧是在可逆式冷轧机和冷连轧机这两类轧机上进行生产的[7]。

1.2　冷连轧工艺与装备

单机架可逆式轧机由于轧制速度低（最高轧制速度仅为 10~12 m/s）、轧制道次多、生产能力低，只适于小批量、多品种及特殊钢材的轧制。因此，当产品品种规格较为单一、年产量高时，宜选用生产效率与轧制速度都高的多机架连续式冷轧方式。目前，无论是在我国还是在其他发达国家，冷连轧机已承担起了薄板带材的主要生产任务[8-10]。

一般来说，板带材冷连轧机组的机架数目根据成品带钢厚度不同而异，由 3~6 个机架组成。当生产厚度为 1.0~1.5 mm 的冷轧汽车板时，常选用 3 机架或 4 机架冷连轧机组；对于厚度为 0.25~0.4 mm 的带钢产品，一般采用 5 机架冷连轧机（4 机架只能轧制 0.4~1.0 mm 的板、带产品），若成品带钢厚度小于 0.18 mm 时，则采用 6 机架冷连轧机组，但一般最多不超过 6 个机架。目前，5 机架冷连轧机已经成为主流机种，所有新建的冷连轧机组几乎全部采用 5 个机架。

为了使冷轧生产达到高产、优质、低成本，研究者在冷轧机的设计制造和操作上做了极大努力，并取得了很大的成就。到目前为止，按照冷轧带材生产工序及联合的特点，冷连轧机主要可分为以下两类：

（1）第一类是单一全连续轧机。该类型轧机是在常规冷连轧机的前面，设置焊机、活套等机电设备，使冷轧带钢不间断地轧制。这种单一轧制工序的连续化，称为单一全连续轧制，世界上最早实现这种生产的厂家是日本钢管福山钢厂，于 1971 年 6 月投产。川崎千叶钢厂将 4 机架常规冷连轧改造成单一全连续轧机，该机组于 1988 年投产，改造后生产效率得到大幅提高。

（2）第二类是联合式全连续轧机。将单一全连续轧机再与其他生产工序的机组联合，称为联合式全连续轧机，若单一全连续轧机与后面的连续退火机组联合，即为退火联合式全连续轧机；全连续轧机与前面的酸洗机组联合，即为酸洗联合式全连续轧机，这种轧机最早是在 1982 年新日铁广畑厂投产的，目前世界上酸洗联合式全连续轧机较多，发展较快，是全连续的一个发展方向。

目前，在带钢冷连轧生产中，最常采用的联合式全连轧机组是酸洗-冷连轧机组，即将热轧钢卷在酸洗入口首尾焊接，使带钢以"无头"形式连续通过酸洗-冷连轧，在轧机出口处进行剪接，获得冷连轧带钢产品。

1.2.1　酸洗

由于热轧卷终轧温度高达 800~900 ℃，因此其表面生成的氧化铁皮层必须在冷轧前去除。目前冷连轧机组都配有连续酸洗机组。连续式酸洗有塔式及卧式两类，指的是机组中部酸洗段是垂直还是水平布置，机组入口和出口段则基本相同[11-12]。

塔式的酸洗效率高但容易断带和跑偏，并且厂房太高（21~45 m），因此目前还是以卧式为主。

以某 1450 mm 酸洗冷连轧机组的酸洗段设备为例，典型酸洗机组的设备组成如图 1-2 所示。酸洗机组的设备主要包括：入口段设备，工艺段设备，出口段设备。

入口段设备主要包括：开卷机、直头机、入口双层剪、转向夹送辊、激光焊机和张力辊等。

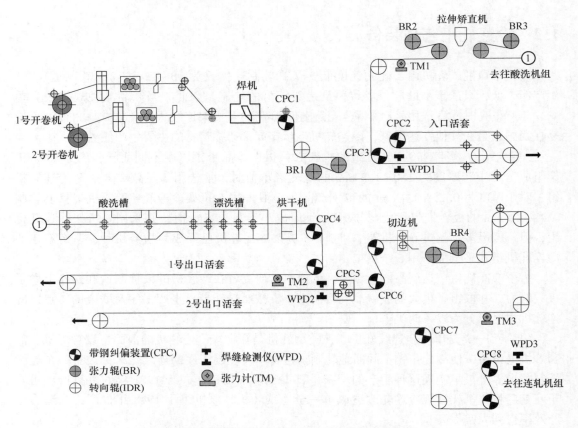

图 1-2 典型酸洗–冷连轧机组的酸洗段设备组成

工艺段设备主要包括：焊缝检测仪、纠偏辊、活套、转向辊、张力辊、破鳞拉矫机、酸洗槽及漂洗槽和带钢烘干装置等。

出口段设备主要包括：纠偏辊、转向辊、焊缝检测仪、月牙剪、圆盘剪、张力辊和活套等。

1.2.2 冷连轧

图 1-3 为典型酸洗–冷连轧机组的冷轧段设备组成。冷轧段设备包括：张力辊、纠偏辊、入口剪、焊缝检测仪、5 个六辊轧机、机架间设备（穿带导板、防缠导板和张力辊等）、飞剪、夹送辊和卡罗塞尔卷取机等。

经过酸洗处理后的热轧带卷连续进入冷轧段，轧机以低速加速至稳定轧制速度（20~35 m/s），稳定轧制段占整个轧制过程的 95% 以上，在带钢即将轧完时轧机自动开始减速以使焊缝能以低速（2~3 m/s）进入各个机架以避免损坏轧辊，当焊缝到达轧机出口飞剪处飞剪进行剪切，卸卷小车上升，卷筒收缩以便卸卷小车将钢卷卸出并送往输出步进梁，最终由吊车吊至下一工序。

有些冷连轧机组不是和酸洗串联在一起的，而是以单独的冷连轧机形式存在。这类机组为了实现"无头"轧制，在冷连轧机前后增加了许多设备，其中包括：2 套开卷机和入

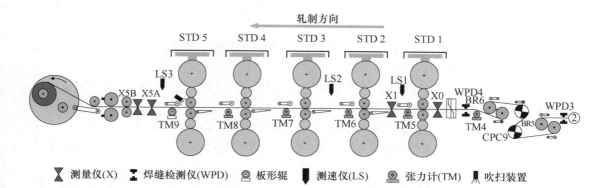

图 1-3　典型酸洗-冷连轧机组的冷轧段设备组成

口活套（以保证连续供料）、夹送辊、矫直辊、剪切机及焊机和张力辊等，这与前面所述的酸洗机组入口段设备相类似。此外，为了连接入口段和冷连轧机组还需加上一些导向辊、纠偏辊、张力辊及 S 辊等。为了实现全连续轧制还需在冷连轧机组出口段加上夹送辊、飞剪及 2 台张力卷取机（或卡罗塞尔卷取机）。

冷连轧过程中需要注意：焊缝进入各机架时机组要适当减速以免焊缝磕伤轧辊；连续式冷连轧或酸洗-轧机联合机组都需要增加动态变规格的功能以及适用于存在带钢的情况下的快速换辊装置；冷连轧采用大张力方式轧制，并对工艺润滑给予特别的注意以保证具有稳定且较小的摩擦力（轧辊与轧件间），这可以使轧制力减小，保证足够大的压下率。

1.3　冷连轧自动化控制系统

1.3.1　冷连轧控制系统概述

面对冷轧机机组复杂的生产过程，冷连轧 L2 系统应具备如下功能：

（1）通信功能：在整个冷连轧自动化控制系统的数据通信过程中，冷连轧 L2 系统作为 L3 系统和冷连轧 L1 系统的纽带，应该保证与 L3 系统、冷连轧 L1 系统信息交换的精准、畅通。

（2）模型设定：模型设定的过程是根据工厂的生产计划信息，按照实际轧制要求，选择最优的轧制规范，并根据相关模型参数，完成轧制规程的设定计算，并将相关数据下发至冷连轧 L1 系统进行调节。在实际生产过程中，一般采用数学模型自适应的学习算法来提高模型的设定精度。

（3）带钢跟踪：带钢跟踪是冷连轧 L2 系统的中枢部分，主要任务是对冷连轧 L1 系统上传的钢卷状态信息进行实时的跟踪和修正，以便为轧制模型设定参数的下发提供数据支持。

（4）记录报表系统：实时记录并打印轧制过程工艺、设备等数据，为产品质量分析和故障分析提供理论依据。报表系统通过报表管理画面实现报表的设定和启动，主要功能包括：酸洗设备信息、酸洗介质实时统计信息、钢卷轧制信息、生产数据报表、设备故障、换辊记录及产品质量评估等。

（5）故障记录系统：记录、显示故障时间和类型等信息，以便在发生故障时，及时有效地分析和查找故障原因。

冷连轧 L1 系统的相关控制程序一般通过西门子工艺控制系统（TDC）等来完成，主要功能包括以下几个部分：

（1）轧机入口段：张力辊组速度调节、焊缝在线校正、带钢自动对中等功能。

（2）轧机辅助段：乳化液系统液位、温度、流量的动态调节，液压站启停相关辅助控制等功能。

（3）轧机轧制段：自动厚度控制、自动张力控制、液压弯辊控制、自动板形控制、轧制速度控制等功能。

（4）轧机出口段：卷取机自动旋转、卷取、钢卷自动卸载与运输、飞剪在线剪切、记录成品数据等功能。

冷连轧段自动化系统与网络配置如图 1-4 所示。

1.3.2　过程自动化控制系统

冷连轧 L2 系统面向 5 机架轧机，按照功能将其划分为过程控制和非过程控制两部分。过程控制部分即模型设定系统，主要功能是模型优化、轧制参数设定和负荷分配计算，并下发给基础自动化系统[13-14]。非过程控制部分主要包括数据通信、带钢跟踪、数据采集与处理、过程数据管理、生产过程管理、人机对话以及报表输出等辅助功能。冷连轧 L2 系统各部分功能之间的关系如图 1-5 所示。

1.3.2.1　数据通信

在实际生产线的数据传输过程中，冷连轧 L2 系统需同时与 L3 系统和冷连轧 L1 系统相互通信传递数据信息，以保证各系统间的信息及时传递。因此，控制系统采用了多种通信方式实现系统互联，如数据库互联通信、Socket 通信和 OPC 通信等。各系统间的通信如图 1-6 所示。

冷连轧 L2 系统与 L3 系统之间的通信一般通过以太网完成。其中，L3 系统的服务器向冷连轧机组的冷连轧 L2 系统发送生产计划数据、原料数据和生产要求数据。冷连轧 L2 系统向 L3 系统发送生产进度数据、生产结果数据、交接班生产记录数据、停机数据等[15]。

冷连轧 L2 系统与冷连轧 L1 系统间的通信网络连接方式为工业以太网。由于冷连轧生产工艺复杂、各控制系统间的数据量大且实时性高，为提高传输效率和避免报文数据丢失，需要同时建立多个数据通信连接。

1.3.2.2　钢卷跟踪

冷连轧 L2 系统中的钢卷跟踪功能主要是根据冷连轧 L1 系统上传的钢卷跟踪信息及生产设备动作信号，通过相关模型的计算与校正，在线修正整条生产线上的钢卷物理位置、焊缝位置及带钢状态等数据。同时，钢卷跟踪还要参与其他功能模块的启动，数据采集与发送的触发，以及轧机模型自适应等各类功能[16]。

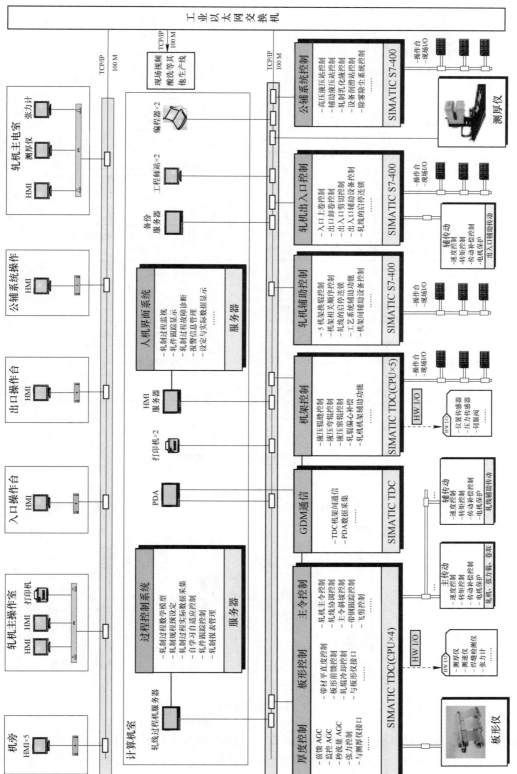

图1-4 冷连轧自动化控制系统与网络配置

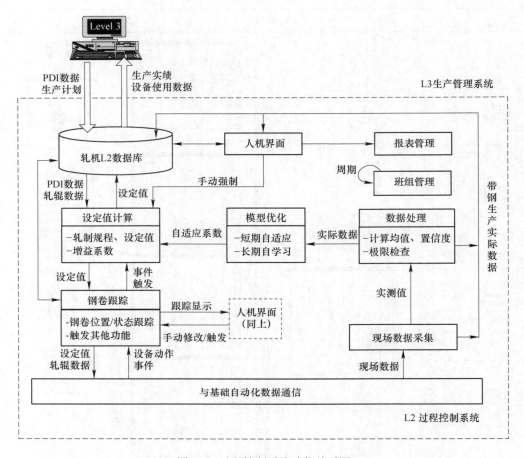

图 1-5 过程控制系统功能关系图

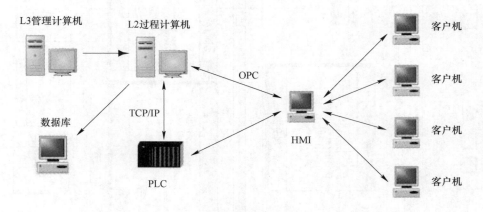

图 1-6 数据通信示意图

对于整个酸洗–冷连轧机组控制系统而言，从热轧来料在鞍座上待卷到轧制成成品的整个过程中，带钢的相关信息都被跟踪系统密切监视、记录。冷连轧机组的跟踪区域如图 1-7 所示。

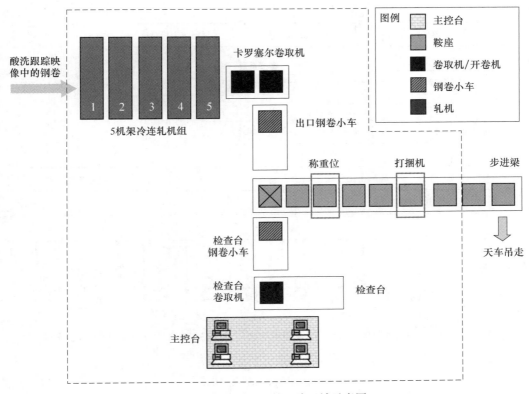

图 1-7 冷连轧机组的跟踪区域示意图

1.3.2.3 模型设定系统

在冷连轧 L2 系统中，模型设定是最为重要的核心部分。主要任务是根据轧制生产要求及相关数据，对轧制工艺参数进行计算，并利用得到的实测数据进行模型自适应，修正设定参数，不断提高参数设定的精度。其中，模型设定系统由 3 部分组成：数学模型、轧制规程设定及模型自适应[17]。图 1-8 是冷连轧模型系统功能框图。

A　在线数学模型及模型自适应

根据构建方法的不同，数学模型可分为 3 种：理论型、统计型和理论统计型。在冷连轧控制系统中，数学模型多采用理论统计型模型。而轧制模型是由多个不同功能的子模型组成的，如轧制力模型、轧机功率模型、辊缝设定模型、摩擦系数模型及板形控制模型等各类模型[18-21]。各模型之间的相互调用关系如图 1-9 所示。

在稳定轧制时，主电机轴端所需力矩除轧制力矩外，还包括摩擦力矩、空转力矩等。在主电机输出力矩中，轧制力矩最大，该项可以通过理论模型计算获得，进而求出轧制功率。由于轧制过程中损失力矩的理论计算非常复杂、模型参数难以确定，因此，轧制过程中的机械损失功率的计算难以通过理论模型获得。目前，在冷轧轧制模型系统中，一般通过电机效率补偿系数来修正电机功率[22]。但在实际生产中，由于轧制速度、轧制力等参数会发生变化，轧制过程的机械损失功率并不是固定值。因此，传统计算轧机电机功率的模型具有一定局限性。为提高冷轧电机功率的计算精度，采用理论计算与电机机械功率损

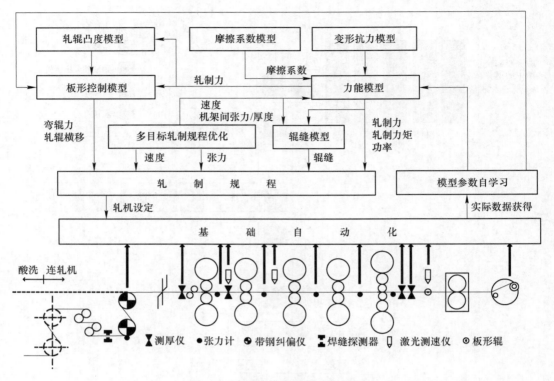

图 1-8　冷连轧模型系统功能框图

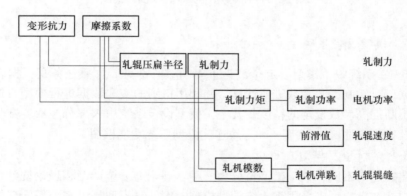

图 1-9　数学模型的相互调用关系

耗测试回归相结合的计算模型，将冷轧机的电机输出功率分为轧制功率和机械功率损耗。其中，轧制功率采用理论计算得到，而电机机械功率损耗采用实验测试数据回归方法获得。

在现场生产过程中，由于生产环境、轧制状态和来料性能的不断变化，轧制数学模型无法对整个轧制状态进行精准的描述。因此，需要引入模型自适应的方法，并通过实时采集轧制数据，对数学模型中的系数进行在线修正，来不断提高模型的设定精度[23-24]。就冷连轧过程控制而言，其数学模型自适应根据速度不同可分为两种类型：低速自适应和高速自适应。

全连续冷连轧生产过程中，每卷带钢的轧制过程都包含了低速阶段的带头穿带轧制、升速运行、稳定高速轧制、降速运行及带尾剪切低速运行等阶段。而在每卷带钢的轧制过程中，低速阶段模型采用带钢带头数据计算低速自适应系数；高速阶段则通过高速稳定运行的数据确定高速自适应系数。当存在多个速度台阶时，以最高速数据为准。此外，在每一卷带钢的轧制过程中，低速自适应和高速自适应各运行 1 次，如图 1-10 所示。

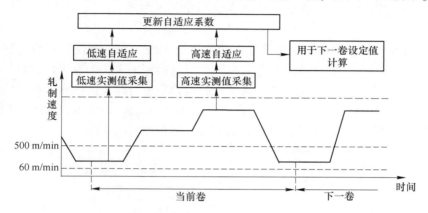

图 1-10　冷连轧模型自适应的方式

B　轧制规程的制定

轧制规程是冷轧过程中，为下一卷带钢轧制提供的轧制参数。控制系统根据来料带钢的相关性能、尺寸数据和成品要求等 PDI 数据以及轧机设备本身的机组能力，在满足工艺要求、设备性能和生产安全的基础上，制定的各机架轧制速度、负荷分配、张力分配等工艺参数[25-29]。为使制定的轧制规程能够达到最优，同时也能摆脱对经验值的依赖，在实际生产过程中采用一种综合考虑产量最大化、产品质量和设备工艺要求等为目标的评价函数，设计过程如图 1-11 所示。

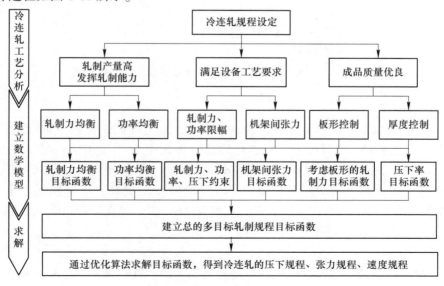

图 1-11　轧制规程优化设计过程示意图

1.3.3　基础自动化控制系统

1.3.3.1　厚度控制系统

成品厚度精度主要靠厚度控制系统来完成，根据在线检测仪表的安装位置、执行机构控制能力以及作用情况，AGC 控制技术可分为以下几种形式。

A　前馈 AGC

前馈 AGC 是一种有效消除来料厚度波动的重要手段。其主要控制过程是在带钢尚未进入 5 机架冷轧机前，通过安装在机架入口的测厚仪检测出来料的厚度值，将反馈的偏差信号经系统处理后转化为控制量，并发送给执行机构完成对厚度的控制。典型的前馈 AGC 系统如图 1-12 所示。对于冷连轧机组而言，前馈 AGC 可通过调节本机架的辊缝，调节上游机架的速度，或调节本机架的速度的方式实现对带钢厚度的控制。

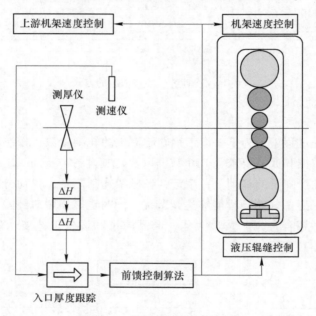

图 1-12　典型的前馈 AGC 系统

B　监控 AGC

监控 AGC 是采集轧机出口处测厚仪的厚差数据，通过控制系统调节辊缝或相邻机架速度来消除带钢的趋势性厚度偏差。冷连轧的监控 AGC 控制手段包括：调节本机架的辊缝，调节上游机架的速度，或调节本机架的速度 3 种。由于监控 AGC 采集的是轧机出口处的厚差信号，因此具有较大滞后，限制了其控制精度的提高。随着控制理论的发展，Smith 预估器等消除大滞后环节的算法被引入监控 AGC 中。现在监控 AGC 已经是厚度控制系统必不可少的部分，其控制结构图如图 1-13 所示。

C　秒流量 AGC

秒流量 AGC 广泛应用于冷连轧机的厚度控制系统中，其原理是根据秒流量相等原则，通过入口速度、入口带钢厚度以及出口带钢速度估算出口带钢厚度，并将估算的出口厚度

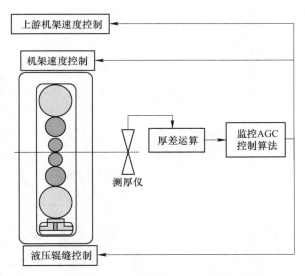

图 1-13 典型的监控 AGC 系统

与目标厚度比较，通过调节机架速度或辊缝消除厚度偏差。具体的消除手段包括：调整本机架辊缝、上游机架速度或本机架速度。典型的秒流量 AGC 系统如图 1-14 所示。

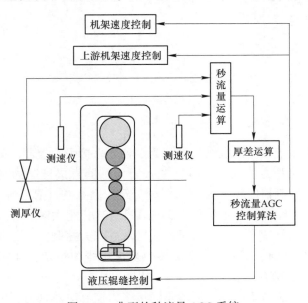

图 1-14 典型的秒流量 AGC 系统

以某 1450 mm 酸洗冷连轧现场为例，厚度控制系统根据轧机仪表配置以及工艺情况，包括以下控制功能：

（1）第 1 机架轧机前馈 AGC 系统；

（2）第 1 机架轧机监控 AGC 系统；

（3）第 2 机架轧机秒流量 AGC 系统；

（4）第 5 机架轧机前馈 AGC 系统；

（5）第 5 机架轧机监控 AGC 系统；

（6）第 5 机架轧制力补偿控制系统；

（7）轧机动态负荷平衡控制系统；

（8）轧机速度修正控制系统。

5 机架冷连轧机厚度控制系统各功能分布状况如图 1-15 所示[30-31]。

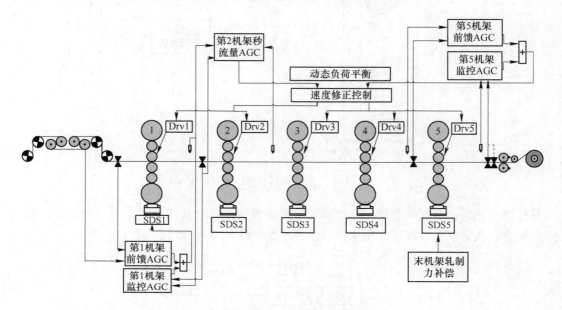

图 1-15   冷连轧机厚度自动控制系统框图

1.3.3.2   张力控制系统

冷连轧张力控制系统根据系统结构可分为 3 种：直接张力控制、间接张力控制和复合张力控制。其中，直接张力控制方法是比较张力传感器直接检测的张力信号与系统设定值，将比较偏差作为控制器的输入量输入系统，经控制系统计算后输出至调节执行机构，从而控制张力。为了实时检测带钢的张力，现代冷连轧机组大多都在相邻机架间及轧机入口和轧机出口等区域内安装张力计。对于不同区域的张力控制方法也不尽相同，对于轧机出入口区域，多通过控制传动系统的设定转矩来保持张力恒定；而机架间张力一般根据 AGC 控制方式来确定控制方式。

在轧机入口张力控制系统中，采用的是间接张力控制法。张力辊的传动电机工作在转矩控制模式下，通过转矩限幅的方式来维持张力在预设值，其系统原理如图 1-16 所示。而实际现场的入口张力辊采用的是四辊式，依据电机额定功率的不同，按比例分配张力设定。

张力控制系统根据控制系统执行机构，可分为压下调张和速比调张。其中，压下调张法是通过不断调整下游机架的辊缝来保证相邻机架间张力恒定；而速比调张法则是调整相邻两机架之间的速比来保证机架间张力稳定。机架间张力控制主要有两种控制策略：常规张力控制（NTC）和安全张力控制（STC）。

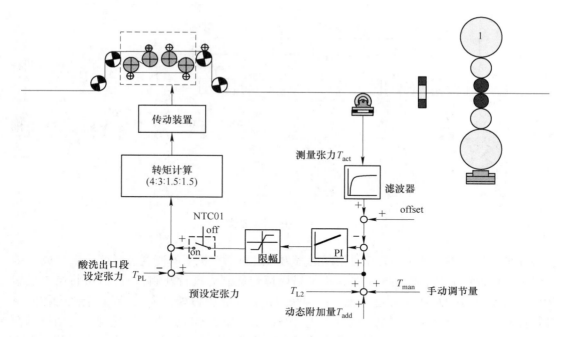

图 1-16 轧机入口张力闭环控制原理图

常规张力控制的反馈信号由机架间的张力计提供。NTC 的控制任务为保持机架间的张力不受带钢厚度的影响。对于第 1 和第 2、第 2 和第 3、第 3 和第 4、第 4 和第 5 机架间张力，系统对第 2、第 3、第 4、第 5 机架（即下游机架）的液压辊缝控制系统进行作用。图 1-17 为 NTC 控制框图。

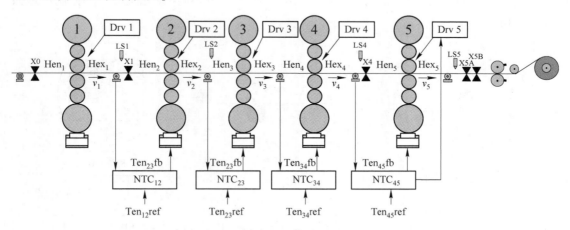

图 1-17 NTC 控制框图

STC 的作用是保证机架间张力始终处于安全的范围内。STC 通过修正速比来影响传动的速度以达到最终的控制目的。在此过程中，第 3 机架仍作为中心机架处理。STC 只在张力达到限幅值时对速度进行修正。当完成控制任务时，其输出量将很快归 0。图 1-18 为第 3 机架为中心机架时，STC 的控制框图。

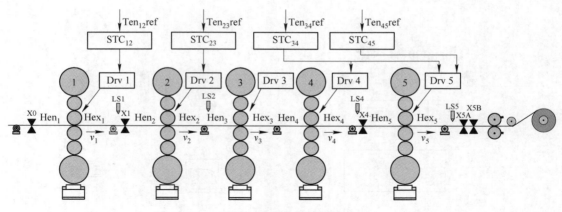

图 1-18　STC 控制框图

在平整模式下，第 4 和第 5 机架间的张力通过对第 5 机架的速度进行调节来完成（因此时为了保证产品的表面质量，第 5 机架采用恒定轧制力进行轧制）。此时可将第 5 机架看作一组夹送辊。如果 NTC 已经无法控制张力偏差（张力偏差过大），则安全张力控制将参与控制。NTC 通过对下游机架的辊缝进行修正来控制机架间张力。但轧制力必须保持在一个限定范围内，该范围由过程自动化控制系统提供。如果实际张力超过其设定值，而实际轧制力也已经输出在限幅值上时，NTC 将保持该限幅输出，当张力回到限幅范围内时，NTC 将继续完全接管对张力的控制。

在冷连轧机组生产过程中，整个系统的张力不仅在高速轧制时要求保持恒定，而且在加减速等非稳态过程中也要求保持恒定，这就要求张力控制系统能及时有效地补偿干扰因素引起的动态力矩。轧机出口的张力控制系统和入口张力控制系统相类似，其控制原理如图 1-19 所示。

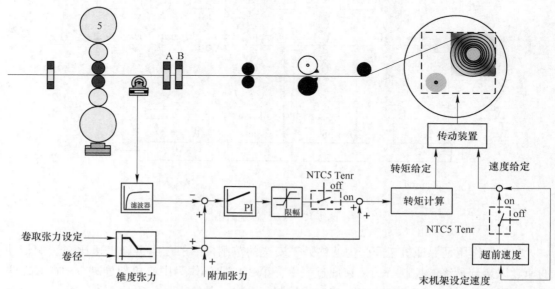

图 1-19　轧机出口张力闭环控制原理图

1.3.3.3 动态变规格控制

动态变规格控制是指在冷连轧机不停机的情况下，通过动态调整各个机架的辊缝、速度和机架间张力，来完成不同规格（厚度、宽度、材质等）带钢轧制的平稳过渡，并保证良好的厚度精度和生产效率[32]。

动态变规格过程控制可分为：变规格上升斜坡、变规格中间斜坡和变规格下降斜坡3段过程控制。带钢动态变规格开始后，当前机架的轧制参数设定值根据变规格上升斜坡平滑过渡至变规格中间值。在焊缝通过轧机过程中，设定值由变规格中间斜坡控制以保持恒定。在焊缝离开轧机后，设定值跟随变规格下降斜坡变换至后一卷规程的设定值。

根据焊缝前后钢卷的PDI数据，动态变规格模式分为无变规格、正常模式、困难模式和手动模式。针对正常模式或困难模式，控制系统需要为基础自动化计算变规格过程中的中间值、焊缝前后楔形段长度和轧机变规格速度等参数，动态变规格的执行流程如图1-20所示。

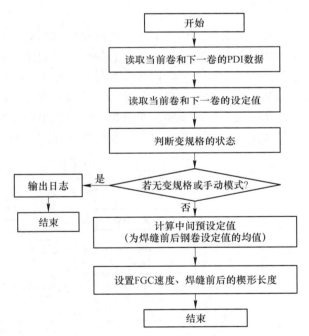

图 1-20　动态变规格设定计算流程图

动态变规格功能可以通过调整轧制参数将不同规格热轧带钢轧成同种规格的成品带钢，也可以根据生产计划将不同规格的热轧带钢轧成各种不同规格的成品带钢，还可以根据用户需要将同规格带钢分卷轧成质量或长度不同规格的成品带钢。

而动态变规格控制最复杂的地方在于通过短时间内调整轧辊辊缝和轧机速度，将当前卷轧制规程切换到下一卷轧制规程。因此，整个变规格过程，必须按照一定的规律完成，否则带钢的厚度、机架间张力会产生较大的波动。图1-21描述了动态变规格过程。

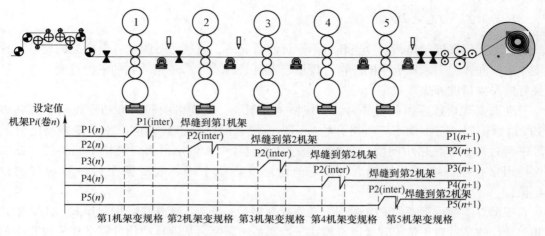

图 1-21 动态变规格流程图

1.3.3.4 板形控制系统

冷轧板形控制系统因控制模式的不同分为开环控制和闭环控制两种。开环控制系统是应用在末机架并未配备板形检测装置的情形下，此时需要根据规定板宽及实际测试的轧制力使用相适应的数学模型计算得出调节量。闭环控制是应用在末机架配备板形检测装置的情形下，在稳定轧制时以实测板形信号为反馈信号，计算板形偏差，通过相关数学模型计算出消除这些板形偏差的调节量，然后不断向板形调节机构发出调节量，从而对板形进行动态实时控制，最终获得稳定、良好的板形。其控制结构图如图 1-22 所示。

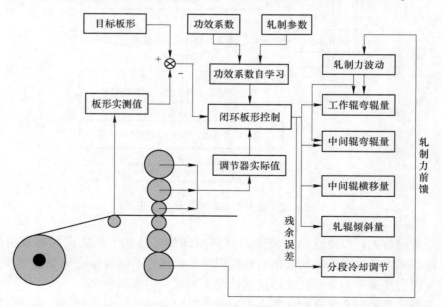

图 1-22 板形控制系统框图

随着现代冷轧技术发展，板形调节的手段也更加多样性。生产实践中更是需要采用各种板形调节手段达到消除板形偏差的目的，板形控制手段有着十分重要的意义。同时，调控功效函数被应用于描述轧机性能，可通过有限元仿真计算与轧机实验两种方法得出功效系数。在现场生产过程中，调控功效系数还会受到钢宽度、轧制力以及中间辊横移位置等实际参数影响，因此为了满足实际生产中板形控制的要求，需要对板形调控功效进行在线自学习，得到板形调节机构的调控功效系数，并将控制功效系数应用于闭环板形控制系统中，提高板形控制精度。

参 考 文 献

[1] 中国金属学会轧钢学会冷轧板带学术委员会. 中国冷轧板带大全 [M]. 北京：冶金工业出版社，2005.

[2] 丁修堃. 轧制过程自动化 [M]. 北京：冶金工业出版社，2005.

[3] 许石民，孙登月. 板带材生产工艺及设备 [M]. 北京：冶金工业出版社，2008.

[4] 白金兰，钟凯. 冷连轧生产关键技术及应用 [J]. 重型机械科技，2005，4：27-30.

[5] 傅作宝. 冷轧薄钢板生产 [M]. 北京：冶金工业出版社，2005.

[6] 王国栋，刘相华，王军生. 冷连轧生产工艺的进展 [J]. 轧钢，2003，1：37-41.

[7] 肖白. 我国冷轧（宽）板带生产现状及发展趋势 [J]. 中国冶金，2004（4）：14-18.

[8] 唐谋凤. 现代带钢冷连轧机的自动化 [M]. 北京：冶金工业出版社，1995.

[9] 镰田正诚. 板带连续轧制–追求世界一流技术的记录 [M]. 李伏桃，陈岿，康永林，译. 北京：冶金工业出版社，2002.

[10] 金兹伯格. 高精度板带材轧制理论与实践 [M]. 姜明东，王国栋，等译. 北京：冶金工业出版社，2000.

[11] 戚娜. 冷轧酸洗技术的发展与应用 [J]. 梅山科技，2011（2）：15-17.

[12] 王海燕，梁振威，时海涛，等. 唐钢冷轧薄板厂酸洗工艺与设备优化 [J]. 河北冶金，2007，24（5）：35-37.

[13] 王军生，白金兰，刘相华. 带钢冷连轧原理与过程控制 [M]. 北京：科学出版社，2009.

[14] 王国栋，刘相华，王军生. 冷连轧计算机过程控制系统 [J]. 轧钢，2003，120（2）：41-45.

[15] 陈树宗，张欣，孙杰. 冷连轧生产过程同步数据的建立与应用 [J]. 东北大学学报（自然科学版），2017，38（2）：239-243.

[16] 张殿华，陈树宗，李旭，等. 板带冷连轧自动化系统的现状与展望 [J]. 轧钢，2015，32（3）：9-15.

[17] 陈树宗，张殿华，刘印忠，等. 唐钢 1800 mm 5 机架冷连轧机过程控制模型设定系统 [J]. 中国冶金，2012，22（10）：13.

[18] 刘相华，胡贤磊，杜林秀. 轧制参数计算模型及其应用 [M]. 北京：化学工业出版社，2007.

[19] 王国栋，刘相华，王军生. 冷连轧轧辊及工艺冷却润滑 [J]. 轧钢，2003，20（6）：42-46.

[20] 居龙，李洪波，张杰，等. 基于多目标遗传算法的工作辊温度场计算与分析 [J]. 工程科学学报，2014，36（9）：1255-1259.

[21] Abdelkhalek S, Montmitonnet P, Legrand N, et al. Coupled approach for flatness prediction in cold rolling of thin strip [J]. International Journal of Mechanical Sciences，2011，53（9）：661-675.

[22] 陈树宗，李旭，彭文，等. 基于数值积分与功率损耗测试的冷轧电机功率模型 [J]. 东北大学学报（自然科学版），2017，38（3）：361-365.

[23] Pires C T A, Ferreira H C, Sales R M. Adaptation for tandem cold mill models [J]. Journal of Materials Processing Technology，2009，209（7）：3592-3596.

[24] 白金兰，李东辉，王国栋，等. 可逆冷轧机过程控制功率计算及其自适应学习 [J]. 冶金设备，2006，18（3）：1-4.

[25] 周富强，曹建国，张杰，等. 基于神经网络的冷连轧机轧制力预报模型 [J]. 中南大学学报（自然科学版），2006，37（6）：1155-1160.

[26] 陈树宗，彭良贵，王力，等. 冷轧四辊轧机弹性变形在线模型的研究 [J]. 中南大学学报（自然科学版），2017，48（6）：1432-1438.

[27] 陈琼. 基于多目标优化的冷轧带钢压下规程优化 [J]. 中国西部科技，2011，10（34）：6-8.

[28] 赵志伟，侯宇浩，王伟志，等. 基于参考点和差分变异策略的高维多目标冷轧负荷分配 [J]. 计量学报，2017，38（6）：730-733.

[29] Chen S Z, Zhang X, Peng L G, et al. Multi-objective optimization of rolling schedule based on cost function for tandem cold mill [J]. Journal of Central South University, 2014, 21 (5)：17-33.

[30] 张浩宇，张殿华，蔡清水，等. 冷连轧厚度自动控制的速度修正策略 [J]. 冶金自动化，2014（1）：40-44.

[31] 张浩宇，张殿华，孙杰，等. 冷连轧末机架厚度控制优化策略 [J]. 轧钢，2013，30（6）：50-55.

[32] 王军生，矫志杰，赵启林，等. 冷连轧动态变规格辊缝动态设定原理与应用 [J]. 钢铁，2001（10）：39-42.

2　数据驱动的冷轧轧制力预测模型

在冷连轧生产线的过程控制系统中，数学模型是工艺过程控制的核心，模型计算精度在很大程度上影响着轧制过程的稳定性和产品质量。众多研究学者经过不断推导演绎，建立了基于不同理论的机理模型，并开发出多种模型自适应、自学习方法对模型进行修正。传统数学模型存在着大量的假设和近似，致使数学模型精度较低、适应性差，但由于冷连轧生产过程工况复杂且部分参数不可测，单纯地从机理上进行精度提升非常困难[1]。

在轧制规程制定及参数设定中，轧制力是一个不可或缺的参数，是轧机辊缝设定和轧制负荷分配的基础，传统的轧制力模型是通过大量假设后建立微分方程，求解得到理论公式，由于其简单的模型结构，容易导致较低的精度。冷连轧过程中带钢的变形抗力是影响轧制力预测精度的一个重要参数，在生产过程中该参数不仅无法直接测得，且影响变形抗力因素较多，传统的变形抗力模型大多停留在理论层面，计算精度较低，普适性和鲁棒性较差[2]。为提高轧制力预测精度，本章采用数据驱动的方式建立了变形抗力预测模型，并进一步建立了轧制力预测模型。

2.1　轧制力相关理论模型

2.1.1　轧制力模型

轧件变形区可以分为 3 部分，即入口弹性变形区、塑性变形区和出口弹性变形区，如图 2-1 所示。较为常见的轧制力模型包括采利柯夫模型、斯通模型、Bland-Ford 模型和Bland-Ford-Hill 模型等。

Bland-Ford 模型考虑了张力、摩擦以及轧辊的弹性压扁等因素，在实际生产中得到了广泛的应用，Bland-Ford 公式也成为了冷轧轧制力的常用理论公式，其一般形式为：

$$P = WI_c Q_P K_T K \tag{2-1}$$

式中，W 为轧件宽度，一般假设为平面变形，即无展宽，mm；I_c 为压扁后变形区接触弧长，mm；Q_P 为压扁后的外摩擦应力状态系数；K_T 为张力影响系数；K 为变形抗力，取决于轧制钢种，MPa。

由于 Bland-Ford 公式中的 Q_P 计算复杂，涉及积分求解且精度无法满足实际生产要求，因此在实际冷连轧研究中，一般采用 Hill 公式来计算，即 Bland-Ford-Hill 轧制力模型公式。在 Hill 公式中简化的 Q_P 表示为：

$$Q_P = 1.08 + 1.79\mu\varepsilon\sqrt{1-\varepsilon} \cdot \sqrt{R'/h_1} - 1.02\varepsilon \tag{2-2}$$

式中，μ 为摩擦系数。

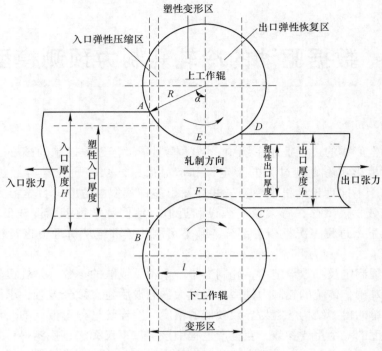

图 2-1　轧辊变形区横截面

2.1.2 变形抗力模型

变形抗力指金属在单向应力状态下抵抗变形的能力，它是冷连轧的重要材料和控制参数，也是计算轧制力的基本因素。变形抗力的计算精度直接影响轧制力的精度，从而进一步影响成品带材的质量。对于冷轧变形抗力而言，变形抗力的大小主要取决于金属自身性质和累积变形程度，而轧制速度对其影响较小，因此在冷轧过程中一般忽略变形速度的影响[3]。同时，冷轧过程变形温度对变形抗力的影响也较小，因此采用如下公式计算变形抗力：

$$K = C_{k_0} k_0 \left(\ln \frac{1}{1 - r_{tm}} \right)^{c_n \times n} \tag{2-3}$$

$$r_{tm} = \frac{h_0 - h_m}{h_0} \tag{2-4}$$

$$h_m = (1 - \gamma) H + \gamma h \tag{2-5}$$

式中，C_{k_0} 为学习系数；r_{tm} 为平均总压下率，t（total）表示总的，m（mean）表示平均；c_n 为学习系数；k_0、n、γ 为模型参数；h_0 为原料厚度，mm。

2.1.3 摩擦系数模型

带钢与轧辊间的摩擦系数是影响轧制力和前滑计算的关键因素，它的大小主要与工作辊表面状态、轧制速度、轧制乳化液的润滑特性等因素有关。工作辊表面越粗糙，摩擦系数越大；当带钢速度和轧辊线速度不同时，带钢会产生滑动；且随着轧制长度的增加，轧辊磨损加剧使得轧辊表面趋于平滑。综合考虑以上因素，假定摩擦系数在整个变形区为常数，计算公式如下：

$$\mu = (\mu_0 + \mathrm{d}\mu_{\mathrm{v}} \mathrm{e}^{-\frac{v}{v_0}})[1 + c_{\mathrm{R}}(R_{\mathrm{a}} - R_{\mathrm{a0}})]\left(1 + \frac{c_{\mathrm{W}}}{1 + L/L_0}\right) \tag{2-6}$$

式中，μ_0 为与润滑特性有关的摩擦系数常量；$\mathrm{d}\mu_{\mathrm{v}}$ 为与速度有关的摩擦系数变化常量；v 为工作辊线速度，m/s；v_0 为轧制速度基准值，m/s；c_{R} 为工作辊粗糙度系数；R_{a} 为工作辊表面粗糙度，μm；R_{a0} 为工作辊表面粗糙度参考常量，μm；c_{W} 为工作辊磨损系数；L 为累积轧制长度，km；L_0 为轧制长度参考常量，km。

2.2 智能建模数据获取与处理

2.2.1 数据采集

冷连轧过程控制系统可实现对原料计划数据、轧辊数据及过程数据的存储。如图 2-2 所示，原料计划数据包括生产轧制顺序和钢卷原料信息（热轧终轧温度、热轧卷取温度、原料厚度、目标厚度、带钢宽度、钢种、合金成分等），用于制订生产管理计划；轧辊数

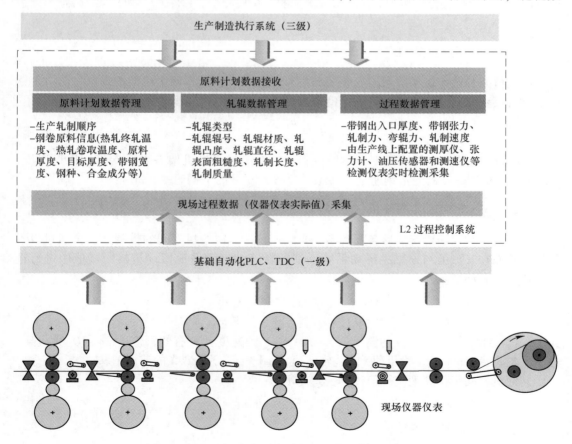

图 2-2　冷轧过程控制系统数据管理

据包含轧辊类型、轧辊辊号、轧辊材质、轧辊凸度、轧辊直径、轧辊表面粗糙度、轧制长度、轧制质量等，用于匹配轧辊，保证带钢产品质量；过程数据包括带钢出入口厚度、带钢张力、轧制力、弯辊力、轧制速度等实测数据，由生产线上配置的测厚仪、张力计、油压传感器和测速仪等检测仪表实时检测采集，用于提供建模实际值。某 1450 mm 5 机架冷连轧机组仪表配置如图 2-2 所示，轧机配置有 5 套 X 射线测厚仪用以精确检测带钢厚度，分别安装于第 1 机架前后和第 5 机架前后，其中第 5 机架后为两套，采用一用一备的形式；第 2 机架前后和第 5 机架前后各配置有一台激光测速仪，用以精确检测带钢速度；轧机的入出口以及机架间均配置有张力计，用以检测带钢张力；第 5 机架后配置有一台板形仪，用以检测产品板形。此外，各机架配置了压力传感器、位置传感器及编码器等仪表以测量轧制力、辊缝值和轧辊速度。

具体计算方式如下。

2.2.1.1 张力实际值

机架入口、机架之间及机架出口均布置了张力计，计算方式如下：

$$T_i = T_{os,i} + T_{ds,i} + T_{ang,i} \tag{2-7}$$

式中，T_i 为机架 i 后的张力实际值，kN；$T_{os,i}$ 为张力计在机架 i 后操作侧测量的压头检测值，kN；$T_{ds,i}$ 为张力计在机架 i 后传动侧测量的压头检测值，kN；$T_{ang,i}$ 为机架 i 后张力计包角补偿，kN。

2.2.1.2 厚度实际值

第 1 机架和第 5 机架前后均安装了 X 射线测厚仪，因此这两个机架的入口、出口带钢厚度可直接获取，其他机架的带钢厚度通过秒流量相等原则间接计算，公式如下：

$$h_i = \frac{h_{i-1}v_{i-1}}{v_i} \tag{2-8}$$

式中，h_i 为经过机架 i 后的带钢出口厚度，mm；h_{i-1} 为经过机架 i-1 后的带钢出口厚度，mm；v_{i-1} 为机架 i-1 后的带钢速度，m/s；v_i 为机架 i 后的带钢速度，m/s。

2.2.1.3 带钢速度实际值

第 2 机架和第 5 机架前后各配置了激光测速仪，这两个机架间的带钢速度会通过设置阈值，从而在实测值与根据主传动系统反馈的转速和带钢前滑值计算的间接值中进行选取，计算公式如下：

$$v_i = \begin{cases} v_{L,i}, & |v_i - v_{L,i}| < v_{thld,i} \\ \pi D_i v_{r,i} fs_i, & |v_i - v_{L,i}| > v_{thld,i} \end{cases} \tag{2-9}$$

式中，$v_{L,i}$ 为机架 i 后测速仪的测量值，m/s；$v_{thld,i}$ 为速度计算有效阈值，m/s；D_i 为机架 i 的工作辊直径，mm；$v_{r,i}$ 为机架 i 的轧辊转速，rad/s；fs_i 为机架 i 的前滑值，%。

其他机架间带钢速度实际值计算公式如下：

$$v_i = \pi D_i v_{r,i} fs_i \tag{2-10}$$

2.2.1.4 轧制力实际值

作为轧制力预测模型的输出变量，轧制力实际值的获取尤为重要。其主要由操作侧轧制力及传动侧轧制力构成，并通过补偿计算清除弯辊力等因素的干扰，公式如下：

$$P = P_{os} + P_{ds} - P_{os,cal} - P_{ds,cal} - \frac{P_{bnd}}{2} \tag{2-11}$$

式中，P 为总轧制力，kN；P_{os} 为操作侧轧制力，kN；P_{ds} 为传动侧轧制力，kN；$P_{os,cal}$ 为操作侧轧制力补偿值，kN；$P_{ds,cal}$ 为传动侧轧制力补偿值，kN；P_{bnd} 为总弯辊力，kN。

变形抗力预测模型的输入变量中，热轧终轧温度、热轧卷取温度、钢种、合金成分可从原料数据库中直接获取；入口厚度和出口厚度可由测厚仪测量。轧制力预测模型的输入变量中，轧辊半径可从轧辊数据中获取；入口厚度、出口厚度、前张力、后张力可由相应仪表测量；而摩擦系数由于影响因素复杂，结合机理模型分析，选择用轧制速度、轧制长度和工作辊原始粗糙度描述摩擦状态的状态，以上 3 个变量也均可从轧制数据中直接调用。

2.2.2 变形抗力的软测量

经过理论模型分析可知，影响轧制力的相关参数主要包括带钢入口厚度、带钢出口厚度、前张力、后张力、轧辊半径、带钢宽度、变形抗力和摩擦系数。其中，带钢入口厚度、带钢出口厚度、前张力、后张力均可通过仪表检测；轧辊半径和带钢宽度可分别从轧辊数据和钢卷原料信息中获取；而变形抗力和摩擦系数无法通过仪表直接测量，现场应用中主要通过理论模型计算。考虑到正常轧制过程中的润滑条件和摩擦状态是稳定的，而所轧制带钢材质是不固定的，因此本研究假设摩擦系数模型可准确描述生产过程，将变形抗力看作一个不确定因素。在研究过程中，为了获取变形抗力实际值，将摩擦系数理论计算值和其余实测变量作为已知变量，推算出变形抗力的软测量模型。本节设计了一种基于目标函数的变形抗力寻优方法，主要以冷轧现场生产数据为前提，将已知变量和所求变量（即变形抗力）代入轧制力理论模型中得到轧制力计算值 $F = f(H, h, \tau_f, \tau_b, R', B, \mu, K)$，并将追求的目标（模型计算轧制力匹配实测轧制力 F'）表示成目标函数，目的是使轧制力计算值与轧制力实测值吻合，然后采用合适的算法使得目标函数最小，获取最优解，作为变形抗力的实际值，其基本思想如图 2-3 所示[4]。

求解变形抗力实际值的过程本质是求解单变量非线性无约束优化问题。本节采用粒子群优化算法求解。图 2-4 描述了求解的不同钢种的变形抗力实际值与压下率的关系。由图可知，不同钢种的变形抗力不同，且随着压下率的增大和变形程度的提高，变形抗力也逐渐增大，产生了不同程度的"加工硬化"。

2.2.3 数据预处理

基于数据驱动建立的模型性能除了会受到模型自身结构和算法设计的影响，还在一定程度上取决于训练样本的数量和质量。冷连轧生产环境复杂，获取到的初始数据中经常会出现错误、缺失、冗余、异常等非正常数据[5]。若不进行处理，将其直接作为训练样本，则很难获得高精度的预测模型，甚至会导致模型预测结果偏离事实和物理规律。因此，为了获得可靠的数据集，对初始数据进行了如下处理。

2.2.3.1 缺失值处理

初始数据存在缺失值会令特征变量值不完整，对预测结果造成干扰。常用两种手段为

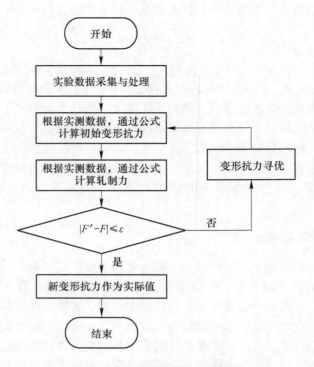

图 2-3 变形抗力软测量思想流程

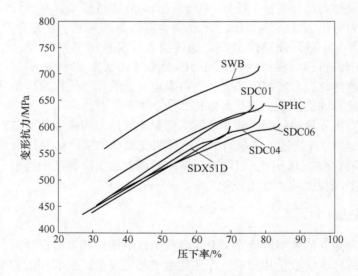

图 2-4 不同钢种变形抗力实际值与压下率关系

删除法和填充法。删除法，顾名思义，将缺失特征变量所在样本整条删除；填充法则根据数据本身的规律，利用均值、中位数等统计学指标进行填充。经统计同一钢种存在部分特征变量数据皆为 0 的现象，确认出现该现象的原因是此钢种不存在某些合金成分。此时不适合进行填充，因此，对上述数据实行整列删除操作。

2.2.3.2 异常值检测

钢铁工业作为典型的流程化工业，生产的各个阶段会产生大量的数据，各参数蕴含着重要的数据信息。然而传感器失灵、异常工况、传输数据时受到干扰等诸多因素会致使采集的生产数据存在一定的偏差，需要对数据进行异常值检测。常见的异常值检测方法有基于统计信息的检测方法（3σ 准则、箱形图等）、基于密度的检测方法（LOF、COF 等）、基于距离的检测方法（KNN）、基于聚类的检测方法（DBSCAN、K-means 等）和孤立森林算法等。

A 箱形图检测法

首先采用箱形图检测异常值。常用的 3σ 准则、Grubbs 和 Z-score 等基于统计信息的检测方法皆须假定数据服从正态分布，易受到个别异常值影响，适用范围较窄，而箱形图对数据不作任何限制，可直观地反映一维数据分布情况。此外，箱形图判断异常值的标准以四分位数和四分位距为基础，四分位数具有一定的抗耐性，即使 25%的数据变得任意远也不会对四分位数有过多的干扰，因此，箱形图识别异常值的结果较为客观[6]。如图 2-5 所示，箱形图中心位置为中位数，箱体的上下端分别为上四分位数 Q3 和下四分位数 Q1，箱子长度为 Q3 和 Q1 的间距，表示为四分位距 IQR，在 Q3+1.5IQR 和 Q1−1.5IQR 处的线段为箱形图的上下限，称其为内限，在 Q3+3IQR 和 Q1−3IQR 处的线段为外限。位于内限以外的点均定义为异常值，其中内限与外限之间的点被称作温和异常值，外限以外的点被称作极端异常值。

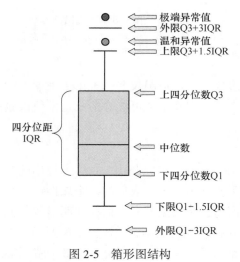

图 2-5 箱形图结构

采用箱形图对 SPHC 钢种 5 个机架的所有特征变量进行了检测，由于变量过多，且不同钢种不同机架相关参数范围相差较大，本节仅选取第 4 机架的 3 个变量进行说明。如图 2-6 所示，入口厚度的异常值有 18 个，占总样本的 0.32%；变形抗力的异常值有 80 个，占总样本的 1.41%；轧制力的异常值有 64 个，占总样本的 1.13%。若将异常值所在样本组全部剔除，则会导致较大的信息损失，会对模型精度产生不利影响，因此暂时将结果保留。

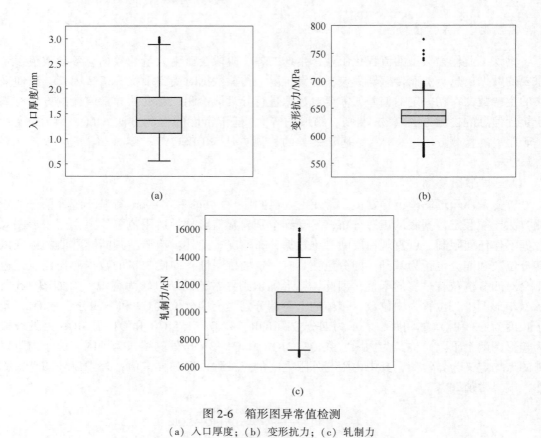

图 2-6　箱形图异常值检测

（a）入口厚度；（b）变形抗力；（c）轧制力

异常值分为单变量和多变量。箱形图仅能体现单一维度上的极值，忽略了变量之间的相关性，在特征维度比较大的数据样本中可能会造成正常值误删的情况，需要通过多元数据组合进一步检测异常值。

B　孤立森林算法

孤立森林算法（Isolation Forest，IF）是由 Liu 等[7]提出的基于集成学习并支持高维数据的异常检测方法。算法主要利用了异常数据的两个属性：一是相对于正常数据，异常数据数量很少；二是异常数据与正常数据的属性值存在明显的差异。基于以上两点，孤立森林将异常点定义为"容易被孤立的离群点"。算法原理如图 2-7 所示，主要依据对超平面进行随机切割。正常数据点 x_i 分布紧凑，需要进行多次切割才能被识别，而位于边缘的异常数据点 x_0 仅需被切割几次便能被率先孤立。

孤立森林算法的流程如图 2-8 所示，主要分为两部分：

（1）构建 t 个孤立树组成的孤立森林。首先，从原始数据集中无放回地随机抽取 φ 个样本后形成子数据集，放入树的根节点；其次，随机选取一个特征并随机产生一个在当前特征最大值与最小值之间的分割点 p；之后，以分割点为基础形成一个超平面，把当前数据空间一分为二，把指定特征中小于 p 的数据放在当前节点的左子树，大于 p 的数据放在当前节点的右子树；最后，递归执行上述步骤，直至节点中只有一个数据无法再切割或达

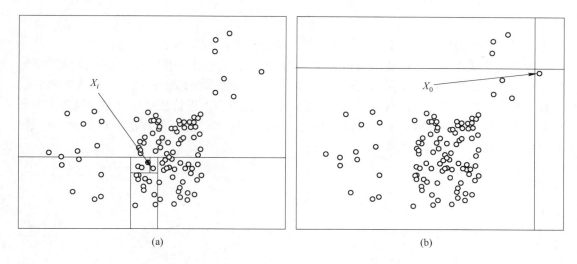

图 2-7　孤立森林原理

（a）正常数据的孤立过程；（b）异常数据的孤立过程

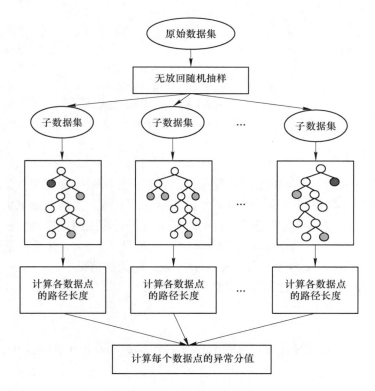

图 2-8　孤立森林流程图

到限定高度。

（2）计算样本异常分数。孤立森林训练结束后，需要遍历每棵孤立树，并计算样本经过的路径长度 $h(x)$，从而计算出异常分数 $s(x,\psi)$。计算公式如下：

$$s(x,\psi) = 2^{-\frac{E(h(x))}{c(\psi)}} \qquad (2-12)$$

式中，$E(h(x))$ 为样本 x 在所有孤立树的平均路径长度；$c(\psi)$ 为平均路径长度。

考虑到特征变量与目标变量的相关性，将轧制力作为目标变量，分别绘制其余特征变量与目标变量的散点图，采用孤立森林在二维层面上检测异常值。将孤立森林算法的孤立树数量和采样数设定为取默认值，沾污系数设置为 0.02。由于特征变量过多，仅选取两个变量说明，如图 2-9 所示，·样本点为异常数据，·样本点为正常数据。对于异常数据，本节将特征变量所在的整条样本进行了删除。

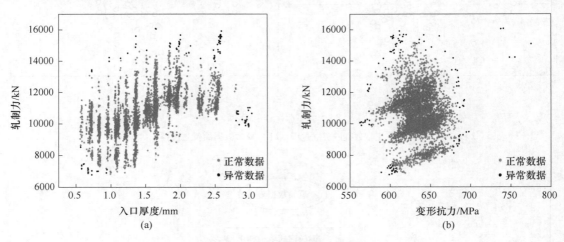

图 2-9 孤立森林异常值检测结果
(a) 入口厚度异常检测；(b) 变形抗力检测
(扫描书前二维码看彩图)

2.2.3.3 数据标准化

由于各特征变量具有不同的量纲和数量级，若直接使用可能会致使数量级较小但对输出值影响较大的样本被淹没，导致模型不收敛，稳定性下降。为避免数值大小对模型性能的影响，必须对数据进行标准化处理，将不同变量的数据等比例变换到统一取值范围。常见的数据标准化方法有 Z-score 标准化和 Min-Max 标准化。Z-score 标准化适用于数据呈正态分布的情况，Min-Max 标准化适用于数据分布较为稳定的情况。

本节采用 Min-Max 标准化方法，计算方式如下：

$$x_i = \frac{x - x_{\min}}{x_{\max} - x_{\min}} \qquad (2-13)$$

式中，x_i 为标准化处理后的数据；x 为原始数据；$x_{\min}$ 为原始数据中的最小值；$x_{\max}$ 为原始数据中的最大值。

2.3 基于灰狼算法优化 SVR 的变形抗力预测研究

变形抗力是轧制模型最基本的工艺参数，其计算精度直接影响轧制力、轧制力矩、电机功率等的准确性。然而变形抗力实际中无法通过仪表精确测量，且传统变形抗力模型计算值不适用于多工况、不确定性强和深度非线性的冷轧轧制过程。针对上述问题，本节建立了基于支持向量回归的变形抗力预测模型，采用灰狼优化算法对其关键参数进行寻优，并结合评价指标，从不同角度对 GWO-SVR 的模型效果进行了分析，验证了 GWO-SVR 模型有效性。

2.3.1 GWO-SVR 算法介绍

支持向量机（Support Vector Machine，SVM）是一种基于统计学理论和结构风险最小化准则的机器学习算法。支持向量回归（Support Vector Regression，SVR）是其在连续函数域的一种拓展形式，不同于解决分类问题时需找到最优超平面实现准确区分并获得最大分类间隔，SVR 旨在找到最优超平面使得所有训练样本距离该平面的误差最小。SVR 的优势在于利用核函数进行非线性变换，实现原始变量到高维特征空间的映射，保证模型的泛化能力，避免维数灾难；并且 SVR 最终转化为二次规划问题，理论上可以得到全局最优解；同时，SVR 具有较好的鲁棒性，主要体现在增删非支持向量样本对模型没有影响。

随着定制化规模性生产的出现，冷连轧需要生产多种不同合金成分的带钢，带钢呈现多种类趋势。然而不同钢种的变形抗力不同，且部分钢种的样本数据容量较小。SVR 可在有限样本情况下获得最优解，因此引入 SVR 建立变形抗力预测模型。

2.3.1.1 SVR 算法

给定训练样本集 $\{(x_1, y_1), (x_2, y_2), \cdots, (x_m, y_m)\}$，$x_i \subset R^n$，$y_i \subset R$，希望学得一个模型 $f(x) = \boldsymbol{\omega}^T x + b$，使其与 y 尽可能接近，其中 $\boldsymbol{\omega}$ 是模型权重，b 是模型偏置。SVR 能容忍 $f(x)$ 与 y 之间最多有 ε 的偏差，即当 $f(x)$ 与 y 之间的差的绝对值大于 ε 时才计算损失，如图 2-10 所示，可容忍 2ε 的偏差。因此，SVR 可以表示为如下形式。

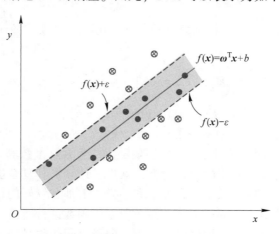

图 2-10 支持向量回归示意图

$$\min_{w,b} \frac{1}{2} \|\boldsymbol{w}\|^2 + C \sum_{i=1}^{m} l_\varepsilon (f(x_i) - y_i) \tag{2-14}$$

式中，C 为惩罚因子；l_ε 为 ε-不敏感损失函数。

$$l_\varepsilon(z) = \begin{cases} 0, & |z| \leqslant \varepsilon \\ |z| - \varepsilon, & \text{其他} \end{cases} \tag{2-15}$$

引入松弛变量 ξ_i 和 $\hat{\xi}_i$，可以将式（2-15）转化为：

$$\min_{\boldsymbol{\omega},b} \frac{1}{2}\|\boldsymbol{\omega}\|^2 + C\sum_{i=1}^{m}(\xi_i + \hat{\xi}_i)$$

$$\text{s. t.} \begin{cases} (\boldsymbol{\omega}^{\mathrm{T}}\boldsymbol{\varphi}(x_i) + b) - y_i \leqslant \varepsilon + \xi_i \\ y_i - (\boldsymbol{\omega}^{\mathrm{T}}\boldsymbol{\varphi}(x_i) + b) \leqslant \varepsilon + \xi_i \\ \xi_i, \hat{\xi} \geqslant 0, \ i = 1, 2, \cdots, m \end{cases} \tag{2-16}$$

通过引入拉格朗日乘子 $\boldsymbol{\alpha}$，$\boldsymbol{\alpha}^*$，$\boldsymbol{\mu}$，$\boldsymbol{\mu}^*$，由拉格朗日乘子法可得拉格朗日函数：

$$L(\boldsymbol{w}, b, \boldsymbol{\alpha}, \boldsymbol{\alpha}^*, \xi, \xi^*, \boldsymbol{\mu}, \boldsymbol{\mu}^*)$$

$$= \frac{1}{2}\boldsymbol{w}^{\mathrm{T}}\boldsymbol{w} + C\sum_{i=1}^{m}(\xi_i + \xi_i^*) - \sum_{i=1}^{m}\mu_i\xi_i - \sum_{i=1}^{m}\mu_i^*\xi_i^* +$$

$$\sum_{i=1}^{m}\alpha_i(\boldsymbol{w}^{\mathrm{T}}\phi(x_i) + b - y_i - \varepsilon - \xi_i) + \sum_{i=1}^{m}\alpha_i^*(y_i - \boldsymbol{w}^{\mathrm{T}}\phi(x_i) - b - \varepsilon - \xi_i^*) \tag{2-17}$$

再令 $L(\boldsymbol{w}, b, \boldsymbol{\alpha}, \boldsymbol{\alpha}^*, \xi, \xi^*, \boldsymbol{\mu}, \boldsymbol{\mu}^*)$ 对 $\boldsymbol{w}$，b，ξ，ξ^* 的偏导数为 0 求得 SVR 的对偶问题：

$$\max_{a,a^*}\left[\sum_{i=1}^{m}y_i(\alpha_i - \alpha_i^*) - \sum_{i=1}^{m}\varepsilon(\alpha_i + \alpha_i^*) - \frac{1}{2}\sum_{i=1}^{m}\sum_{j=1}^{m}(\alpha_i - \alpha_i^*)(\alpha_j - \alpha_j^*)K(x_i, x_j)\right] \tag{2-18}$$

$$\text{s. t.} \sum_{i=1}^{m}(\alpha_i - \alpha_i^*) = 0, \ \alpha_i \geqslant 0, \ \alpha_i^* \leqslant C, \ i = 1, 2, \cdots, m$$

最终导出的支持向量回归模型为：

$$f(\boldsymbol{x}) = \sum_{i=1}^{m}(\alpha_i^* - \alpha_i)K(x_i, x_j) + b \tag{2-19}$$

式中，$K(x_i, x_j)$ 为核函数。常见核函数有径向基核函数、多项式核函数和 Sigmoid 核函数。其数学定义分别如下：

$$K(x_i, x_j) = \exp\left(\frac{-\|x - x_i\|^2}{2\sigma^2}\right) \tag{2-20}$$

$$K(x_i, x_j) = (\sigma x_i \cdot x_j + a)^b \tag{2-21}$$

$$K(x_i, x_j) = \tanh(\sigma x_i \cdot x_j + a) \tag{2-22}$$

在上述 SVR 理论推导过程中，可以发现模型的核函数参数和惩罚因子起重要作用。核函数的引入避免了高维空间中的内积运算，减少了计算量和复杂度。径向基函数是应用最为广泛的核函数，在高维、低维、大样本和小样本上都有较好的性能，且对数据中存在的噪声有较好的抗干扰能力，因此本节选择径向基核函数进行建模。

σ 是 RBF 核函数的宽度，σ 取值过小，支持向量之间的关系松弛，泛化能力得不到保证；σ 的取值过大又会导致支持向量的关系紧密，出现过拟合。惩罚因子 C 用于平衡支持向量的复杂度，在经验风险（对样本的拟合能力）和结构风险（对测试样本的预测能力）间进行权衡。当 C 较大时，表明重视离群点，对训练误差大于 ε 的样本惩罚大，对数据拟合程度较高，泛化能力较差；相反，当 C 较小时，经验风险的比重下降，模型的复杂度会降低，此时容易发生欠拟合。鉴于上述分析，可看出合理选择 RBF 核函数参数 σ 和惩罚因子 C 是影响模型预测精度的关键。本节采用灰狼优化算法对这两个参数进行寻优。

2.3.1.2　灰狼优化算法

灰狼优化算法（Grey Wolf Optimizer，GWO）是由 Mirjalili 等人提出的模拟自然界中灰狼社会等级和狩猎行为的群智能优化算法[8]。该算法复杂度低、参数少、全局开发和局部搜索平衡能力强、收敛速度快，近几年已被广泛应用到参数优化过程中。灰狼社会等级结构及算法原理如图 2-11 所示。

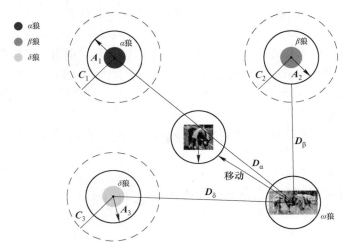

图 2-11　灰狼社会等级结构及算法原理

GWO 算法中种群从上到下分为 4 个社会等级：α、β、δ 和 ω。其中，最优解由 α 表示，次优解和次次优解为适应度值紧随其后的 β 和 δ，这 3 个等级的灰狼负责搜索目标空间，而其余狼 ω 狼作为候选解，在前 3 者的领导下进行位置的更新，并逐步向猎物逼近。实现狼群狩猎主要分为两个过程：包围猎物和进攻猎物。

（1）包围猎物。灰狼通过计算自身与猎物之间的距离更新位置，实现对猎物的接近及包围，其数学模型如下：

$$\begin{cases} \boldsymbol{D} = \boldsymbol{C} \cdot \boldsymbol{X}_{\mathrm{p}} - \boldsymbol{X}(t) \\ \boldsymbol{X}(t+1) = \boldsymbol{X}_{\mathrm{p}}(t) - \boldsymbol{A} \cdot \boldsymbol{D} \end{cases} \tag{2-23}$$

式中，$\boldsymbol{D}$ 为灰狼个体与猎物之间的距离；$\boldsymbol{X}_{\mathrm{p}}$ 为猎物的位置向量；$\boldsymbol{X}(t)$ 为灰狼当前位置向量；t 为当前迭代的次数；$\boldsymbol{A}$、$\boldsymbol{C}$ 为系数向量。

$\boldsymbol{A}$、$\boldsymbol{C}$ 的计算公式如下：

$$\begin{cases} \boldsymbol{A} = 2\boldsymbol{a} \cdot \boldsymbol{r}_1 - \boldsymbol{a} \\ \boldsymbol{C} = 2\boldsymbol{r}_2 \end{cases} \tag{2-24}$$

式中，$\boldsymbol{a}$ 为收敛因子，随着迭代次数从 2 线性递减至 0；$\boldsymbol{r}_1$、$\boldsymbol{r}_2$ 为 $[0，1]$ 内的随机向量。

（2）进攻猎物。默认 α、β、δ 狼已知猎物的潜在位置，从而在每次迭代后保留适应度最好的 3 头狼，ω 狼根据它们的带领向猎物移动，数学描述如下：

$$D_\alpha = |C_1 \cdot X_\alpha - X| \tag{2-25}$$

$$D_\beta = |C_2 \cdot X_\beta - X| \tag{2-26}$$

$$D_\delta = |C_3 \cdot X_\delta - X| \tag{2-27}$$

$$X_1 = |X_\alpha - A_1 \cdot D_\alpha| \tag{2-28}$$

$$X_2 = |X_\beta - A_2 \cdot D_\beta| \tag{2-29}$$

$$X_3 = |X_\delta - A_3 \cdot D_\delta| \tag{2-30}$$

$$X(t+1) = \frac{X_1 + X_2 + X_3}{3} \tag{2-31}$$

式中，D_α、D_β、D_δ 为候选狼 ω 与 α、β、δ 狼之间的距离；X_α、X_β、X_δ 为 α、β、δ 狼的当前位置；A_1、A_2、A_3 为随机系数向量；C_1、C_2、C_3 为随机系数向量；X_1、X_2、X_3 为候选狼 ω 向 α、β、δ 狼移动步长和方向的向量；$X(t+1)$ 为经 3 头狼指引下候选狼 ω 的最终位置。

在收敛因子 a 线性递减的过程中，A 也会随之变化。当 $|A| \leqslant 1$ 时，灰狼攻击猎物，当 $|A| > 1$ 时，灰狼开拓新的区域，具有全局搜索能力，避免陷入局部最优。

综上所述，灰狼优化算法实现步骤如下所示：

（1）初始化灰狼种群的位置和参数 a、A 和 C，自定义种群数量和最大迭代次数；

（2）计算每个灰狼的适应度值；

（3）根据适应度值选择排名前三的个体作为 α、β、δ 狼；

（4）按照公式（2-31）更新 ω 狼的位置；

（5）更新参数 a、A 和 C；

（6）根据适应度函数重新计算全部灰狼的适应度值，并更新 α、β、δ 狼的适应度和位置；

（7）判断是否达到最大迭代次数，若达到则结束，否则返回步骤（2）。

2.3.2 实验分析

以 SPHC 钢种为研究对象，选取了 1.3 节的 5000 组样本，将其划分为两个部分：一部分作为训练集用以训练模型，占比 80%；另一部分作为测试集用以验证模型效果，占比 20%。在输入变量的选择上，首先，通过对变形抗力理论模型的分析选取了合金成分和冷轧工艺参数（入口厚度、出口厚度）。其次，考虑到冷连轧过程中带钢的生产过程是连续的，热轧带钢的头尾部需要在冷轧前进行焊接，然而在过焊缝时，由于工艺控制的难度，热轧带钢尾部，即冷轧带钢的头部厚度尺寸和轧制温度不可避免地存在较大扰动，但在变形抗力的理论模型中没有考虑，限制了带钢头部变形抗力模型的计算精度。因此，结合热轧工艺对冷轧工艺的影响，将热轧终轧温度、热轧卷取温度添加至输入变量中[9]，样本集包含信息如图 2-12 所示。

数据集共有 21 个特征变量，包含合金成分含量和工艺参数两类：

（1）合金成分含量：Al、B、C、Ca、Cr、Cu、Mn、Mo、N、Nb、Ni、P、S、Si、Sn、Ti、V（用含量百分比表示）。

（2）工艺参数：热轧终轧温度（℃）、热轧卷取温度（℃）、入口厚度（mm）、出口厚度（mm）。

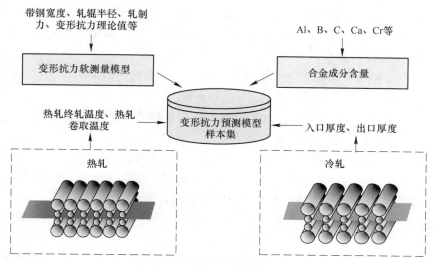

图 2-12 样本集包含信息

建立 GWO-SVR 模型，流程图如图 2-13 所示。

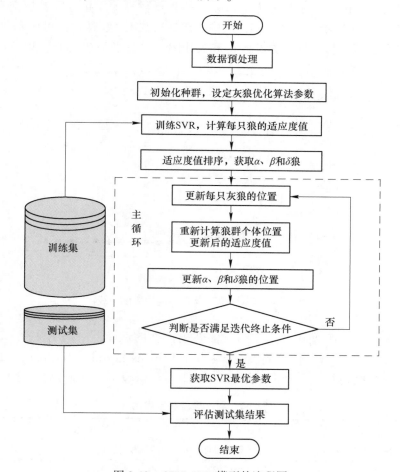

图 2-13 GWO-SVR 模型的流程图

GWO-SVR 变形抗力预测模型具体步骤表述如下：

步骤 1：初始化 GWO 算法和 SVR 参数，包括种群数量、最大迭代次数、惩罚因子 C 和核函数参数 σ 的取值范围；

步骤 2：训练 SVR，并计算当前 C 和 σ 取值下每只狼的适应度值；

步骤 3：根据适应度值排序，获取 α、β 和 δ 狼；

步骤 4：依据式（2-28）~式（2-30）对狼群中个体位置进行更新；

步骤 5：重新计算狼群个体位置更新后的适应度值；

步骤 6：更新 α、β、δ 狼，即对应的最优解、次优解和次次优解；

步骤 7：判断当前迭代是否满足终止条件，若满足，获取 SVR 模型最优参数并使用测试集评估测试结果；否则跳转至步骤 5 继续对参数进行寻优。

2.3.3 模型效果分析

将训练集的均方根误差 RMSE 作为适应度函数，并按照图 2-13 的流程对模型参数进行初始化：分别将种群规模设定为 20、40、60、80、100，结果显示种群规模设定为 80 时模型可取得最佳效果，之后将最大迭代次数设置为 20，核函数参数 σ 和惩罚因子 C 的取值范围设置为 0.1~100。利用灰狼优化算法对 SVR 参数寻优，并通过 K 折交叉训练模型，适应度曲线如图 2-14 所示。由图可知，灰狼优化算法在第 8 次迭代时可使模型性能达到最优，此时可获得最优参数，核函数参数 σ 和惩罚因子 C 分别为 0.1445、30.3602。

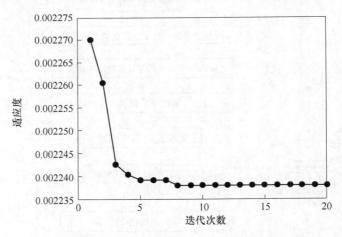

图 2-14 GWO 算法参数寻优适应度曲线

为测试 GWO-SVR 模型在变形抗力预测建模方面的性能，对比了文献 [10] 使用的 RBF 神经网络，文献 [11] 使用的极限学习机（Extreme Learning Machine，ELM）和文献 [12] 使用的 BP 神经网络，模型参数均采用控制变量法设定，结果如表 2-1 所示。

表 2-1 对比模型参数设定

模型	参　　数
RBF 神经网络	训练目标：0.001，扩展速度 50
ELM	隐层神经元个数：200，激活函数：Sigmoid

模型	参 数
BP 神经网络	最大迭代次数: 20, 学习率: 0.1, 训练目标: 0.001

GWO-SVR 及对比算法在测试集上的预测结果如图 2-15、图 2-16 所示。由图 2-15 可知, GWO-SVR 模型的预测性能明显高于其他 3 种模型, 散点更为集中地聚集在 $y = x$ 两侧, 决定系数 R^2 也高达 0.991, 说明实际值与预测值拟合程度良好, 且只有少量点偏离 ±5%误差线, 表现出良好的泛化能力。另外从评价指标上看, GWO-SVR 模型的 MAE、RMSE、MAPE 都更为优越, 分别为 4.009、6.364 MPa、0.765%。其中, GWO-SVR 模型的均方根误差 RMSE 相比 RBF 模型、BP 模型和 ELM 模型分别降低了 45.55%、14.49%和 40.78%, 说明 GWO-SVR 模型预测误差离散程度低。由图 2-16 可知, 数据分布都接近正态分布, 中间高两侧尖。其中 GWO-SVR 模型误差较窄且集中, 边界值附近数据更稀少, 且据统计 GWO-SVR 模型可将测试集中 90.2%的数据控制在±2%误差内, 98.6%的数据控制在±5%误差内, 体现了模型的准确性和稳定性。

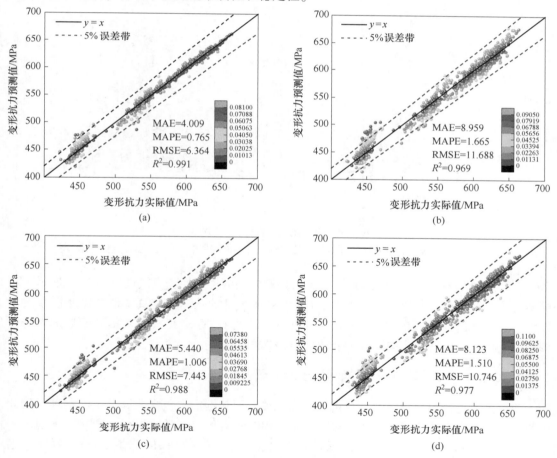

图 2-15 不同模型预测散点图

（a）GWO-SVR 预测模型；（b）RBF 预测模型；（c）BP 预测模型；（d）ELM 预测模型

（扫描书前二维码看彩图）

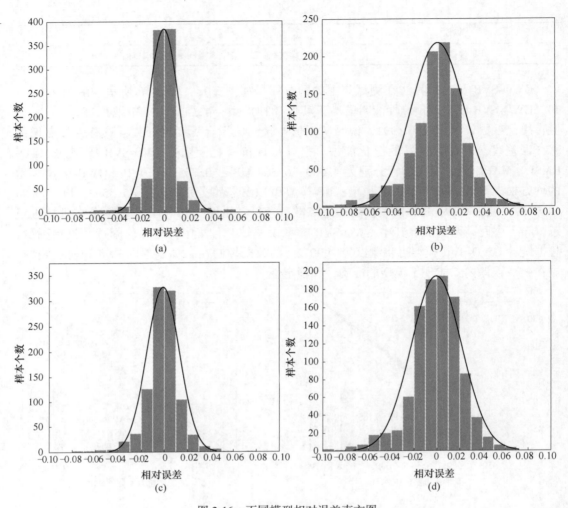

图 2-16 不同模型相对误差直方图

（a）GWO-SVR 预测模型；（b）RBF 预测模型；（c）BP 预测模型；（d）ELM 预测模型

为了更清楚地体现 GWO-SVR 变形抗力预测模型的优越性和有效性，图 2-17 展示了各模型的预测结果误差对比。由图可知，GWO-SVR 模型的预测值与真实值的预测误差波动较小，且几乎都在 [−10，10] 区间内，进一步证明 GWO-SVR 模型对提高变形抗力的计算精度及建立冷轧轧制力预测模型有重要促进作用。

2.3.4 GWO-SVR 模型对不同钢种的预测效果

变形抗力是材料自身特性，与机架属性无关，而数据集中包含不同种类的钢种，因此选取了数据集中占比不同的钢种，采用 GWO-SVR 模型和 3 个对比模型分别建立不同钢种的变形抗力预测模型，并对预测结果进行对比。其中，钢种 SPHC 选取 5000 个样本，钢种 SDC01 选取 3000 个样本，钢种 SDC03 选取 1000 个样本。测试集评价指标结果如图 2-18 所示。由图可知，GWO-SVR 模型针对 3 个钢种的变形抗力预测结果均表现较好。对于 SDC01 钢种，GWO-SVR 模型的平均绝对误差（Mean Absolute Error，MAE）为 2.994，相

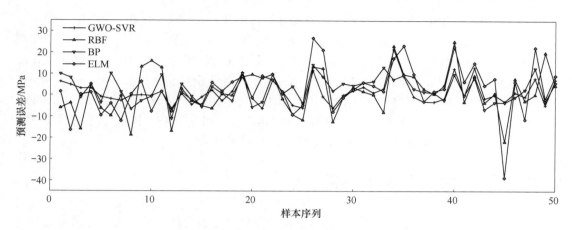

图 2-17　不同模型预测误差对比

（扫描书前二维码看彩图）

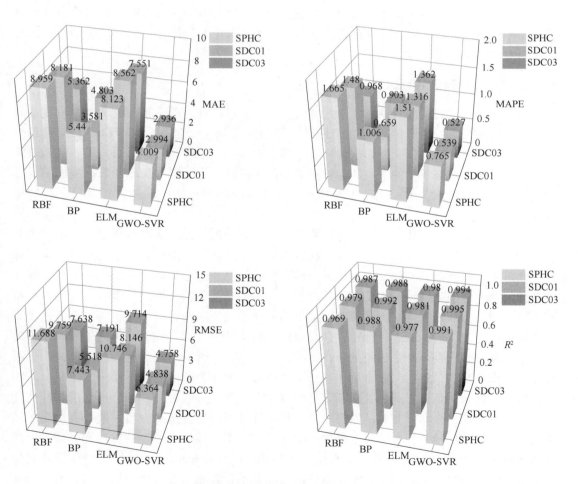

图 2-18　不同钢种各模型变形抗力预测性能评价

（扫描书前二维码看彩图）

比于 ELM、BP 和 RBF 模型分别降低了 65.031%、16.392%、63.403%；平均绝对误差百分比（Mean Absolute Percentage Error，MAPE）为 0.539%，相比于 ELM、BP 和 RBF 模型分别降低了 59.042%、18.209%、63.581%；均方根误差（Root Mean Square Error，RMSE）为 4.838 MPa，相比于 ELM、BP 和 RBF 模型分别降低了 40.609%、12.323%、50.425%；R^2 为 0.995，相比于 ELM、BP 和 RBF 模型分别提升了 1.427%、0.302%、1.634%。对于 SDC03 钢种，GWO-SVR 模型在 MAE、MAPE、RMSE 和 R^2 上的表现也优于另外 3 个模型，充分验证了 GWO-SVR 模型具有更高预测精度。

2.4 LightGBM 轧制力预测模型

实际轧制过程中，轧制条件及来料状况不断变化，轧制力理论模型无法对轧制过程进行精确描述。因此，基于变形抗力预测值，本章建立了基于 LightGBM 的轧制力预测模型。首先，利用互信息进行特征选择，降低模型复杂度；其次，分析 LightGBM 超参数对模型的影响，通过手动调参初步建立轧制力预测模型，并为证明 LightGBM 的有效性，对比分析了 4 种模型；最后，为进一步提高模型预测精度，采用 5 种优化算法取代手动调参，对 LightGBM 超参数进行寻优。

2.4.1 基于互信息的特征选择

构建冷连轧过程轧制力预测模型的关键，是挖掘对轧制力影响较大的轧制过程变量和轧制力之间的关系。然而冷连轧生产是一个复杂的工业生产过程，具有众多轧制过程变量，若将每一个轧制过程变量都作为轧制力模型的输入，不仅会降低学习效率，增加时间成本，甚至还会增加数据的噪声从而影响模型预测精度。为了剔除与原始数据集无关或者弱相关的冗余特征，获得最优输入数据集，需要对原始数据集中轧制过程变量进行特征选择。

特征选择是一种重要且常用的降维技术，指根据一定的标准从数据集中去除不相关和冗余特征来获得最优特征子集的过程。执行特征选择的优势为能有效防止模型过拟合，降低存储需求，提高模型预测准确度，增强模型可解释性并缩短训练时间。目前为止，特征选择分为两个框架：一种是基于搜索的框架，另一种是基于相关性的框架。对于前者，搜索策略和评估标准是关键。搜索策略是关于如何产生一个候选特征子集，而每个候选子集都要根据一定的评价标准进行评价，并与之前的最佳子集进行比较。子集的生成和评价过程不断重复，直到满足某个给定的停止标准。对于后者，特征的冗余度和相关性是根据某种相关度来计算的。然后，整个原始特征集可以被分为 4 个基本的互不相干的子集：不相关的特征、冗余的特征、弱相关但不冗余的特征以及强相关的特征。一个最佳的特征选择算法应该选择非冗余和强相关的特征。基于相关性框架的特征选择方法一般具有更简单的结构，只依赖于候选特征和输出变量之间的相关性，不涉及学习模型的算法和结构，灵活且易于理解。因此，本章采用其中的互信息（Mutual Information，MI），通过计算轧制过程变量和轧制力之间的互信息，得到量化的数据关系，并通过设置阈值决定输入变量，在降低预测模型输入数据维度的同时保留了输入数据的物理意义。

互信息是基于信息熵理论的一种信息度量方式。它通过解释一个随机变量中包含另一个随机变量的信息量, 从而体现两个随机变量间的相关程度, 既适用于线性问题又适用于非线性问题, 已在建模领域广泛应用。对于两个随机变量 X 和 Y 之间的互信息定义公式如下:

$$I(X,Y) = \sum_{x \in X} \sum_{y \in Y} p(x,y) \lg \frac{p(x,y)}{p(x)p(y)} \qquad (2\text{-}32)$$

式中, $p(x)$ 为 X 的边缘概率密度函数; $p(y)$ 为 Y 的边缘概率密度函数; $p(x,y)$ 为随机变量 X 和 Y 之间的联合概率密度函数。

通过互信息计算公式可以直接衡量两个变量之间的关联程度。互信息值越大, 代表两个变量的关联程度越高, 因此在进行特征选择时可将该变量予以保留; 相反, 互信息值越小, 代表两个变量的关联程度越低, 可以通过设置阈值将不满足条件的变量删除; 若互信息值为 0, 则代表变量 X 和变量 Y 是相互独立的完全无关变量, 可以直接剔除变量 X。本节将阈值设置为 0.3, 即选择 MI > 0.3 的特征变量作为轧制力预测模型的输入变量, 如表 2-2 所示。

表 2-2 互信息大于 0.3 的特征变量

序号	轧制参数	互信息值	范围	均值
1	轧制长度/km	0.628	[0.58, 442.21]	89.92
2	工作辊粗糙度/μm	0.616	[0.49, 4]	1.43
3	变形抗力/MPa	0.611	[414.05, 664.07]	563.86
4	轧制速度/m·min^{-1}	0.604	[20.8, 1201.6]	401.65
5	后张力/MPa	0.601	[29.7, 176.5]	92.11
6	机架入口厚度/mm	0.564	[0.4, 5.44]	2.44
7	机架出口厚度/mm	0.460	[0.4, 4.39]	1.82
8	工作辊直径/mm	0.355	[538.76, 559.11]	548.85
9	前张力/MPa	0.313	[25, 176.5]	91.49
10	带钢宽度/mm	0.286	[1002.8, 1622]	1279.26
11	来料厚度/mm	0.279	[1.96, 5.39]	4.26

2.4.2 LightGBM 模型介绍

LightGBM 是微软于 2017 年提出的一个基于决策树算法的分布式梯度提升框架, 主要用于解决梯度提升决策树 (Gradient Boosting Decision Tree, GBDT) 面对工业级海量数据时为寻找最优分割点遍历所有数据导致的内存大、计算效率低、预测精度不足等问题。LightGBM 对 GBDT 上主要做了如下优化: 在数据处理方面, 采用了单边梯度采样 GOSS (Gradient-based One-Side Sampling) 算法采样降低了样本数据维度, 并采用互斥特征捆绑 EFB (Exclusive Feature Bundling) 算法将互斥特征进行融合捆绑, 提升了模型的训练效率; 在决策树学习方面, 采用直方图算法减少了计算量和内存消耗, 还采用 Leaf-wise 生长策略避免了不必要的搜索和分割。

2.4.2.1　单边梯度采样算法 GOSS

LightGBM 引入 GOSS 算法，克服了极端梯度提升 XGBoost（eXtreme Gradient Boosting）扫描所有样本、计算信息增益造成的内存消耗和计算量问题，其核心是保留大梯度样本，随机抽取小梯度样本。因为在训练过程中，梯度大的样本表明训练不充分，在当前模型下的预测误差大，应着重关注。而梯度小的样本表明已被充分训练，但不能全部忽略，需对其随机抽样，并引入常数保证数据分布的完整性。GOSS 算法执行步骤如表 2-3 所示。

表 2-3　GOSS 算法流程

输入：训练集；迭代次数 N；大梯度数据的采样率 a；小梯度数据的采样率 b
输出：训练好的强学习器

1：	for $I = 1$ to N
2：	根据样本点梯度的绝对值对其进行降序
3：	取排序后前 $a * 100\%$ 的样本生成大梯度样本点的子集
4：	对于剩余的 $(1-a) * 100\%$ 的样本，随机抽取 $b * (1-a) * 100\%$ 的样本生成小梯度样本点的集合
5：	将大、小梯度样本合并
6：	对小梯度样本分配权重系数 $(1-a)/b$
7：	使用上述样本训练新的弱学习器
8：	end for

2.4.2.2　互斥特征捆绑 EFB

实际应用中的高维度数据几乎是稀疏的，而稀疏特征空间中又有很多特征是互斥的，因此有可能设计一种无损信息的方法减少特征维度。EFB 的主要思想是将互斥特征捆绑，实现特征降维。该算法的实现有两个难点：其一是哪些特征可以捆绑，其二是如何捆绑这些特征。针对哪些特征可以捆绑的问题，EFB 算法借鉴了图着色问题，并采用贪婪算法求解。算法允许特征间不是完全互斥，并将冲突比率作为指标衡量特征间的互斥程度，当该值较小时，将不完全互斥的特征捆绑并不会影响最后的精度。具体步骤为：构造加权无向图，特征作为图的顶点，特征间互斥程度作为边；以点的度为依据对特征进行降序排序；遍历所有点，将特征进行捆绑使得总体冲突最小。针对如何捆绑特征的问题，关键在于能将原始特征从合并的新特征中分离，即保证特征被捆绑后依然能被识别，这方面 EFB 通过添加偏移量解决。

2.4.2.3　直方图算法

决策树模型的核心在于识别特征的最优分割点。一般的 boosting 模型大多采用预排序算法，虽然能精确找到分割点，但既保存了特征值又保存了特征排序的结果，且遍历每个分割点都会计算分裂增益，在内存和时间上都有极大的开销。而 LightGBM 采用的直方图算法，把连续的浮点特征值分割到离散的 bin 中（bin 为直方图中的常用概念，为"直条"或"组距"），并以 bin 为单位构造直方图。在遍历数据时，便可以离散化后的值为索引在直方图中累积统计量，并据此寻找最优分割点。

2.4.2.4 Leaf-wise 决策树生长策略

GBDT 算法的实现中大多决策树使用了 Level-wise 生长策略,可以同时分裂同一层的叶子节点,进行多线程优化,有效控制模型复杂度,但比较低效,实际上很多叶子节点的分裂增益较低,没必要进行搜索和分裂,造成了计算开销。而 LightGBM 采用 Leaf-wise 生长策略,如图 2-19 所示,选取当前叶子节点中增益最大的进行分裂,效率更高,且对树的深度进行了限制,防止过拟合现象的发生。

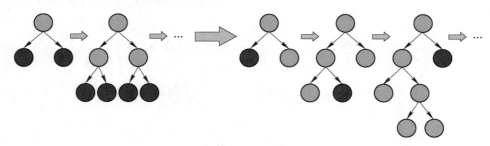

图 2-19　Leaf-wise 生长策略

2.4.3　LightGBM 轧制力模型建立

2.4.3.1　参数选择

基于 LightGBM 的轧制力预测模型整体流程见图 2-20。具体步骤如下:

步骤 1:对采集的原始数据进行预处理;

步骤 2:在获取变形抗力的基础上,采用互信息对影响轧制力的特征变量进行筛选,据此作为模型的输入变量;

步骤 3:按 8:2 比例将数据划分成训练集和测试集;

步骤 4:通过比较不同参数组合下的轧制力预测模型的性能指标,得到最优超参数组合,建立 LightGBM 轧制力预测模型。

LightGBM 模型包含大量的超参数,它们的设定直接决定模型的性能。以下介绍模型中较为重要的超参数:

(1) num_leaves:每棵树的叶子数量,用来控制树模型的复杂度,默认值为 31。一般遵循小于 ($2^{\text{max\_depth}}$ – 1) 的原则,设置较大容易导致过拟合;

(2) max_depth:树的最大深度,与模型的泛化能力成反比,设置太小会造成欠拟合,默认值 6。当 max_depth<0 时,表示无深度限制;

(3) learning_rate:学习率,控制模型训练期间权重调整的程度,直接影响预测准确度及训练时间,默认值 0.1。设置得越大,迭代步长越大,虽然收敛速度会加快,但可能导致梯度震荡难以收敛到最好效果;

(4) num_boost_round:迭代次数,默认值 100。一般地,迭代次数越多越有利于模型精度的提升,然而这也会导致模型复杂度和训练时间的提升。当超过一定值时,模型精度将不再增加转而小范围波动;

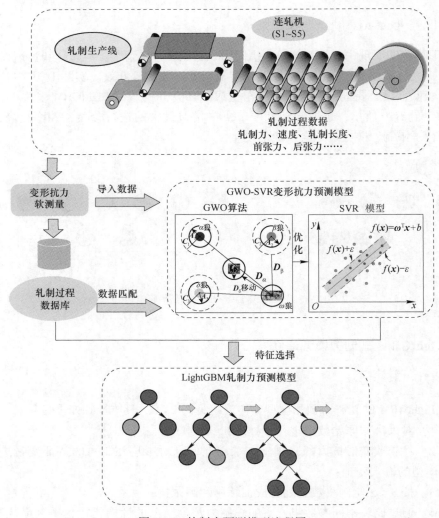

图 2-20 轧制力预测模型流程图

（5）min_data_in_leaf：每个叶子上的最小样本数，是处理 leaf-wise 树过拟合问题中的一个重要参数，默认值 20；

（6）bagging_fraction：每次迭代中数据的采样比例，默认值 1。调小该值可以加快训练速度，防止过拟合；

（7）feature_fraction：每次迭代中特征的采样比例，默认值 1。可以控制 bagging_fraction 的分裂点，用来提高训练速度和解决过拟合。

上述超参数的选择一方面影响模型的学习能力，即准确度；另一方面影响模型的泛化能力，例如过于学习训练集的特征会导致过拟合；最后还会影响模型的训练速度。三者在很多情况下会冲突，如模型训练速度的提升在一定程度上带来精度的损耗。因此，为了寻求模型精度、泛化能力和训练速度之间的平衡，需要选取合适的超参数。本节依据重要性程度选择 4 个核心超参数，在保持其余超参数为默认值的情况下依次对其进行取值确定，具体过程如下。

A 每棵树的叶子数量: num_leaves

num_leaves 是控制模型复杂度的重要参数。num_leaves 越大, 训练集的预测精度越高, 但过大会产生过拟合现象。本节将其搜索区间设定为 $[2^4, 2^9]$, 在此范围内按指数步长为 1 进行遍历。模型在训练集和测试集上的 4 个指标结果如图 2-21 所示。由图可知, 当 num_leaves 取值为 $2^4 \sim 2^6$ 时, 模型性能随着 num_leaves 的增大而逐步提升, 而当 num_leaves 大于 2^6 后, 训练集和测试集的评价指标几乎没有变化。由此可知, 当 num_leaves 为 2^6 时, 模型精度已至最优, 因此, 将 num_leaves 设定为 2^6。

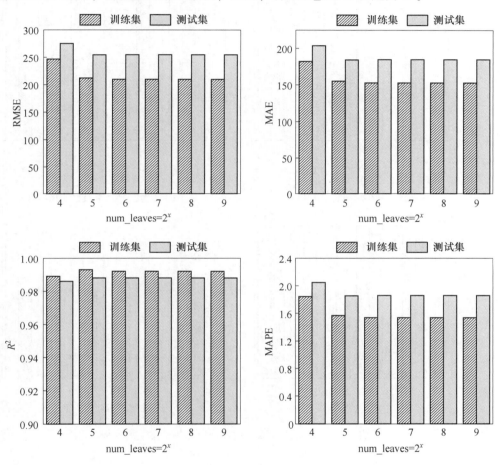

图 2-21 num_leaves 不同取值在训练集和测试集上的表现

B 树的最大深度: max_depth

LightGBM 采用 leaf-wise 的生长策略, 在每次分裂时, 选择带来最大增益的叶子进行分裂。虽然在同等分裂次数下, leaf-wise 能在减少系统开销的同时, 降低误差得到更好的精度, 但也可能长出比较深的决策树, 导致模型过拟合。因此, 限制树的深度, 是防止过拟合现象发生的关键。max_depth 的默认值是 6, 通常认为该值不小于 6。在 num_leaves 设定为 2^6 的情况下, 本节将 max_depth 搜索区间设定为 $[6, 21]$, 按步长 3 进行遍历。模型在训练集和测试集上的 4 个指标结果如图 2-22 所示。由图可知, 当 max_depth 的值未达到 15

前，随着 max_depth 的增加，训练集和测试集的 4 个评价指标均反应此时模型训练不充分，性能未至最优，而在 max_depth 的值大于 15 后，继续增加 max_depth，训练集的评价指标值无任何变化，测试集的 RMSE、MAE、MAPE 先上升后下降，且 max_depth 为 21 时的模型效果不如 max_depth 为 15，因此，将 max_depth 设定为 15。

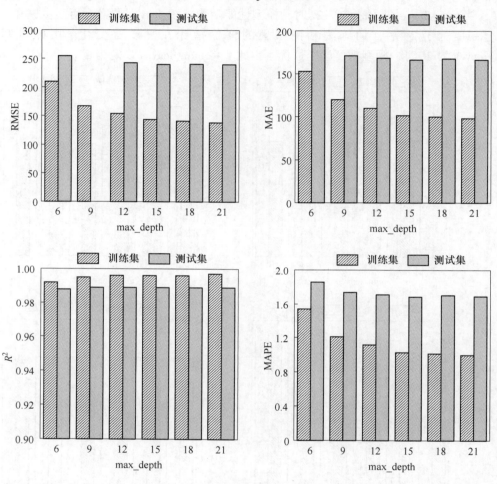

图 2-22 max_depth 不同取值在训练集和测试集上的表现

C 学习率：learning_rate

学习率决定了基学习器的学习速度，设置得过小会使训练次数增加，降低学习效率；设置得过大，步长过大可能导致振荡甚至难以收敛。因此，在将 num_leaves 设定为 2^6，max_depth 设定为 15 的情况下，本节把 learning_rate 的搜索区间设定为 [0.05，0.3]，并按步长 0.05 进行遍历。模型在训练集和测试集上的 4 个评价指标结果如图 2-23 所示。由图可知，当 learning_rate = 0.2 时，测试集的评价指标达到最优状态。在此之后，测试集的 RMSE 先升后降，MAE 和 MAPE 有变差的趋势，而训练集的误差却随着 learning_rate 的增大而逐步减小，说明模型此时出现了过拟合现象。因此，将 learning_rate = 0.2 设定为兼顾模型精度和泛化能力的最佳状态。

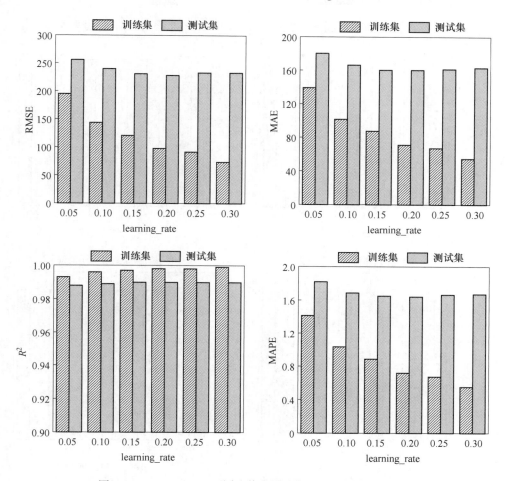

图 2-23 learning_rate 不同取值在训练集和测试集上的表现

D 迭代次数：num_boost_round

当迭代次数较少时，训练误差较大可能引起模型欠拟合的情况，而当迭代次数过多，可能会学习到训练数据中的噪声和无代表性的特征造成过拟合。在 num_leaves = 2^6、max_depth = 15、learning_rate = 0.2 的情况下，本节将 num_boost_round 的搜索区间设定为 [100, 600]，并按照步长为 100 进行遍历。模型在训练集和测试集上的 4 个评价指标结果如图 2-24 所示。由图可知，随着 num_boost_round 的增大，模型在训练集上的表现逐渐转好，而测试集除了在 num_boost_round = 100 时效果较差外，继续增大 num_boost_round 模型并无显著变化，即当 num_boost_round 大于 100 后，模型在训练集和测试集上的效果差距增大，呈现出过拟合的趋势，因此，将 num_boost_round 设定为 200。

2.4.3.2 模型效果分析

设定超参数后，建立了基于 LightGBM 的冷轧轧制力预测模型。首先针对 5 个机架包含的所有样本数据，分别绘制了散点图和相对误差直方图以验证模型的预测效果，如图 2-25 所示。

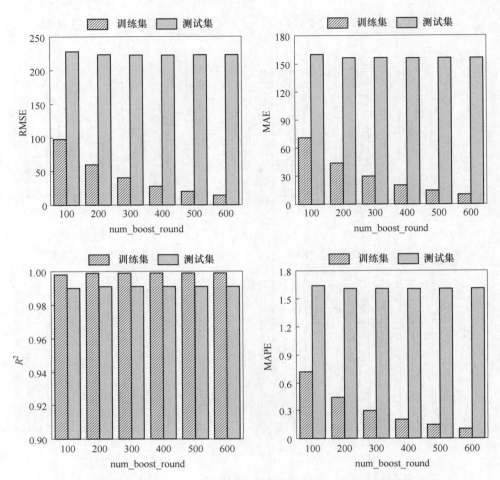

图 2-24 num_boost_round 不同取值在训练集和测试集上的表现

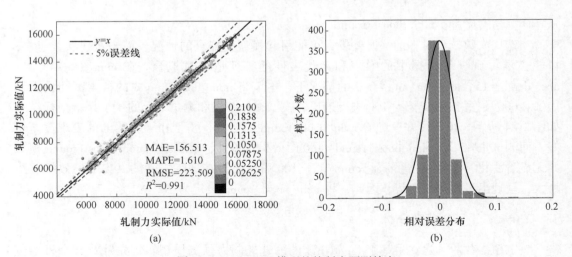

图 2-25 LightGBM 模型的轧制力预测精度

(a) 散点图；(b) 相对误差直方图

(扫描书前二维码看彩图)

　　由图可看出，LightGBM 模型的 MAE 为 156.513，MAPE 为 1.61%，RMSE 为 223.509 kN，R^2 为 0.991，散点图中实际值和预测值对应的样本点基本围绕在 $y = x$ 附近，且据统计测试集中有 94.7% 的数据样本可控制在 ±5% 误差之内，89.8% 的数据样本可控制在 ±3% 误差之内。相对误差直方图也呈正态分布趋势，绝大部分样本点落在 10% 的误差区间内，说明 LightGBM 模型具有良好的预测精度和鲁棒性。同时，模型运行速度保持在 5 s 左右，可满足实际生产需求。

　　进一步地，为体现 LightGBM 对每个机架的预测结果，将测试集预测结果按照机架划分，如图 2-26 所示。由图可看出，LightGBM 模型可将每个机架绝大多数样本点控制在误差带内。

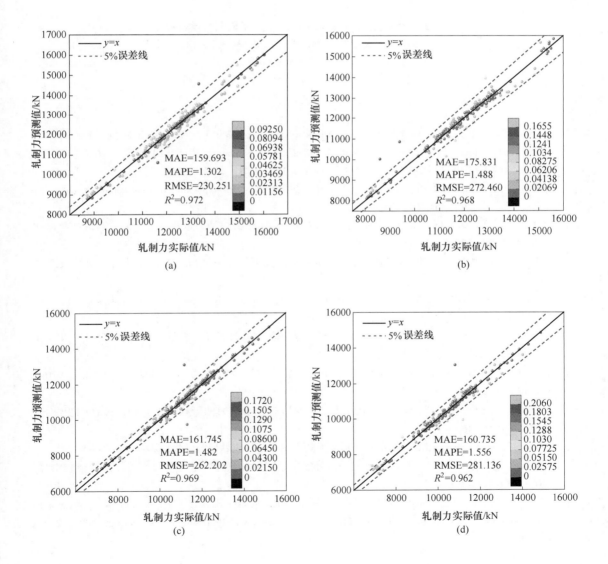

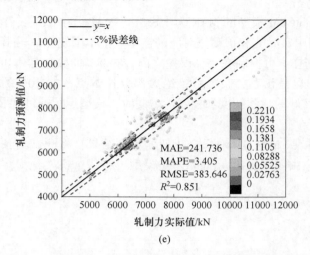

图 2-26 第 1~第 5 机架 LightGBM 模型的轧制力预测精度

(a) S1 机架；(b) S2 机架；(c) S3 机架；(d) S4 机架；(e) S5 机架

（扫描书前二维码看彩图）

参 考 文 献

［1］ Sun Jie, Liu Yuanming, Hu Yukun, et al. Application of hyperbolic sine velocity field for the analysis of tandem cold rolling ［J］. International Journal of Mechanical Sciences, 2016（108-109）：166-173.

［2］ 王国栋. 近年我国轧制技术的发展、现状和前景 ［J］. 轧钢, 2017, 34（1）：1-8.

［3］ 王军生, 白金兰, 刘相华. 带钢冷连轧原理与过程控制：Principle and process control of cold strip rolling ［M］. 北京：科学出版社, 2009.

［4］ 陈树宗, 彭文, 姬亚锋, 等. 基于目标函数的冷连轧轧制力模型参数自适应 ［J］. 东北大学学报（自然科学版）, 2013, 34（8）：1128-1131.

［5］ 张晓晗. 基于机器学习的工业过程数据驱动建模及数据扩充方法研究 ［D］. 北京：北京化工大学, 2022.

［6］ García S, Ramírez-Gallego S, Luengo J, et al. Big data preprocessing：methods and prospects ［J］. Big Data Analytics, 2016, 1（1）：1-22.

［7］ 赵嫚, 李英娜, 李川, 等. 基于模糊聚类和孤立森林的用电数据异常检测 ［J］. 陕西理工大学学报（自然科学版）, 2020, 36：38-43.

［8］ Mirjalili S, Mirjalili S M, Lewis A. Grey Wolf Optimizer ［J］. Advances in Engineering Software, 2014, 69：46-61.

［9］ 魏宝民, 王孝建, 崔熙颖, 等. 热轧温度波动对冷轧变形抗力的影响模型 ［J］. 塑性工程学报, 2022, 29：162-166.

［10］ 熊渊, 孟令启. 基于 RBF 的轴承钢变形抗力的预测 ［J］. 钢铁研究学报, 2011, 23：48-52.

［11］ 冀秀梅, 侯美伶, 王龙, 等. 基于机器学习的中厚板变形抗力模型建模与应用 ［J］. 金属学报, 2023, 59：435-446.

［12］ Zhang S H, Che L Z, Liu X Y. Modelling of Deformation Resistance with Big Data and Its Application in the Prediction of Rolling Force of Thick Plate ［J］. Mathematical Problems in Engineering, 2021, 2021：636-646.

3 冷轧轧制规程的多目标优化设计

轧制规程的制定是冷连轧过程控制系统的主要内容，是轧制工艺原理在冷轧过程中的主要体现方式。轧制规程对产品的质量、产量、成本以及生产安全、工艺控制精度等均有着重大的影响。合理的轧制规程既可提高冷轧带钢的生产率，降低能耗，又能保证产品的质量，提高工艺控制精度。制定轧制规程的中心问题是合理分配各机架的压下量、确定各机架实际轧出厚度，即负荷分配。常用的压下负荷分配策略主要为比例负荷分配系数法和目标优化法两类[1-2]。

本章简要介绍了轧制规程的策略和流程，并针对负荷分配法在确定轧制规程需要首先指定负荷分配比，且无法进行负荷分配在线优化的缺点，给出了一种轧制规程的多目标优化方法。

3.1 传统的轧制规程制定方法

目前，世界上大多数的冷连轧机组采用比例分配系数法确定轧制规程。比例负荷分配法已从开始的单一压下量比例分配，发展到轧制力、轧制功率按比例分配，直到现在的复合比例负荷分配法[3-4]。所谓的复合比例负荷分配是指绝对方式与相对方式相融合的分配方式，即绝对方式下可指定最前和最末机架的相对压下量或绝对轧制力，相对方式下可指定相邻机架的负荷分配（相对压下量、功率或轧制力等任选一种）比例系数。

3.1.1 传统方法的轧制策略

轧制规程是以轧制策略为前提，以工艺参数模型为基础得到的。轧制策略是指待轧钢卷按哪种负荷方式确定各机架目标厚度的规程。例如，某 1220 mm 冷连轧机组共设计有 7 种轧制策略，如表 3-1 所示。其中，1~3 策略模式是按同一负荷的一定比例进行分配；4~6 策略模式是在原料厚度和成品厚度已知条件下，预先给定第 1、第 5 机架带钢的压下率，只将第 2~第 4 机架按同一负荷一定比例进行分配。第 7 种策略模式是给定单位宽度轧制力，保证第 5 机架轧制力恒定的条件下，按功率分配第 1~第 4 机架的负荷。

表 3-1 1220 mm 冷连轧机压下量分配模式

序号	策略模式	第 1 机架	第 2 机架	第 3 机架	第 4 机架	第 5 机架
1	功率平衡模式（第 5 机架，光辊）	电机功率负荷分配比 $\alpha_{N1} : \alpha_{N2} : \alpha_{N3} : \alpha_{N4} : \alpha_{N5}$				
2	轧制力平衡模式（第 5 机架，光辊）	轧制力负荷分配比 $\alpha_{P1} : \alpha_{P2} : \alpha_{P3} : \alpha_{P4} : \alpha_{P5}$				

序号	策略模式	第 1 机架	第 2 机架	第 3 机架	第 4 机架	第 5 机架
3	压下率平衡模式 （第 5 机架，光辊）	压下率负荷分配比 $\alpha_{r1} : \alpha_{r2} : \alpha_{r3} : \alpha_{r4} : \alpha_{r5}$				
4	压下率和功率平衡模式 （第 5 机架，光辊）	绝对压下率 r_1	电机功率负荷分配比 $\alpha_{N2} : \alpha_{N3} : \alpha_{N4}$			绝对压下率 r_5
5	压下率和轧制力平衡 模式（第 5 机架，光辊）	绝对压下率 r_1	轧制力负荷分配比 $\alpha_{P2} : \alpha_{P3} : \alpha_{P4}$			绝对压下率 r_5
6	压下率和压下率平衡 模式（第 5 机架，光辊）	绝对压下率 r_1	压下率负荷分配比 $\alpha_{r2} : \alpha_{r3} : \alpha_{r4}$			绝对压下率 r_5
7	毛辊轧制模式 （第 5 机架，毛辊）	电机功率负荷分配比 $\alpha_{N1} : \alpha_{N2} : \alpha_{N3} : \alpha_{N4}$				单位宽轧制力 P_{w5}

在采用比例分配系数法确定轧制规程时，不同轧制策略下各机架的负荷分配系数须事先制定并存于数据库中，也可由操作人员根据实际轧制情况手动修正。

3.1.2　传统方法制定轧制规程的流程

根据选择的轧制策略和负荷分配系数制定轧制规程的计算流程如图 3-1 所示，其主要计算步骤如下：

（1）数据准备。数据准备是根据带钢的 PDI 数据，确定出模型计算所需要的参数，并对所确定的计算参数进行极限检查。需要读取的数据包括原始数据、轧辊数据和模型参数数据。此外，还需根据 PDI 数据、轧辊数据、轧辊表面状态等原始信息在层别表中选择轧制策略和负荷分配系数。

（2）压下负荷分配迭代计算。轧制规程计算的前提是确定压下负荷分配，即确定轧件在各机架的压下率。负荷分配计算由 PDI 数据得到第 1 机架的入口带钢厚度和最后机架的出口带钢厚度，根据选择的轧制策略和分配系数，通过迭代算法计算得到中间机架间带钢厚度。

（3）轧制速度的制定。确定压下规程后，综合考虑轧钢工艺要求、设备强度等因素，可得到末机架轧机的出口速度，其余各机架的轧制速度可按秒流量恒定的关系确定。

（4）张力制度的制定。在确定各机架压下分配和速度后，再确定各机架的前后张力。一般张力会根据所生产的钢种、不同机架以及操作情况来确定。

（5）极限检查。在确定了压下规程、速度制度和张力制度的基础上，通过模型计算出轧制力、轧制力矩及电机功率等，并对其进行极限检查。若满足设备强度、电机能力和轧制力极限值即为可行的压下规程；对于不满足要求的各项，需对轧制规程进行修正，直至满足要求。

（6）轧机设定计算。最后，通过相应数学模型计算轧机设定值，主要包括：辊缝设定、弯辊设定、轧辊横移设定等。

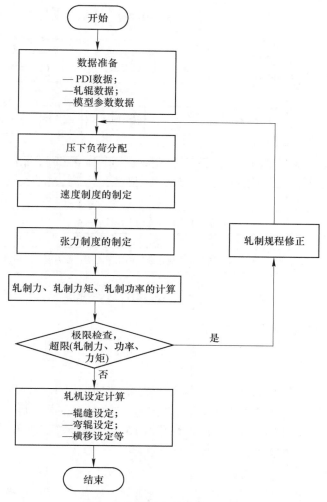

图 3-1 轧制规程的计算流程图

3.2 轧制规程多目标优化

　　前面所介绍的按照负荷成比例确定负荷分配的方法需要制定一套按不同钢种和带钢规格层别划分的负荷分配系数，这些系数是在大量生产实践中获得的经验值，制定和优化负荷分配系数是一个长期的过程。同时，由于轧制规程数据一旦确定后，对于各钢种和规格而言，张力规程、厚度分配、轧制力分布、力矩分布、速度分布以及电机功率分布也被确定下来，无法进行负荷分配在线优化。为使轧制规程达到最优，同时使之摆脱对经验值的依赖，本章提出了一种轧制规程的多目标优化方法[5]。

　　在对轧制规程进行优化时，首先需要把工艺上所要追求的目标表示为数学表达式，也即确定目标函数，并根据目标轧机的电气状态条件、机械设备型号、实际生产中应满足的工艺条件等对目标函数加以约束；然后选择优化方法对目标函数进行优化，进而得到优化的轧制规程。本节在设计过程中综合考虑了产量最大化、产品质量和设备工艺要求等因素，设计过程如图 3-2 所示。

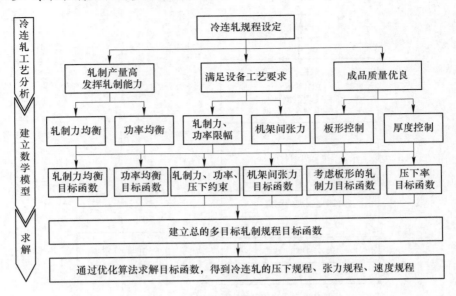

图 3-2 轧制规程优化设计过程示意图

3.2.1 轧制规程目标函数结构设计

3.2.1.1 工艺分析

冷连轧机组负荷分配的优化就是在满足工艺条件的情况下，合理分配各机架的压下率，使轧制工艺最优化，以提高产品质量及轧机生产效率。在设计目标函数时，需要考虑轧机的机械型号、电气状态条件、实际操作中应满足的条件等，在不损害设备的前提下，使各设备充分发挥最大的生产能力，提高生产效率。

冷连轧生产具体的工艺要求如下：

（1）为充分利用电机设备能力以提高轧制速度，应使各机架的相对电机功率尽可能相等。

（2）轧制力分配必须合理，既要保证轧制力均衡条件，又需要满足维持板形最优的轧制力条件。

（3）各机架压下量不能超过限幅，并且主要压下量在上游机架实现；考虑到第一机架来料厚度波动，一般压下率不宜过大；同时，在末机架平整模式下，为有效控制板形和厚度精度，末机架应承担较小的压下量。

（4）在实际轧制过程中，为避免出现带钢打滑或拉窄、撕裂等现象，机架间张力设定值必须在限幅之内。

此外，优化的轧制规程除了考虑提高生产能力，保证产品质量外，还应满足轧线的设备约束条件，如机架最大轧制力、电机最大功率等限制。

3.2.1.2 目标函数的结构设计

在优化设计中，正确地确定目标函数是关键的一步，目标函数的确定与优化结果和计算量有着直接关系。合理的目标函数不仅需要能够客观反映设计问题的本质和特性，同时函数结构应尽量简化和明确，以便于优化计算。

通过对冷连轧的生产工艺分析可知，冷连轧轧制规程的优化为有约束的非线性问题。常用的冷连轧轧制规程优化算法普遍采用约束方法进行求解，计算步骤烦琐，不容易获得最优解。针对此问题，设计了一种增广目标函数的结构形式，在该目标函数中包含了目标项和惩罚项两部分，通过在目标函数中引入惩罚项，将多目标函数约束求解问题转化为无约束求解问题。目标函数的结构形式如下所示：

$$J_{y,i} = Jt_{y,i} + Jp_{y,i} \tag{3-1}$$

式中，i 为机架号；$J_{y,i}$ 为轧制参数 y 的单一目标函数；$Jt_{y,i}$ 为目标函数中目标项；$Jp_{y,i}$ 为目标函数中的惩罚项。

其中，目标函数中目标项和惩罚项的函数结构的一般形式设计为：

$$Jt_{y,i} = k_{y,i} \left(\frac{y_i - y_{\text{nom},i}}{y_{\text{delta},i}} \right)^{n_{y,i}} \tag{3-2}$$

$$Jp_{y,i} = (\Delta y_i)^{np_{y,i}} = \left(\frac{y_i - \frac{1}{2}(y_{\text{min},i} + y_{\text{max},i})}{\frac{1}{2}(y_{\text{max},i} - y_{\text{min},i})} \right)^{np_{y,i}} \tag{3-3}$$

式中，$k_{y,i}$ 为机架相关的目标项加权系数，该系数可用来调整各机架轧制参数在目标函数的权重；y_i 为轧制参数设定值；$y_{\text{nom},i}$ 为参数的目标值；$y_{\text{delta},i}$ 为参数的偏差基准值；$n_{y,i}$ 为目标项指数因子；Δy_i 表示相应参数相对于平均值的偏离程度；$y_{\text{max},i}$、$y_{\text{min},i}$ 分别为相应参数的最大值、最小值；$np_{y,i}$ 为惩罚项指数因子。

当轧制参数值处于不同范围时，惩罚项中 Δy_i 的值如式（3-4）所示：

$$\begin{cases} |\Delta y_i| > 1 & y_i < y_{\text{min},i} \quad \text{或} \quad y_i > y_{\text{max},i} \\ |\Delta y_i| \leq 1 & y_{\text{min},i} \leq y_i \leq y_{\text{max},i} \end{cases} \tag{3-4}$$

在目标函数中增加惩罚项的意义在于：在目标函数的寻优（求极值）过程中，对违反约束条件的迭代点施加相应的惩罚，而对约束条件范围内的可行点不予惩罚。通过对式（3-3）和式（3-4）的分析可知，若在惩罚项中给定一个比较大的指数惩罚因子，当迭代点不满足某个约束条件时，目标函数值会因惩罚项的增加而呈指数倍增长，这样便可淘汰该迭代点，进而通过优化目标函数便可得到同时满足约束条件和工艺目标要求的可行解。

现在以轧制力为例说明目标函数中目标项和惩罚项函数值的变化趋势，如图 3-3 所示。设第 1 机架轧制力下限 $F_{\text{min},1} = 2000$ kN，上限值 $F_{\text{max},1} = 20000$ kN，轧制力目标值 $F_{\text{nom},1} = 10000$ kN，轧制偏差基准 $F_{\text{delta},1} = 10000$ kN，加权系数 $k_{F,1} = 1$，目标指数因子 $n_{F,1} = 2$，惩罚指数因子 $np_{F,1} = 80$。

从图 3-3 中可以看出，当轧制力超过最小值和最大值的限制时，轧制力目标函数中的惩罚项函数值呈指数倍增长，由此可对超限点起到惩罚的作用；而当轧制力在约束区间内时，惩罚项函数值近似为 0，此时轧制力目标项在总目标函数项起主要作用。

3.2.1.3 优化变量的设计

冷连轧的轧制过程涉及众多的轧制参数，其中各机架的相对压下率和前后张力是两组重要的参数。当各机架的压下量分配和张力制度确定以后，各机架的负荷参数，如轧制力、轧

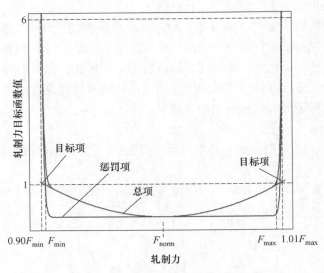

图 3-3 轧制力目标函数中各项值的变化示意图

(扫描书前二维码看彩图)

制力矩、轧制功率等便可以根据轧制参数的相关数学模型计算得出。因此，各机架压下分配和张力制度是否合理，直接关系到轧制力是否得到优化，功率分配是否能够平衡。

对于 5 机架冷连轧机而言，第 1 机架入口厚度 h_0 和第 5 机架的出口厚度是已知的，同时，第 1 机架的入口张应力 t_0 以及第 5 机架出口张应力 t_5 根据轧制工艺条件给定。因此，在轧制规程的多目标优化函数中选择各机架间厚度以及机架间的张应力共 8 个变量进行优化，优化变量表示为：

$$X = (h_1, \ h_2, \ h_3, \ h_4, \ t_1, \ t_2, \ t_3, \ t_4)^{\mathrm{T}} \tag{3-5}$$

式中，X 为优化向量；h_1，h_2，h_3，h_4 为机架间的厚度；t_1，t_2，t_3，t_4 为机架间的张应力。

3.2.2 单目标函数的建立

在建立多目标函数之前，首先需要建立各单目标函数。根据冷连轧实际生产的工艺需求，建立了如下几种单目标函数。

3.2.2.1 基于轧制力均衡的目标函数

轧制力均衡目标函数的目标是使轧制力设定值尽可能保持均衡并满足轧制力约束条件，目标函数设计为：

$$J_{\mathrm{Fb}}(X) = \frac{\displaystyle\sum_{i=1}^{N} k_{\mathrm{Fb},i} \cdot \left(\dfrac{F_i - \dfrac{1}{N}\displaystyle\sum_{i=1}^{N} F_i}{\dfrac{1}{N}\displaystyle\sum_{i=1}^{N} F_i} \right)^{n_{\mathrm{Fb},i}}}{\displaystyle\sum_{i=1}^{N} k_{\mathrm{Fb},i}} + \sum_{i=1}^{N} \left(\frac{F_i - F_{\mathrm{nom},i}}{F_{\mathrm{delta},i}} \right)^{np_{\mathrm{Fb},i}} \tag{3-6}$$

其中

$$F_{\text{nom},i} = \frac{F_{\text{min},i} + F_{\text{max},i}}{2} \tag{3-7}$$

$$F_{\text{delta},i} = \frac{F_{\text{max},i} - F_{\text{min},i}}{2} \tag{3-8}$$

式中，$J_{\text{Fb}}(X)$ 为基于轧制力均衡的目标函数；N 为机架数；$k_{\text{Fb},i}$ 为与机架相关的轧制力加权系数；$n_{\text{Fb},i}$、$np_{\text{Fb},i}$ 为轧制力均衡目标函数的指数系数；$F_{\text{min},i}$、$F_{\text{max},i}$ 为轧制力允许的最小值和最大值。

3.2.2.2 考虑板形的轧制力目标函数

考虑板形的轧制力目标函数主要目的在于使轧制力设定值尽可能接近维持最优板形的轧制力并满足轧制力约束条件。该目标函数一般应用于末机架为毛化辊（末机架平整模式）时的带钢轧制，其目标函数设计为：

$$J_{\text{Ff}}(X) = \frac{\sum_{i=1}^{N} k_{\text{Ff},i} \cdot \left(\frac{F_i - F_{\text{flat},i}}{F_{\text{delta},i}} \right)^{n_{\text{Ff},i}}}{\sum_{i=1}^{N} k_{\text{Ff},i}} + \sum_{i=1}^{N} \left(\frac{F_i - F_{\text{nom},i}}{F_{\text{delta},i}} \right)^{np_{\text{Ff},i}} \tag{3-9}$$

其中，当末机架的工作辊为毛化辊时，末机架轧制力 $F_{\text{flat},N}$ 为：

$$F_{\text{flat},N} = F_{\text{imposed}}^{\text{width}} W \tag{3-10}$$

式中，$J_{\text{Ff}}(X)$ 为考虑板形的轧制力目标函数；$k_{\text{Ff},i}$ 为与机架相关的板形轧制力加权系数；$F_{\text{flat},i}$ 维持板形最优的轧制力；$n_{\text{Ff},i}$、$np_{\text{Ff},i}$ 为考虑板形目标函数的指数系数；$F_{\text{imposed}}^{\text{width}}$ 为末机架单位宽度轧制力；W 为带钢宽度。

3.2.2.3 基于功率的目标函数

基于功率目标函数的目的在于使各机架的电机功率尽可能相对均衡并满足电机功率的约束条件，使各机架电机在功率上的剩余程度相等，进而充分发挥整个机组的电机能力，提高机组的轧制速度。基于功率的目标函数为：

$$J_{\text{P}}(X) = \frac{\sum_{i=1}^{N} k_{\text{P},i} \cdot \left(\frac{P_i - P_{\text{max},i}}{P_{\text{max},i}} \right)^{n_{\text{P},i}}}{\sum_{i=1}^{N} k_{\text{P},i}} + \sum_{i=1}^{N} \left(\frac{P_i - P_{\text{nom},i}}{P_{\text{delta},i}} \right)^{np_{\text{P},i}} \tag{3-11}$$

其中

$$P_{\text{nom},i} = \frac{P_{\text{min},i} + P_{\text{max},i}}{2} \tag{3-12}$$

$$P_{\text{delta},i} = \frac{P_{\text{max},i} - P_{\text{min},i}}{2} \tag{3-13}$$

式中，$J_{\text{P}}(X)$ 为基于功率的目标函数；$k_{\text{P},i}$ 为与机架相关的功率加权系数；$n_{\text{P},i}$、$np_{\text{P},i}$ 为基于功率目标函数的指数系数；$P_{\text{max},i}$ 为电机额定功率；$P_{\text{min},i}$ 为电机功率最小值，$P_{\text{min},i} = 0$。

3.2.2.4 基于压下率的目标函数

基于压下率的目标函数的目的在于使压下量设定值尽可能接近指定的压下量，并满足压下率的约束条件。

$$J_R(X) = \frac{\sum\limits_{i=1}^{N} k_{R,i} \cdot \left(\dfrac{r_i - r_{nom,i}}{r_{delta,i}}\right)^{n_{R,i}}}{\sum\limits_{i=1}^{N} k_{R,i}} + \sum\limits_{i=1}^{N} \left(\dfrac{r_i - r_{nom,i}}{r_{delta,i}}\right)^{np_{R,i}} \tag{3-14}$$

其中

$$r_{nom,i} = \frac{r_{min,i} + r_{max,i}}{2} \tag{3-15}$$

$$r_{delta,i} = \frac{r_{max,i} - r_{min,i}}{2} \tag{3-16}$$

式中，$J_R(X)$ 为基于压下率的目标函数；$k_{R,i}$ 为与机架相关的压下率加权系数；$n_{R,i}$、$np_{R,i}$ 为压下率目标函数的指数系数；$r_{max,i}$、$r_{min,i}$ 为允许的压下率最大和最小值，该值需要根据末机架的轧制模式和总压下率进行配置。

3.2.2.5 基于张力的目标函数

基于张力的目标函数的目标是使张力设定 T_i 尽可能接近 $T_{nom,i}$，并满足张力限幅约束条件，该目标函数的结构形式为：

$$J_T(X) = \frac{\sum\limits_{i=1}^{N} k_{T,i} \cdot \left(\dfrac{T_i - T_{nom,i}}{T_{delta,i}}\right)^{n_{T,i}}}{\sum\limits_{i=1}^{N} k_{T,i}} + \sum\limits_{i=1}^{N} \left(\dfrac{T_i - T_{nom,i}}{T_{delta,i}}\right)^{np_{T,i}} \tag{3-17}$$

其中

$$T_{nom,i} = \frac{T_{min,i} + T_{max,i}}{2} \tag{3-18}$$

$$T_{delta,i} = \frac{T_{max,i} - T_{min,i}}{2} \tag{3-19}$$

式中，$J_T(X)$ 为基于张力的目标函数；$k_{T,i}$ 为与机架相关的张力率加权系数；$n_{T,i}$、$np_{T,i}$ 为张力目标函数的指数系数；$T_{max,i}$、$T_{min,i}$ 为允许的张力最大和最小值。

3.2.3 多目标函数的建立

在多目标优化过程中，各个单目标函数的最优化可能是相互矛盾的，很难将所有目标同时达到最优。针对不同的轧制情况，对于多目标寻优，各个目标函数的作用并不是均等的。因此，在多目标规划中需要区分各目标函数的重要程度。

在建立单目标函数的基础上，采用线性加权法建立了综合考虑轧制力、板形、电机功率、压下率和张力的多目标函数。建立的多目标函数结构为：

$$J_{total}(X) = \frac{q_{Fb}J_{Fb}(X) + q_{Ff}J_{Ff}(X) + q_R J_R(X) + q_P J_P(X) + q_T J_T(X)}{q_{Fb} + q_{Ff} + q_R + q_P + q_T} \qquad (3\text{-}20)$$

式中，$J_{total}(X)$ 为轧制规程的多目标函数；q_{Fb}、q_{Ff}、q_R、q_P 及 q_T 分别为各单目标函数在多目标函数中的加权系数。

式（3-6）~式（3-20）目标函数中的各参数保存在配置文件中，在调试过程中可以通过修改目标函数的参数方便灵活地对成本函数进行配置，以满足不同轧制模式和产品工艺的需要，进而使轧制过程处于最佳状态。

3.2.4 轧制规程的优化计算

优化法以目标优化函数为代表，通过建立目标函数及相应约束条件，并在寻优过程中使用优化算法，来确定各机架的带钢厚度。常用的轧制规程优化算法包括遗传算法、粒子群算法和罚函数法等，这些方法克服了传统方法的不足，在一定程度上取得了较好的效果，因此目标优化计算方法是轧制规程计算的发展趋势[6-7]。

3.2.4.1 通过案例推理技术获得禁忌搜索算法

A 禁忌搜索算法

禁忌搜索算法（Tabu Search，TS）最早由 Glover 在 1986 年提出，它是一种智能随机算法，是对局部邻域搜索的一种拓展。该算法在搜索过程中可以克服易于早熟收敛的缺陷，从而达到全局最优化。它的主要思想是在搜索过程中可以接受劣解，使得搜索过程能跳出局部最优解进而转向其他区域进行搜索，具有较强的爬山能力，从而避免了迂回搜索。同时通过特赦准则来释放一些被禁忌的优良状态，以达到提高优化效率，保证搜索过程的多样性和有效性的目的，特赦准则的引入显著提高了获得更好解或全局最优解的概率[8-9]。

禁忌搜索算法的计算过程是先给定一个初始解和一种邻域结构，然后在初始解的邻域结构中确定出若干候选解；当最佳候选解对应的目标函数优于已保留的最好解对应的目标函数时，忽视最佳候选解的禁忌特性，并用其替换当前解和最好解，修改禁忌表；当上述候选解不存在时，选取候选解中非禁忌的最好解，无视它与当前解的优劣，使其成为新的当前解，修改禁忌表。如此反复执行搜索操作，直至满足停止准则。影响禁忌搜索算法性能的关键环节包括邻域结构、禁忌长度、禁忌对象、特赦准则和终止准则，其各自功能见表 3-2。

表 3-2　TS 算法组成及功能

项目	功　　能
邻域结构	决定了当前解的候选解产生形式和数目以及各个解之间的关系
禁忌长度	决定禁忌对象的禁忌时间，其大小直接影响整个算法的搜索进程和行为
禁忌对象	体现了算法避免迂回搜索的特点
特赦准则	可以避免优良状态的遗失，是对优良状态的奖励及对禁忌策略的放松，是实现全局优化的关键步骤
终止准则	合理的终止准则可以使算法具有优良的性能或时间性能

邻域结构与局部最优和全局最优密切相关，若邻域结构选择不当将使算法陷入局部最小，而无法实现全局最优，进而影响算法性能。

本章中将邻域结构的表示形式设置为 $[-\xi x, +\xi x]$，其中 ξ 为一个数值很小的常数，通常根据经验选定，优化问题特性的不同将导致 ξ 形式的不同。

由于优化变量为一个同时包含厚度和张力的八维向量，因此针对厚度和张力设置不同的 ξ 来适应厚度和张力数量级上的差异。同时，针对不同的钢种、规格也要设置不同的 ξ 以满足搜索过程的需要。

邻域中候选解的产生流程如下：

（1）根据案例推理技术获得初始解 $x_0 = (h_{10}, h_{20}, h_{30}, h_{40}, T_{10}, T_{20}, T_{30}, T_{40})^{\mathrm{T}}$，选定 ξ_{h} 和 ξ_{T}；

（2）将-1，0，1三个数随机组合成一个八维向量 φ，则候选解可以表示为 $x' = x_0 + \xi x_0 \varphi$。

假定生成的八维向量 $\varphi = (0, -1, 1, 1, -1, 0, 0, 1)$，则根据上述流程计算得到的候选解 $x' = (h_{10}, h_{20} - \xi_{\mathrm{h}} h_{20}, h_{30} + \xi_{\mathrm{h}} h_{30}, h_{40} + \xi_{\mathrm{h}} h_{40}, T_{10} - \xi_{\mathrm{T}} T_{10}, T_{20}, T_{30}, T_{40} + \xi_{\mathrm{T}} T_{40})^{\mathrm{T}}$。重复以上过程则可以得到需要数目的候选解，这一方法简单实用，编程易于实现，并且保证了候选解在邻域中的覆盖面。

禁忌表实现了算法禁止重复前面动作的特点，使邻域搜索可以尽可能避开已搜索到的局部最优解。禁忌表包含两个主要指标，即禁忌对象和禁忌长度。

本章中选取最近搜索过的解作为禁忌对象，当候选解满足禁忌表但不满足特赦准则时将不能替代当前解，进而使搜索转向更大的区域。同时设置动态禁忌长度，初始搜索时给定一个较小的值，而后根据实际情况动态增加禁忌长度。当某一个解对应的最佳目标值出现的频率很高，超过一个给定值时，可终止计算，将其作为最终获得的最优解。

在搜索过程中，有可能存在当前解的邻域内所有元素都被禁忌或者一个被禁忌的候选解优于当前最优解的情况，此时需要建立特赦准则来保证这些优良状态不被遗漏。本章中将特赦准则设置为选取目标值优于当前最优解的禁忌候选解成为新的当前最优解。

和许多进化算法一样，TS 算法对初始解的依赖性很强，良好的初始解将加快算法搜索，而较差的初始解会影响算法的收敛速率。在以往禁忌搜索算法使用的过程中，由于初始解随机产生，将降低算法的求解质量和搜索效率，甚至不能达到最优解，因此本章采用案例推理技术（Case-Based Reasoning，CBR）来获得高质量的禁忌搜索初始解，使搜索可以很快地达到最优解。

B 案例推理技术

案例推理技术是一种模拟人类类比思维的推理方法，它通过遍访案例库中同类案例的解决方法来获取当前问题的解[10]。本章提出的案例推理-禁忌搜索混合算法（CBRTS），通过案例推理技术获得禁忌搜索算法的初始解，实现两种算法的优势互补，进而提高了禁忌搜索算法的求解质量和搜索效率。

案例推理的基本思想是将历史案例全部保存到案例库中，在采用案例推理技术获得禁忌搜索算法初始解时，将首先在案例库中寻找相似的问题，从过去的相似问题中取出解，并把它作为求解实际问题解的起点，通过适应性修改而获得新问题的解。通过案例推理获得禁忌搜索算法的初始解，可以起到缩短计算时间，提高计算效率的作用。

　　案例推理可分为以下5个步骤：案例的构造、案例的检索、案例的重用、案例的修正及案例的保存，其工作过程如图3-4所示。

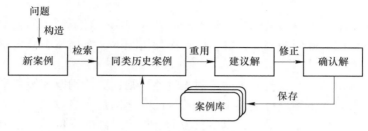

图 3-4　案例推理的工作过程

a　案例的构造

　　案例的构造即以一定的结构在案例中存储相关信息，它决定了实际问题向案例的转换方式，同时也很大程度上影响着案例推理的效率。

　　将冷连轧轧制过程的工况按一定的结构进行组织并构造成案例存储于案例库中，在冷连轧轧制规程多目标优化计算时，系统提取当前运行工况的描述特征，并根据这一特征在案例库中检索与之相类似的历史案例。

　　案例的构造应包括问题描述（案例发生时的状态）、解描述（案例的解决方案）和效果描述（应用解决方案后的状态）3部分，如表3-3所示。

表 3-3　案例的构造

案例项	案例描述	解描述
问题描述	主数据：钢种、来料厚度、成品厚度、成品厚度公差、成品宽度、来料质量、来料长度、来料外径、来料凸度 过程数据：轧制策略、单位宽度轧制力、张力级别、张力曲线、板形曲线、下道工序	禁忌搜索算法初始解
效果描述	带钢厚度偏差<2% 带钢板形偏差<8 IU 带钢厚度及板形合格率>98%	

b　案例的检索

　　案例的检索是在案例库中找到与新的问题描述最为相似的案例。对于案例推理系统，一般不存在精确匹配的案例，所以需要用启发式的方法来约束并指导搜索。常用的案例检索方法有以下几种，分别是归纳法、模板检索法、最近相邻法及知识导引法，这些方法既可以单独使用也可以组合使用[11]。

　　案例检索是案例推理中的核心部分，直接涉及案例检索结果的好坏，也直接关系到案例推理运行的速度以及案例推理运行的效率。根据冷连轧轧制过程中的实际生产情况，提出了一种基于模板检索法的两级过滤检索方法。首先在第一级过滤时，钢种、来料厚度、成品厚度、成品宽度及轧制策略具有最高优先级，若上述5项不能完全相等，则直接结束案例推理。在满足第一级过滤的条件下，对其他工况进行第二级过滤。对于主数据及过程数据完全满足索引要求的案例，将进行指标判定，若符合判定条件，则直接进行案例的重用；对于不能完全满足索引要求的案例也进行指标判定筛选，对符合判定条件的案例再进行案例的修正。

c　案例的重用

案例的重用即采用解决旧案例的经验来解决新的问题。对于简单的系统，新案例可以直接使用在案例库中检索到的解决方案，但大多数情况下，案例库中检索不到与新案例完全匹配的历史案例。

对于上述筛选出的案例，若完全满足两级过滤，则选取带钢厚度及板形偏差最小、厚度及板形合格率最高的案例进行直接重用；若未能完全满足两级过滤，但满足指标判定的案例，也选取厚度及板形偏差最小、厚度及板形合格率最高的案例经过案例的修正后再进行案例的重用。

d　案例的修正

案例的修正即对案例解决方案的调整。在案例的重用无法得到满意的解时，则需要根据具体的环境修正不合格的解决方案，修正后的案例会契合于应用领域的需求。

案例的修正是案例推理的难点，传统的案例修正方法有参数调整、派生重演、重实例化及模型引导等。本章采用了一种新的案例自修正方法，与传统方法相比，这种修正方法几乎不需要依赖领域知识[12]。其修正思路是：先从案例库中检索出最相似的案例，根据检索的案例和目标案例之间的差异，对案例库进行聚类分析，得出一个新案例库，从中再次检索出和第一次检索出的案例最相似的案例。即如果第一次检索失败了，这种方法还可以根据失败的原因，再次检索出一个案例。这点是传统的案例修正方法无法做到的，因此新的案例自修正方法提高了案例推理的有效性和正确度。

案例自修正的步骤如下：

（1）假设案例库为 Z，当前案例为 x。首先从案例库 Z 中检索出和 x 最相似的案例 y。

（2）比较相似案例 y 和当前案例 x，找出 y 和 x 之间特征的差异。假设 x 有 p 个特征属性。其中 i 个特征属性存在差异 q_1，q_2，…，$q_i(0 \leqslant i \leqslant p)$。如果 $i = 0$，表示没有差异，算法结束。

（3）根据这些差异特征 q_1，q_2，…，q_i，对案例库进行聚类。针对每一个特征，从案例库 Z 中找到和 x 中该特征的值相同的案例，将其聚成一类。这样可以得到分类 $q_1(Z)$，$q_2(Z)$，…，$q_i(Z)$，它们构成一个新案例库 Z_{new}。

（4）从新案例库 Z_{new} 中检索出和 y 最相似的案例，即为最终解决方案。

e　案例的保存

案例的保存即把处理完的案例存放到案例库中，以便日后碰到类似的问题可以重用该案例。通过案例的保存，案例库的覆盖度将逐渐提高，从而使得检索到相似案例的概率也随之提高。

案例修正后，新的问题如果获得了正确的结果，则需要进行案例库的更新。当筛选出的案例与新案例的相似程度较低时，需要新建一个案例并进行案例的存储；但当二者非常接近时，只需要保存调整后案例的一小部分即可。随着案例库中积累了越来越多的案例，其解决问题和学习的能力也会越来越强。

3.2.4.2　计算流程

基于案例推理技术获得禁忌搜索算法的初始解的流程如图 3-5 所示。

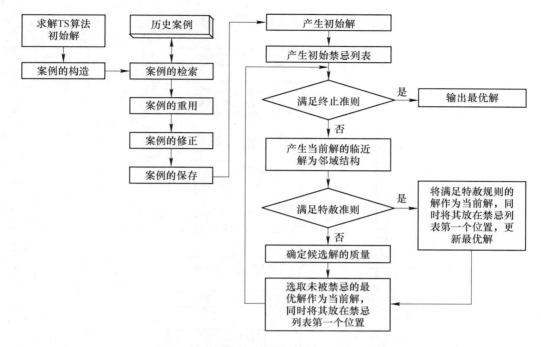

图 3-5 基于案例推理的禁忌搜索算法

3.2.4.3 优化变量的选择

对于 5 机架冷连轧机来说，第 1 机架入口厚度 h_0、入口张力 T_0 以及第 5 机架出口厚度 h_5、出口张力 T_5 是按照经验值给定。因此，选择各机架间厚度以及张力共 8 个变量进行优化，由此得到优化变量为：

$$\boldsymbol{x} = (h_1, h_2, h_3, h_4, T_1, T_2, T_3, T_4)^{\mathrm{T}} \tag{3-21}$$

式中，$\boldsymbol{x}$ 为优化向量；h_1，h_2，h_3，h_4 为机架间厚度；T_1，T_2，T_3，T_4 为机架间张力。

根据得到的各机架间厚度及张力，即可根据轧制模型计算各机架的轧制力、功率等参数。轧制规程计算流程图如图 3-6 所示。

该优化设计的基本思想是：根据来料的初始数据，在满足设备要求和工艺要求的基础上，确定轧机出口速度及各机架间厚度、张力，根据已知数据初次计算各轧制参数（轧制力、电机功率等），判断功率或转速是否超限，若超限则调整轧机出口速度，重新进行轧制参数计算，满足限制条件后计算目标函数值，计算完成之后进行收敛条件判断，若满足收敛条件，则校核规程并输出；若不满足，则构造 TS 算法并重新进行迭代计算，直至求出满足约束条件的限制并使目标函数值最小的各机架间厚度及张力值，进行规程校核并输出；否则给出报警，结束计算。

3.2.4.4 张力规程的修正

冷连轧过程中，随着轧制长度的增加，轧辊摩擦系数减小，轧制力也随之减小，这将造成带钢打滑，因此需要通过修正机架间张力从而对轧制力进行补偿。首先通过多目标优

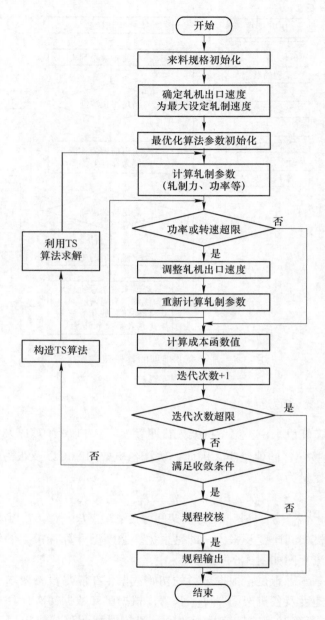

图 3-6 轧制规程计算流程图

化模型计算出各机架间张力值，然后根据各机架工作辊轧制长度对其进行修正。计算公式设计如下：

$$T'_j = \rho_{j+1} T_j \quad (j = 1 \sim 4) \tag{3-22}$$

式中，T'_j，T_j 分别为第 j 机架与第 $j + 1$ 机架间修正后张力值以及模型计算张力值；ρ_{j+1} 为张力修正系数，由第 $j + 1$ 机架工作辊轧制长度确定，如图 3-7 所示。

根据工作辊轧制长度从图 3-7 中得到相应的修正系数，再乘以由模型计算出的机架间张力值，即可得到修正后的张力规程。

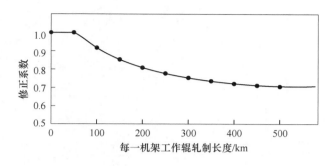

图 3-7 张力修正系数示意图

3.2.4.5 现场应用及结果分析

本章提出的多目标函数优化算法已成功应用于某 1450 mm 5 机架冷连轧机组的过程控制系统中。

现场随机抽取一种常规规格带钢和一种极薄规格带钢，其来料主数据如表 3-4 所示，分别采用传统禁忌搜索算法和改进的 CBRTS 算法进行轧制规程多目标优化计算，分析两种算法的控制效果。

表 3-4 来料主数据

钢种	宽度/mm	压下率/%	轧制策略	位置	厚度/mm	长度/m	外径/mm	重量/t
SPCC	1000	78	平整模式	入口	3.50	676	1885	18.58
				出口	0.76	3021	1780	17.95
MRT-2.5	795	89	压下模式	入口	1.80	1297	1870	14.57
				出口	0.20	11611	1774	14.08

对于两种带钢，均给定禁忌搜索算法初始值 $\xi_h = 0.1$，$\xi_T = 0.05$，初始禁忌长度等于 3，终止频率等于 5，各目标函数对应的加权系数 $\lambda_P : \lambda_T : \lambda_\sigma = 1:1:1$。对两种算法的迭代过程进行比较，如图 3-8 所示，其中图 3-8（a）为常规规格带钢的对比结果，图 3-8（b）为极薄规格带钢的对比结果。

从图 3-8 中可以看出，对于常规规格带钢 SPCC，CBRTS 经过 115 次搜索第 1 次收敛到最优目标函数值 19.83173，此后分别于第 261 次、第 303 次、第 441 次和第 500 次收敛于全局最优解；而 TS 经过 209 次搜索第 1 次收敛到最优目标函数值 20.47073，此后分别于第 393 次、第 581 次、第 718 次和第 1000 次收敛于全局最优解；对于极薄规格带钢 MRT-2.5，CBRTS 经过 230 次搜索第 1 次收敛到最优目标函数值 7.2153，此后分别于第 274 次、第 310 次、第 348 次和第 378 次收敛于全局最优解；而 TS 经过 479 次搜索第 1 次收敛到最优目标函数值 7.41327，此后分别于第 521 次、第 575 次、第 606 次和第 653 次收敛于全局最优解。分析结果表明，与 TS 相比，CBRTS 具有较快的下降速度，同时 CBRTS 收敛于一个较小的目标函数值，说明其具有更高的控制精度。

将分别采用 TS 和 CBRTS 计算的轧制规程多目标优化结果进行对比，对比结果如表 3-5 所示。

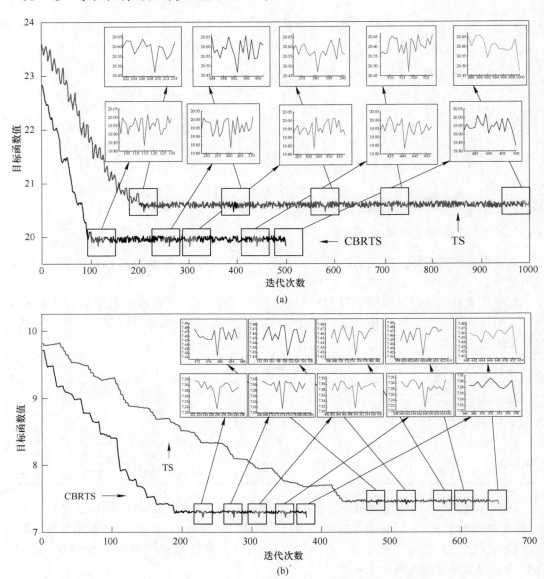

图 3-8 两种算法迭代过程比较

(a) SPCC；(b) MRT-2.5

表 3-5 轧制规程对比

机架号		厚度/mm	压下率/%	张力/t	轧制力/t	弯辊力/t	速度/m·min⁻¹	功率/kW
				(a) SPCC				
入口	TS	3.50	—	18.1	—	—	—	—
	CBRTS	3.50	—	17.0	—	—	—	—
1号	TS	2.37	32.29	33.7	822.4	38.9	249	2406
	CBRTS	2.29	34.57	30.8	846.4	41.6	311	3297

机架号		厚度/mm	压下率/%	张力/t	轧制力/t	弯辊力/t	速度/m·min⁻¹	功率/kW
				(a) SPCC				
2 号	TS	1.49	37.13	21.5	775.8	67.8	432	4200
	CBRTS	1.53	33.19	21.3	768.6	67.5	493	4200
3 号	TS	1.05	29.53	14.9	674.3	63.1	624	3611
	CBRTS	1.07	30.07	15.2	679.1	63.6	705	4200
4 号	TS	0.77	26.67	11.2	660.2	50.2	817	3098
	CBRTS	0.77	28.04	10.5	691.3	54.7	979	4200
5 号	TS	0.76	1.30	4.2	486.3	14.7	826	1658
	CBRTS	0.76	1.30	4.2	510.9	15.9	994	1992
				(b) MRT-2.5				
入口	TS	1.80	—	8.5	—	—	—	—
	CBRTS	1.80	—	7.9	—	—	—	—
1 号	TS	1.21	32.78	13.1	628.8	35.9	189	821
	CBRTS	1.19	33.89	11.6	634.9	37.2	212	865
2 号	TS	0.72	40.50	8.3	635.9	52.5	298	1151
	CBRTS	0.74	37.82	8.2	632.9	52.3	347	1625
3 号	TS	0.48	33.33	5.6	626.7	77.6	468	1279
	CBRTS	0.49	33.78	5.8	627.1	78.0	526	1781
4 号	TS	0.30	37.50	4.0	565.5	58.2	731	1302
	CBRTS	0.31	36.63	3.8	573.9	60.0	845	2097
5 号	TS	0.20	33.33	1.1	541.3	19.2	1026	1978
	CBRTS	0.20	35.48	1.1	545.8	19.5	1325	2657

同时为了更直观地进行比较,将两种轧制规程中各机架的压下率、厚度、功率和轧制力的分配情况绘制成图 3-9 和图 3-10。

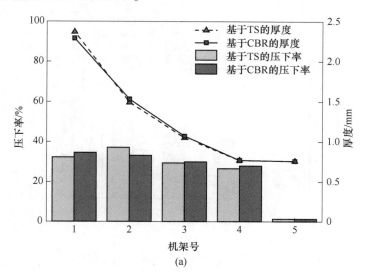

(a)

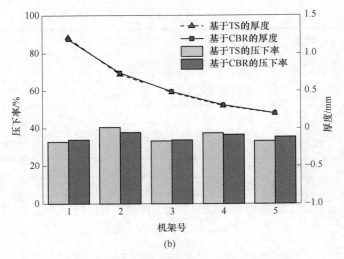

图 3-9 两种轧制规程厚度和压下率分配对比

（a）SPCC；（b）MRT-2.5

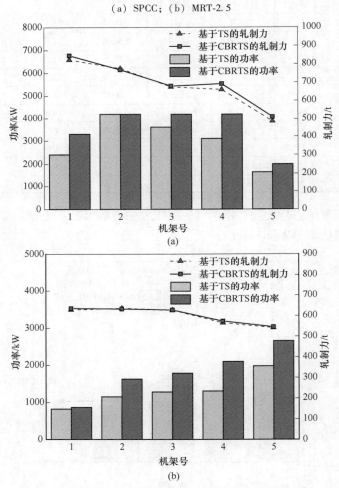

图 3-10 两种轧制规程功率和轧制力分配对比

（a）SPCC；（b）MRT-2.5

通过对比可以看出，CBRTS 与 TS 相比具有更快的收敛速率，CBR 技术的引入大大增强了算法的局部收敛能力和收敛性；同时采用 CBRTS 算法计算的轧制规程合理高效地利用了各机架的电机功率，设定的负荷分配和轧制力分配更加均衡，在满足工艺和设备要求的前提下，充分发挥了设备能力，并且提高了生产效率。

参 考 文 献

［1］王国栋. 近年我国轧制技术的发展、现状和前景［J］. 轧钢，2017，34（1）：1-8.

［2］张殿华，孙杰，陈树宗，等. 高精度薄带材冷连轧过程智能优化控制［J］. 钢铁研究学报，2019，31（2）：180-189.

［3］镰田正诚著，李伏桃，陈岿，康永林译. 板带连续轧制——追求世界一流技术的记录［M］. 北京：冶金工业出版社，2002.

［4］矫志杰，赵启林，王军生，等. 冷连轧机过程控制在线负荷分配方法［J］. 钢铁，2005，40（3）：44-48.

［5］陈树宗. 冷连轧过程控制及模型设定系统的研究与应用［D］. 沈阳：东北大学，2014.

［6］卜赫男. 冷连轧过程数字模型与多目标优化策略研究［D］. 沈阳：东北大学，2018.

［7］Chen Shuzong，Zhang Xin，Peng Lianggui，et al. Multi-objective optimization of rolling schedule based on cost function for tandem cold mill［J］. Journal of Central South University，2014，21（5）：1733-1740.

［8］廖大强，邬依林，印鉴. 基于禁忌搜索算法的线路规划方案求解［J］. 计算机工程与设计，2015，36（5）：1368-1374.

［9］Lagos C，Crawford B，Soto R，et al. Improving tabu search performance by means of automatic parameter tuning［J］. Canadian Journal of Electrical and Computer Engineering-Revue Canadienne de Genie Electrique et Informatique，2016，39（1）：51-58.

［10］刘恩洋. 板带钢热连轧高精度轧后冷却控制的研究与应用［D］. 沈阳：东北大学，2012.

［11］李锋刚. 基于案例推理的智能决策技术［M］. 北京：北京师范大学出版社，2011.

［12］段军，戴居丰. 案例修正方法研究［J］. 计算机工程，2006，32（6）：1-3.

4 冷轧非稳态过程厚度控制

带钢厚度精度是评价轧制控制系统性能和产品质量的一个关键指标。目前,在高速稳态轧制过程中,冷轧产品厚度精度一般可达到较高水平。然而,在非稳态轧制过程中,特别是在加减速的过程中,仍存在难以用精确模型描述的复杂轧制状态,这严重影响厚度偏差的控制能力。在实际生产过程中,带头带尾的厚度指标已然成为制约带钢质量的因素。现场评价冷轧带钢产品厚度指标时,加减速非稳态轧制过程的控制指标都低于正常轧制的指标,并允许头尾有 10 m 左右的带钢不在质量考核范围,但长达 80 m 以上的质量不合格现象依然时有发生。以某薄带钢冷连轧机组为例,非稳态过程相关的质量损失占非正常切损的 53.7%,质量异议占比达到了 63.1%,这表明提高非稳态过程厚度精度具有十分重大的意义。随着智能控制技术的不断发展,许多学者对智能技术在轧制领域的应用进行了研究[1-2]。本部分基于粒子群优化算法和支持向量机理论,提出一种轧辊辊缝预测策略,引入压缩因子的概念对粒子群算法进行优化,结合轧制数据对预测策略进行对比验证。

4.1 基于粒子群优化的支持向量机

为了分析轧制非稳态过程的变化机理,各种科研工作相继开展。研究表明,在冷轧加减速过程中,存在很多因素影响轧制工艺,如带钢与工作辊之间的摩擦系数、轴承之间的油膜厚度、轧辊的热膨胀等。理论研究的进展并没有改善非稳态过程机理模型的不足,这种情况严重制约了控制精度和产品质量。在影响因素中,带钢与工作辊之间摩擦系数的变化是影响带钢厚度的主要因素。摩擦系数与轧制速度的关系如图 4-1 所示。随着轧制速度

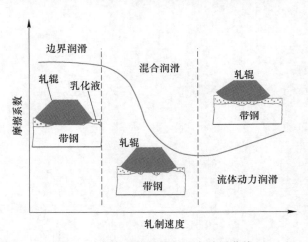

图 4-1 摩擦系数与轧制速度关系曲线

的提高，轧制过程的润滑状态将由边界润滑向混合润滑过渡，最终成为流体动力润滑。润滑状态的改变使轧制力波动，最终影响带钢厚度。图 4-2 为现场随机选取的一段带钢升降速阶段轧制参数变化曲线。从图中明显可以看出，在冷轧加减速过程中，虽然入口厚度偏差较大，但 AGC 控制了轧制状态，随着轧制速度的变化，轧制力变化较大，出口厚度偏差依然波动较大。为了更有效地提高非稳态过程厚度精度，本节引入了支持向量机理论和粒子群优化算法，提出了基于粒子群优化支持向量机的轧辊辊缝预测策略。

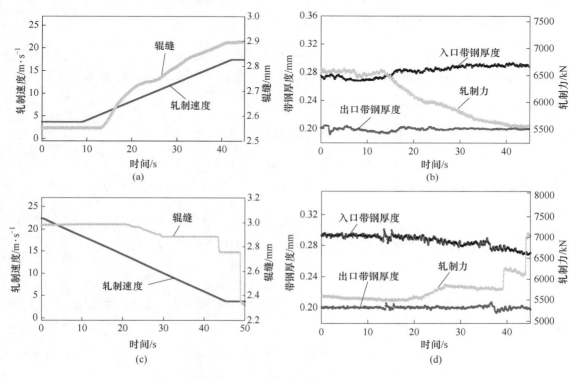

图 4-2　冷连轧非稳态过程的数据曲线
(a)(b) 加速过程；(c)(d) 减速过程

作为一种结合优化方法来解决机器学习问题的技术，支持向量机（Support Vector Machine，SVM）由于良好的预测性能，近年来得到了越来越多的研究和广泛的应用[3-6]。Zhao 等人[7]提出基于自动检测方法的视觉跟踪滚动系统的在线运行状态。为了提取振动信号的局部特征，结合核主成分分析和支持向量机，Cheng 等人[8]提出了基于尺度不变特征变换算法的滚动轴承故障诊断框架。然而，研究人员发现异常值会导致 SVM 泛化能力的下降。为了在支持向量机训练中实现与核优化参数设置相对应的优化机制，本节的参数寻优过程采用了粒子群优化算法。基于粒子群优化算法和支持向量机理论，算法能够在较大的搜索空间中有效地找到最优或近似最优解，从而在寻找最优解的同时优化 SVM 的参数值。基于粒子群优化的支持向量机方法已经被证明是一个有效的工具用来预测各种参数，如轧制规程优化[9]、液压系统识别[10]、带钢表面缺陷识别[11]等。

4.2 支持向量机

支持向量机是由 Vapnik 研究团队在统计学的基础上提出的一种解决函数逼近的问题的机器学习技术[12]。SVM 最初用于分类问题，在 20 世纪 90 年代后得到迅速发展并衍生出一系列改进和扩展算法用以解决回归问题。支持向量回归理论是一种将相关数据用非线性预测方法映射到高维特征空间，完成线性回归的参数定量预测方法[13]。其模型的优化问题最终被转化为一个唯有线性约束条件的凸二次规划，由最优化理论保证其得到全局最优解。因此，高维特征空间中的回归函数定义如下：

$$y = f(\boldsymbol{x}) = \sum_{i=1}^{L} \boldsymbol{\omega}_i \boldsymbol{\Psi}_i(\boldsymbol{x}) + b \tag{4-1}$$

式中，$\{\boldsymbol{\omega}_i\}_{i=1}^{L}$ 为向量 $\boldsymbol{\omega}$ 的系数，法向最大边缘超平面；$\{\boldsymbol{\Psi}_i\}_{i=1}^{L}$ 为输入向量的映射集。参数 $\dfrac{b}{|\boldsymbol{\omega}|}$ 确定了此超平面从原点沿法向量 $\boldsymbol{\omega}$ 的偏移量。

在 SVR 中，利用核函数得到的回归函数可以推导为：

$$f(\boldsymbol{x}) = \sum_{i=1}^{m} (\alpha_i - \alpha_i^*) \boldsymbol{x}_i^{\mathrm{T}} \boldsymbol{x} + b \tag{4-2}$$

则 SVR 的问题可以重新描述为：

$$\min_{\omega, b} \frac{1}{2} \|\boldsymbol{\omega}\|^2 + C \sum_{i=1}^{m} l_\varepsilon(f(\boldsymbol{x}_i) - y_i) \tag{4-3}$$

式中，C 为惩罚函数；l_ε 为 ε 的不敏感损失函数，其表达式见式（4-4）。

$$l_\varepsilon = \begin{cases} 0, & |z| \leqslant \varepsilon \\ |z| - \varepsilon, & 其他 \end{cases} \tag{4-4}$$

考虑到 f 函数的回归值和实际值误差 ε，SVR 的优化问题可以通过松弛变量 ξ 和 ξ' 转换为：

$$\min_{\omega, b, \xi, \xi'} \left(\frac{1}{2} \|\boldsymbol{\omega}\|^2 + C \sum_{i=1}^{m} (\xi_i + \xi_i') \right) \tag{4-5}$$

$$\mathrm{s.t.} \begin{cases} y_i - f(x_i) \leqslant \varepsilon + \xi_i \\ f(x_i) - y_i \geqslant \varepsilon + \xi_i' \\ \xi, \xi' \geqslant 0, \ i = 1, 2, \cdots, m \end{cases}$$

式中，$\|\boldsymbol{\omega}\|^2$ 为平滑拟合函数、增强拟合函数提升能力的置信区间；$\sum\limits_{i=1}^{m} (\xi_i + \xi_i')$ 为减少样本训练误差 C 的经验风险。

作为拉格朗日函数乘子引入 $\mu_i \geqslant 0$，$\mu_i' \geqslant 0$，$a_i \geqslant 0$，$a_i' \geqslant 0$，上述公式的函数可表示为：

$$\begin{aligned}
&L(\boldsymbol{\omega}, b, \boldsymbol{\alpha}, \boldsymbol{\alpha}', \boldsymbol{\xi}, \boldsymbol{\xi}', \boldsymbol{\mu}, \boldsymbol{\mu}') \\
&= \frac{1}{2} \|\boldsymbol{\omega}\|^2 + C \sum_{i=1}^{m} (\xi_i + \xi_i') - \sum_{i=1}^{m} \mu_i \xi_i - \sum_{i=1}^{m} \mu_i' \xi_i' + \\
&\quad \sum_{i=1}^{m} \alpha_i (f(\boldsymbol{x}_i) - y_i - \varepsilon - \xi_i) + \sum_{i=1}^{m} \alpha_i'(f(\boldsymbol{x}_i) - y_i - \varepsilon - \xi_i')
\end{aligned} \tag{4-6}$$

根据 Karush-Kuhn-Tucker（KKT）条件，分别对 $\boldsymbol{\omega}$, b, ξ, ξ' 求偏导，令拉格朗日函数等于零，则可得：

$$\begin{cases} \boldsymbol{\omega} = \sum_{i=1}^{m} (\alpha_i' - \alpha_i) \boldsymbol{x}_i \\ 0 = \sum_{i=1}^{m} (\alpha_i' - \alpha_i) \\ C = \alpha_i + \mu_i \\ C' = \alpha_i' + \mu_i' \end{cases} \tag{4-7}$$

合并推导公式，则可计算 SVR 的对偶问题：

$$\max_{\alpha} \sum_{i=1}^{m} y_i(\alpha_i' - \alpha_i) - \varepsilon(\alpha_i' + \alpha_i) - \sum_{i=1}^{m} \sum_{j=1}^{m} (\alpha_i' - \alpha_i)(\alpha_j' - \alpha_j) \boldsymbol{x}_i^{\mathrm{T}} \boldsymbol{x}_j \tag{4-8}$$

并且令

$$\text{s. t.} \sum_{i=1}^{m} (\alpha_i' - \alpha_i) = 0$$

$$0 \leqslant \alpha_i, \ \alpha_i' \geqslant C$$

以上过程需要满足 KKT 条件，具体如下：

$$\begin{cases} \alpha_i(f(\boldsymbol{x}_i) - y_i - \varepsilon - \xi_i) = 0 \\ \alpha_i'(f(\boldsymbol{x}_i) - y_i - \varepsilon - \xi_i') = 0 \\ \alpha_i \alpha_i' = 0, \ \xi_i \xi_i' = 0 \\ (C - \alpha_i)\xi_i = 0 \\ (C' - \alpha_i')\xi_i' = 0 \end{cases} \tag{4-9}$$

公式中的 $\boldsymbol{\omega}$ 可以用特征映射表示：

$$\boldsymbol{\omega} = \sum_{i=1}^{m} (\alpha_i' - \alpha_i) \boldsymbol{\phi} \boldsymbol{x}_i \tag{4-10}$$

求解二次规划，并选取样本点，可构造决策回归函数：

$$f(\boldsymbol{x}) = \sum_{i=1}^{m} (\alpha_i' - \alpha_i) \kappa(\boldsymbol{x}, \boldsymbol{x}_i) + b \tag{4-11}$$

式中，$\kappa(\boldsymbol{x}, \boldsymbol{x}_i)$ 为核函数，$\kappa(\boldsymbol{x}, \boldsymbol{x}_i) = \boldsymbol{\phi}(\boldsymbol{x}_i)^{\mathrm{T}} \boldsymbol{\phi}(\boldsymbol{x}_j)$。

在支持向量机算法中，选择合适的核函数是非常重要的一步。常用的核函数有线性核函数、多项式核函数、高斯径向核函数等。

（1）线性核函数，只能用来处理线性稳态，其表达式为：

$$\kappa(\boldsymbol{x}, \boldsymbol{y}) = \boldsymbol{x}^{\mathrm{T}} \boldsymbol{y} \tag{4-12}$$

（2）多项式核函数，可以避免黑塞矩阵为 0 的情况：

$$\kappa(\boldsymbol{x}, \boldsymbol{y}) = [\boldsymbol{x}^{\mathrm{T}} \boldsymbol{y}]^q \tag{4-13}$$

（3）Sigmoid 核函数：

$$\kappa(\boldsymbol{x}, \boldsymbol{y}) = \tanh(\gamma \boldsymbol{x} \cdot \boldsymbol{y} + \theta)^d \tag{4-14}$$

（4）径向基函数核函数，具有很强的逼近任意非线性函数的能力，可以高精度地完成预测工作，能以任意精度近似任何连续函数，也是本研究采用的核函数：

$$\kappa(\boldsymbol{x},\boldsymbol{y}) = \exp\left(-\frac{\|\boldsymbol{x}-\boldsymbol{y}\|^2}{2\sigma^2}\right) \tag{4-15}$$

4.3　粒子群优化算法

粒子群优化算法（Particle Swarm Optimization，PSO）是由 J. Kennedy 和 R. C. Eberhart 等于 1995 年开发提出的一种进化计算技术[14]。其核心思想是通过群体中个体之间的协作和信息共享，研究整个群体的运动在问题求解空间中产生的从无序到有序的演化过程，从而求解问题的最优解。其中"群"来源于微粒群匹配 M. M. Millonas 在开发应用于人工生命的模型时所提出的群体智能的 5 个基本原则。"粒子（particle）"是一个折中的选择，因为既需要将群体中的成员描述为没有质量、没有体积的，同时也需要描述它的速度和加速状态。PSO 算法的优势在于简单容易实现并且没有许多参数的调节。目前已被广泛应用于函数优化、神经网络训练、模糊系统控制以及其他遗传算法的应用领域。

4.3.1　粒子群优化算法的基本理论

粒子群优化算法通过设计一种无质量的粒子来模拟鸟群中的鸟，粒子仅具有两个属性：速度和位置，速度代表移动得快慢，位置代表移动的方向。如图 4-3 所示，每个粒子在搜索空间中单独搜寻最优解，并将其记为当前个体极值，并将个体极值与整个粒子群里的其他粒子共享，找到最优的那个个体极值作为整个粒子群的当前全局最优解，粒子群中的所有粒子根据自己找到的当前个体极值和整个粒子群共享的当前全局最优解来调整自己的速度和位置。

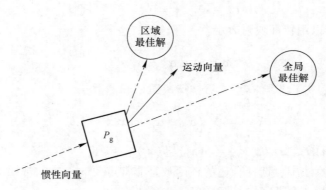

图 4-3　粒子群优化算法

在搜索空间中，每个粒子的位置和速度用 $X_{id} = (x_{i1}, x_{i2}, \cdots, x_{id})$ 和 $V_{id} = (v_{i1}, v_{i2}, \cdots, v_{id})$，$i = 1, 2, \cdots, n$ 表示。其中，n 为种群数量，d 为搜索空间维数。$P_{id} = (p_{i1}, p_{i2}, \cdots, p_{id})$ 是 i 粒子的最佳位置；$P_g = (p_{g1}, p_{g2}, \cdots, p_{gd})$ 是粒子群的最佳位置。在每个迭代中，速度和位置的更新公式如下：

$$v_{ij}(t+1) = wv_{ij}(t) + c_1r_1(x_{ij}^P(t) - x_{ij}(t)) + c_2r_2(x_{gj}^G(t) - x_{ij}(t)) \tag{4-16}$$

$$x_{ij}(t+1) = x_{ij}(t) + v_{ij}(t+1) \tag{4-17}$$

式中，w 为惯性权重；c_1 和 c_2 为加速常数；r_1 和 r_2 为区间 [0，1] 的随机分布函数。

为了防止粒子在搜索过程中脱离搜索空间，$v_{id} \in [-v_{\max}, v_{\max}]$，$v_{\max}$ 是最大飞行速度。为了加快算法的收敛速度，w 会随着迭代的进展而线性减少：

$$w = w_{\max} - \text{iter}(w_{\max} - w_{\min})/\text{iter}_{\max} \tag{4-18}$$

式中，iter 和 $\text{iter}_{\max}$ 为当前和最大迭代次数；$w_{\max}$ 和 $w_{\min}$ 为最大和最小惯性重量。

4.3.2 带压缩因子的粒子群算法

由于 PSO 中粒子向自身历史最佳位置和邻域或群体历史最佳位置聚集，形成粒子种群的快速趋同效应，容易出现陷入局部极值、早熟收敛或停滞现象。同时，PSO 的性能也依赖于算法参数。在处理复杂对象时，传统的粒子群优化算法容易陷入局部最优区域，收敛速度慢，使得系统难以找到最优解。Clerc 和 Kennedy 在对基本粒子算法轨迹分析的基础上进行了改进[15]，提出了压缩因子的概念。在带压缩因子的粒子群优化算法（PSO with Compression Factor）中，引入的压缩因子 χ 定义为：

$$\chi = \frac{2k}{\left| 2 - \varphi - \sqrt{\varphi^2 - 4\varphi} \right|} \tag{4-19}$$

式中，$\varphi = c_1 r_1 + c_2 r_2$；$\varphi > 4$，$c_1 > 2$，$c_2 > 2$；当 $\varphi \leq 4$ 时，$\chi = k$，$k \in [0, 1]$。

所以，CF-PSO 的速度更新公式可以重新定义为：

$$v_{ij}(t+1) = \chi\left[v_{ij}(t) + c_1 r_1(x_{ij}^P(t) - x_{ij}(t)) + c_2 r_2(x_{gj}^G(t) - x_{ij}(t)) \right] \tag{4-20}$$

鉴于冷连轧轧制过程中辊缝状态的复杂特性，将带压缩因子的 PSO 优化算法集成到支持向量机的辊缝预测模型中。最终，得到了基于 CF-PSO-SVM 算法的轧辊辊缝预测算法，具体流程如图 4-4 所示。首先支持向量机对轧制数据进行提取、归一化处理。然后由带压缩因子的粒子群算法进行参数寻优，结合最优解和核函数进行回归模型的训练、测试。最后进行反归一化处理，得到预测曲线。

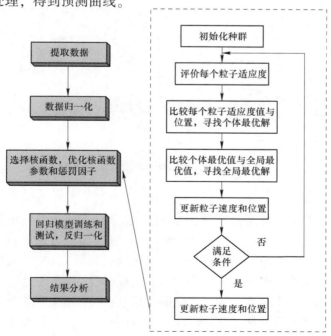

图 4-4　CF-PSO-SVM 算法流程图

4.4   策略验证与分析

  基于粒子群优化支持向量机的轧辊辊缝预测策略的具体思路是基于 CF-PSO-SVM 算法建立加减过程中的辊缝模型，根据检测仪表反馈的厚度、张力、速度、辊缝以及轧制力等轧制数据，冷连轧控制系统通过该模型计算出加减速过程的辊缝补偿量，然后下发指令补偿到辊缝控制系统中完成目标值的控制，以便于在提高控制精度的同时，减少控制单元的计算负担。轧辊辊缝预测过程如图 4-5 所示。

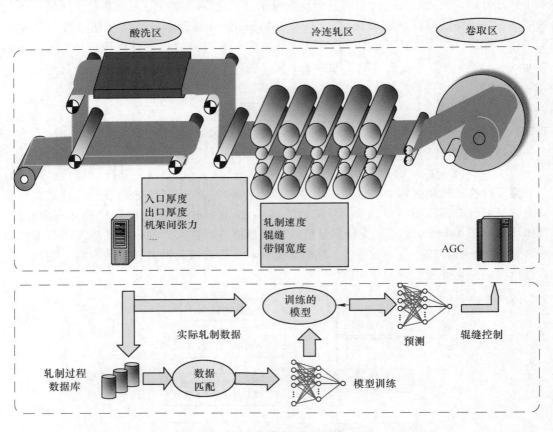

图 4-5   轧辊辊缝预测过程

  为了验证提出的基于 CF-PSO-SVM 的冷轧机轧辊辊缝预测模型的有效性，结合现场轧制数据，进行了仿真验证。冷连轧控制系统中存在大量的检测设备和记录仪器，能够在毫秒级的扫描周期内准确地采集系统的实时数据。为了使实验更有说服力，获得强鲁棒性和准确性的预测模型，从某 1450 mm 冷连轧生产线上随机采集了 10000 对以上关键变量的轧制数据。其中，部分实验数据如表 4-1 所示，表中 T_4 和 T_5 分别表示第 5 机架的后张力和前张力。将选取数据中的 70% 作为训练集数据，其他 30% 作为测试集数据。为了更好地显示速度、张力以及轧制力等影响辊缝的参数变量的分布情况，对数据进行了多维可视化绘图，如图 4-6 所示。

表 4-1　验证实验数据

序号	入口厚度 /mm	出口厚度 /mm	张力 T_4 /kN	轧制速度 /m·s^{-1}	轧制力 /kN	轧辊辊缝 /mm
1	0.26	0.19	56.54	3.75	7354.23	−0.411
2	0.26	0.19	52.46	4.80	6783.84	−0.245
3	0.27	0.19	42.02	8.02	6147.32	−0.059
4	0.27	0.19	37.29	10.16	6045.32	−0.021
5	0.30	0.22	62.77	5.07	7942.41	−0.231
6	0.30	0.22	55.81	7.18	7359.57	−0.091
7	0.31	0.22	47.58	10.80	7133.89	−0.011
8	0.33	0.24	59.65	4.47	7221.04	−0.195
⋮	⋮	⋮	⋮	⋮	⋮	⋮
10498	0.44	0.32	79.88	4.19	6190.06	−0.125
10499	0.45	0.36	107.44	3.94	9163.65	−0.114
10500	0.46	0.32	63.62	9.03	6138.51	−0.029

由于冷连轧轧制环境复杂且干扰因素众多，为了消除轧制数据中的随机误差，需要对选取数据中的异常值进行处理。本节采用拉依达（Pauta）准则来剔除选取数据中波动较大的异常值，其中心思想是以给定的置信概率 99.7% 为标准，将误差超过 3 倍测量列的标准偏差的数据认定为粗大误差的测量值，即异常值，数据统计过程中，为了避免误差需要将异常值从测量数据中剔除。在 Pauta 准则中，数据的平均值和标准差计算公式为：

$$\bar{x} = \frac{1}{n} \sum_{i=1}^{n} x_i \tag{4-21}$$

$$s = \sqrt{\frac{1}{n-1} \sum_{i=1}^{n} (x_i - \bar{x})^2} \tag{4-22}$$

式中，$\bar{x}$ 为平均值；s 为标准差；n 为数据数；x_i 为数据值。

根据 Pauta 准则，如果 $|x_i - \bar{x}| > 3s$，则将轧制数据中的异常值作为离群值从数据群中剔除掉，得到的处理数据如图 4-7 所示。

此外，为了消除随机误差，更加合理地挖掘数据规律，采用了五点三次平滑法对轧制数据进行平滑处理。其具体处理方法为：

（1）将数据分为 $2n+1$ 个等距离点 x_{-n}, x_{-n-1}, $\cdots$, x_0, $\cdots$, x_{n-1}, x_n，采集相应数据 y_{-n}, y_{-n-1}, $\cdots$, y_0, $\cdots$, y_{n-1}, y_n。对这些数据组进行最小二乘法改进处理。

（2）设定步长 h，令 $t = \frac{x - x_0}{h}$。则上述数据点转化为 $-n$, $-n-1$, $\cdots$, 0, $\cdots$, $n-1$, n。假设 m 次多项式：

$$Y(t) = a_0 + a_1 t + \cdots + a_{m-1} t^{m-1} + a_m t^m \tag{4-23}$$

式中, m 为奇数, 特别是 $n = 2$, $2n + 1 = 5$, 取 5 点, 若 $m = 3$, 则方程式为三次多项式。令 $t = 0$, ± 1, ± 2。则可得到五点三次平滑计算模型:

$$\begin{cases} \overline{Y}_{i-2} = \frac{1}{70}(69y_{-2} + 4y_{-1} - 6y_0 + 4y_1 - y_2) \\ \overline{Y}_{i-1} = \frac{1}{30}(2y_{-2} + 27y_{-1} + 12y_0 - 8y_1 + 2y_2) \\ \overline{Y}_i = \frac{1}{35}(-3y_{-2} + 12y_{-1} + 17y_0 + 12y_1 - 3y_2) \\ \overline{Y}_{i+1} = \frac{1}{35}(2y_{-2} - 8y_{-1} + 12y_0 + 27y_1 + 2y_2) \\ \overline{Y}_{i+2} = \frac{1}{70}(-y_{-2} + 4y_{-1} - 6y_0 + 4y_1 + 69y_2) \end{cases} \tag{4-24}$$

式中, $\overline{Y}_i$ 为 y_i 的改进值。

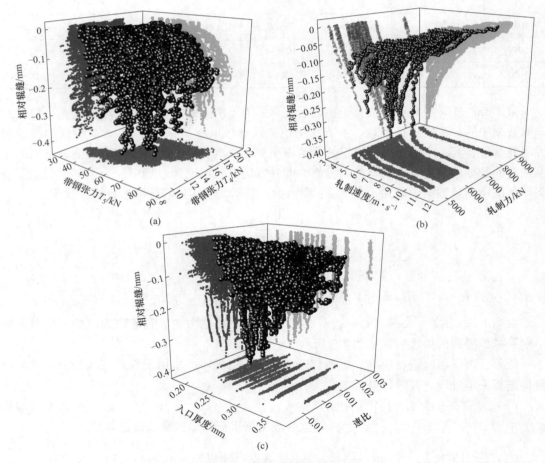

图 4-6 轧制数据可视化图

(a) T_4 和 T_5; (b) 轧制速度和轧制力; (c) 出口厚度和速比

(扫描书前二维码看彩图)

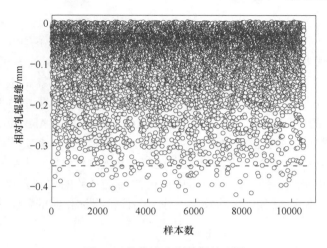

图 4-7 拉依达准则数据处理图

对轧制数据进行平滑处理，将得到的数据与原始测量数据对比，曲线如图 4-8 所示。通过对比处理前后的测量值和预测值可以发现，经过处理的数据更好地消除了数据的随机性，测量值和预测值数据变化趋势十分吻合，有效提高了预测模型的精度。

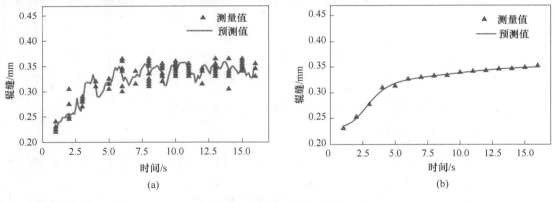

图 4-8 数据处理前后对比
(a) 处理前数据；(b) 处理后数据

4.4.1 实验过程与分析方法

在支持向量机理论中，确定惩罚因子、核宽度等模型参数是模型建立过程中非常重要的一步。作为异常值的权重，惩罚因子定义了分类误差与最大阈值的平衡关系，其作用是用来权衡损失和分类间隔的权重，核宽度的取值影响支持向量机的泛化性能。常规 SVM 参数的常用搜索方法是网格搜索法，其通过将估计函数的参数利用交叉验证的方法进行优化来得到最优。然而对于 PSO-SVM 算法，参数寻优是通过判断粒子群体中个体极值和全局最优解，调整粒子的速度和位置来完成的。为了对比 PSO-SVM 预测算法的预测精度，在实验过程中引入遗传算法，在编码的参数空间中通过选择、交叉、变异等遗传操作方法进行参数寻优。计算程序中对于粒子群优化算法的参数设置为：局部搜索能力和全局搜索能力分别设置为 1.3 和 1.7，最大进化种群和最大种群的初始值分别为 200 和 10，速度更新公式中的弹性系数为 1.1。

为了更加准确地判断设计策略的预测性能，性能分析中引入了均方根误差、平均绝对误差以及平均绝对误差百分比等评价标准作为评价指标。其中，均方根误差（Root Mean Square Error，RMSE）是预测值与实际值偏差的平方和与观测次数 n 比值的平方根。平均绝对误差（Mean Absolute Error，MAE）是预测值与真实值绝对误差的平均值，能够更好地反映预测值误差的实际情况。平均绝对误差百分比（Mean Absolute Percentage Error，MAPE）在考虑预测值与真实值偏差的同时，还评价了误差值与真实值之间的比例。为了在其他相关信息的基础上预测未来的结果，在统计模型的背景下引入了确定系数（R^2）。通过确定系数的大小来判定拟合结果的好坏，正常确定系数的取值范围为 $[0 \sim 1]$，当 R^2 越接近 1 时，则表明模型拟合数据的效果越好。各评价指标相应的数学表达式如下：

$$MAE = \frac{1}{n} \sum_{i=1}^{n} |t_i - y_i| \tag{4-25}$$

$$RMSE = \sqrt{\frac{\sum_{i=1}^{n} (t_i - y_i)^2}{n}} \tag{4-26}$$

$$MAPE = \frac{1}{n} \sum_{i=1}^{n} \left| \frac{t_i - y_i}{t_i} \right| \times 100\% \tag{4-27}$$

$$R^2 = 1 - \frac{\sum_{i=1}^{n} (t_i - y_i)^2}{\sum_{i=1}^{n} (t_i - \bar{t})^2} \tag{4-28}$$

式中，t_i 为观测值的数据集；$\bar{t}$ 为观测数据的均值；n 为样本个数。

4.4.2 实验对比与分析

结合现场轧制数据，通过对 PSO-SVM、GA-SVM 和 CF-PSO-SVM 3 种预测策略进行仿真实验，对比训练集和测试集的实验结果。

分别将 PSO-SVM、GA-SVM、CF-PSO-SVM 与实验曲线对比，得到预测值与实测值的训练与测试对比结果如图 4-9 所示。结果表明，与其他优化算法相比，无论训练集还是测

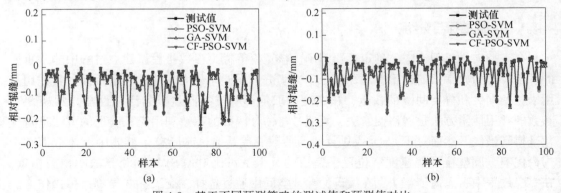

图 4-9 基于不同预测策略的测试值和预测值对比

（a）训练集数据对比；（b）测试集数据对比

（扫描书前二维码看彩图）

试集，CF-PSO-SVM 模型预测的相对辊缝精度更高。为了更加清晰地对比各种算法的性能，相关数据参数统计在表 4-2 中。数据表明：在训练集实验中，PSO-SVM 和 GA-SVM 训练的 R^2 值分别为 0.986 和 0.980，而使用 CF-PSO-SVM 训练的 R^2 值为 0.994，高于其他优化方法。在测试实验中，PSO-SVM、GA-SVM 和 CF-PSO-SVM 的 R^2 值分别为 0.985、0.977 和 0.993。可见，无论是训练数据实验还是测试数据实验，基于 CF-PSO-SVM 的预测策略都具有较高的预测能力。综上所述，基于 CF-PSO-SVM 的轧辊辊缝预测策略具有良好的泛化能力。

表 4-2　基于不同预测策略的模型性能

优化策略	C	σ	R^2 训练集	R^2 测试集
PSO-SVM	3.34	0.31	0.986	0.985
GA-SVM	20.12	8.2	0.980	0.977
CF-PSO-SVM	10.04	1.41	0.994	0.993

此外，为了分析优化策略的性能差异，在图 4-10 中给出了预测性能指标的对比图，以验证预测结果与实验结果存在的差异。在训练集实验中，PSO-SVM、GA-SVM、CF-PSO-SVM 的 MAE 分别为 0.0049 mm、0.0115 mm 和 0.0031 mm。相应的 RMSE 值分别为 0.0088 mm、0.0131 mm 和 0.0055 mm。通过比较 MAE、RMSE 和 MAP 性能可以发现，CF-PSO-SVM 预测策略的预测性能评价指标数值是 3 种优化方法中最小的。测试集数据验证了基于 CF-PSO-SVM 的预测策略仍具有较好的预测效果。从而验证了 CF-PSO-SVM 预测策略具有较好的泛化能力。图 4-11 显示了不同优化方法对训练集数据和测试集数据的相对误差，可以看出 CF-PSO-SVM 预测策略的相对误差优于其他两种优化方法，是 3 种优化方法中最小的。综上所述，结合所有策略的预测性能指标，验证了 CF-PSO-SV 预测策略具有良好的预测性能。

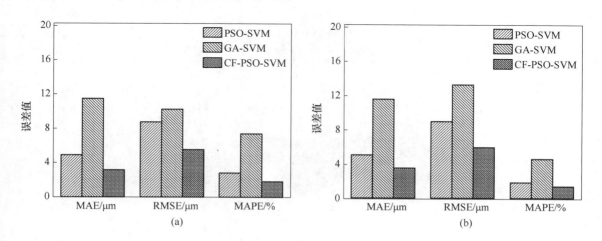

图 4-10　不同预测策略的预测性能指标对比

（a）训练集测试；（b）测试集测试

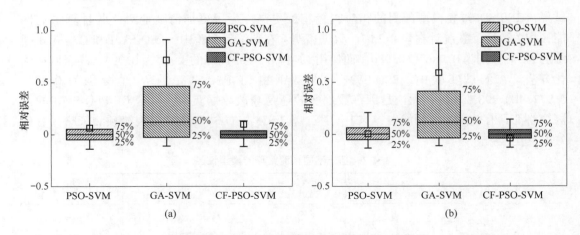

图 4-11　不同预测策略的预测模型相对误差对比

(a) 训练集测试；(b) 测试集测试

4.4.3　轧辊辊缝补偿模型

在轧制生产和实验中发现辊缝在升降速过程中存在有规律的变化趋势，而轧辊辊缝的有效补偿可以极大地减少 AGC 控制系统的工作量，提高带钢厚度控制的效率。因此，为了更有效地提高实际生产控制精度，本部分结合实际轧制数据，基于 CF-PSO-SVM 预测策略挖掘出了轧制速度、带钢塑性系数和辊缝之间的关系。各轧制参数的相对关系如图 4-12 所示，称为轧辊辊缝补偿模型。轧辊辊缝补偿模型根据实际轧制参数，结合速度反馈值，根据辊缝补偿模型实时计算出当前扫描周期相应的轧辊辊缝补偿值，并将指令下发到相应的控制系统。计算出的辊缝补偿量可以有效减小非稳态轧制环境对辊缝变化的滞后影响。

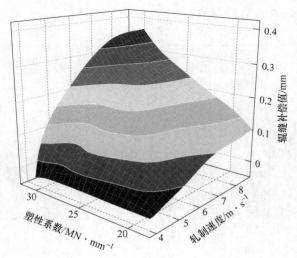

图 4-12　辊缝、轧制速度和塑性系数三者之间的关系

(扫描书前二维码看彩图)

为了验证辊缝补偿模型的有效性，随机选取了相同轧制带钢的现场减速段的轧制数据。根据轧制数据和预测模型，得到相应的补偿曲线。其中，实际辊缝变化与补偿辊缝对比如图 4-13 所示，带钢入口厚度和出口厚度曲线如图 4-14 所示。研究结果表明，轧辊辊缝补偿值与现场轧辊辊缝变化趋势高度一致，轧辊辊缝补偿模型展现出了良好的预测性能。

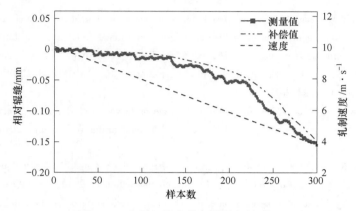

图 4-13　实际辊缝变化与补偿辊缝对比

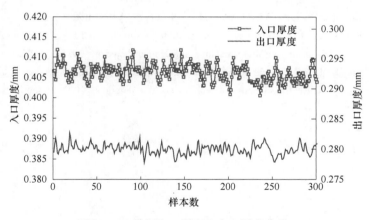

图 4-14　带钢入口厚度和出口厚度曲线

参 考 文 献

［1］ Niu P, Liu C, Li P, et al. Optimized support vector regression model by improved gravitational search algorithm for flatness pattern recognition ［J］. Neural Computing and Applications, 2015, 26 (5): 1167-1177.

［2］ Song K, Hu S, Yan Y. Automatic recognition of surface defects on hot-rolled steel strip using scattering convolution network ［J］. Journal of Computational Information Systems, 2014, 10 (7): 3049-3055.

［3］ Kisi O, Shiri J, Karimi S, et al. A survey of water level fluctuation predicting in Urmia Lake using support vector machine with firefly algorithm ［J］. Applied Mathematics and Computation, 2015, 270: 731-743.

［4］ Sánchez A S, Fernández P R, Lasheras F S, et al. Prediction of work-related accidents according to working conditions using support vector machines［J］. Applied Mathematics and Computation, 2011, 218（7）: 3539-3552.

［5］ Huang C L, Dun J F. A distributed PSO-SVM hybrid system with feature selection and parameter optimization［J］. Applied Soft Computing, 2008, 8（4）: 1381-1391.

［6］ Kuang F, Xu W, Zhang S. A novel hybrid KPCA and SVM with GA model for intrusion detection［J］. Applied Soft Computing Journal, 2014, 18: 178-184.

［7］ Zhao Y J, Yan Y H, Song K C. Vision-based automatic detection of steel surface defects in the cold rolling process: considering the influence of industrial liquids and surface textures［J］. International Journal of Advanced Manufacturing Technology, 2016, 90（5/6/7/8）: 1665-1678.

［8］ Cheng Y, Yuan H, Liu H, et al. Fault diagnosis for rolling bearing based on SIFT-KPCA and SVM［J］. Engineering Computations, 2017, 34（1）: 53-65.

［9］ Hu Z Y, Yang J M, Zhao Z W, et al. Multi-objective optimization of rolling schedules on aluminum hot tandem rolling［J］. International Journal of Advanced Manufacturing Technology, 2016, 85（1/2/3/4）: 85-97.

［10］ Yu Y Z, Ren X Y, Du F S, et al. Application of improved PSO algorithm in hydraulic pressing system identification［J］. Journal of Iron and Steel Research International, 2012, 19（9）: 29-35.

［11］ Hu H, Li Y, Liu M, et al. Classification of defects in steel strip surface based on multiclass support vector machine［J］. Multimedia Tools Applications, 2014, 69（1）: 199-216.

［12］ Cortes C, Vapnik V N. Support Vector Networks［J］. Machine Learning, 1995, 20（3）: 273-297.

［13］ 周志华, 王珏. 机器学习及其应用 2009［M］. 北京: 清华大学出版社, 2009.

［14］ Eberhart R, Kennedy J. A new optimizer using particle swarm theory［C］∥ MHS'95. Proceedings of the Sixth International Symposium on Micro Machine and Human Science, 1995: 39-43.

［15］ Clerc M, Kennedy J. The particle swarm-explosion, stability, and convergence in a multidimensional complex space［J］. IEEE transactions on Evolutionary Computation, 2002, 6（1）: 58-73.

5 冷轧厚度-张力协调优化控制

冷轧基础自动化控制中，厚度控制和张力控制是保证产品厚度指标精度和稳定生产的主要手段。传统的轧制控制策略是将整个系统分为厚度控制和张力控制两个独立的控制子系统，对单机架系统则是采用通过辊缝控制厚度，通过电机转矩调节张力的控制模式，而对于冷连轧而言，现场应用的控制模式多为速比控制厚度，辊缝控制张力的控制模式。以第 i 机架为例，由测厚仪检测到第 i 架出口带钢厚度偏差，反馈计算后，通过控制第 $i-1$ 机架的轧辊速度控制出口带钢厚度偏差；根据 $i-1$ 和 i 机架间的张力辊测得的张力值，调节第 i 机架辊缝平衡张力波动。这种单一的控制模式，无法有效解决厚度与张力之间的耦合问题。而冷连轧工艺中各轧制参数之间交叉耦合、互相影响。当带钢厚度发生变化时，必定会造成机架间张力状态打破原有的平衡，而机架间张力的变化反过来也会引起厚度偏差。随着先进控制策略在工业领域的不断应用，其控制模式在轧制领域也得到了充分研究。结合先进控制策略，本章节在轧制过程厚度张力模型的基础上，结合模型预测控制策略，提出厚度-张力协调优化控制器，并对所提出控制器的控制性能进行对比和分析。

5.1 基于模型预测控制的单独机架厚度-张力策略

模型预测控制又称为滚动优化控制（Receding Horizon Control，RHC），作为一种在线控制技术，其根据系统当前实测状态值进行最优控制问题的连续求解[1-2]。与其他先进控制算法不同，模型预测控制起源于解决实际工业问题，后来成为理论研究的课题，预测控制在多个领域得到了广泛应用[3-4]。与传统的离散最优控制不同，滚动优化控制的优化是有限周期的滚动优化。在每个采样周期，优化性能指标只考虑从此时到未来的有限时间，在下一个采样时刻，优化时刻向前移动一个时刻。因此，滚动优化控制并没有对整个过程使用相同的优化性能指标，但是对于每个采样时刻都存在一个相对的优化性能指标，并且在每一时刻都是在线反复进行滚动优化，优化控制过程如图 5-1 所示。另外，控制器性能指标求解利用线性矩阵不等式可以减少计算量，保证了控制器良好的跟踪性能。

5.1.1 预测控制的基本原理

预测控制的基本原理主要分为预测模型、滚动优化和反馈校正[5-6]。其中，预测模型是预测控制计算的基础和前提，滚动优化是预测控制的核心特点，反馈校正则使整个预测控制过程完成闭环优化。

（1）预测模型。作为预测控制的基础，预测模型的主要任务是为滚动优化服务，目标是根据对象的历史信息和假设的未来输入来预测对象的未来输出或状态。其中，预测控制对预测模型的准确程度要求较低，没有严格的结构形式要求，只重视模型的功能。因此，

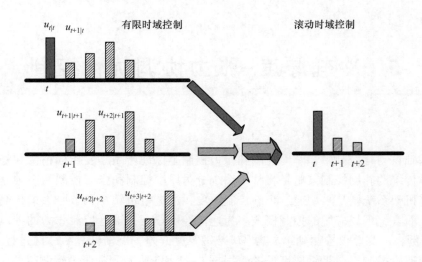

图 5-1　滚动优化结构图

数学传递函数、状态空间方程、对象阶跃响应等数学模型皆可作为预测控制的预测模型使用。

（2）滚动优化。预测控制的最终性能是通过确定设定的性能指标的最优来确定的。现场工程应用中，预测控制的性能指标仅涵盖了当前时刻起的有限时域的范围，因此，这是一个有限时域的开环优化问题。由此可知，预测控制的滚动优化过程，是预测控制中通过优化的最优控制量进行当前时刻控制，下一时刻，不断滚动优化、反复在线计算的过程。

（3）反馈校正。实际工业控制中，无可避免地存在着模型失配、不可知扰动等各种不确定因素，因此实际运行过程可能偏离设计的理想运行结果。为了在一定程度上补偿各种不确定因素造成的干扰，需要进行系统的反馈校正。控制过程中，在每一采样时刻采集对象的状态变量值或输出值等信息，并在滚动优化之前，利用这一反馈信息修正下一步的预测和优化的过程，称为反馈校正。

5.1.2　预测控制器设计

基于轧制工艺模型和预测控制基本理论，设计了基于厚度和张力的 RHC 控制器。冷连轧轧制过程模型是一个带钢张力和厚度的连续时间模型，因此，需要将轧制系统转换为一个 k 时刻的时不变离散系统：

$$\begin{cases} \boldsymbol{x}_{k+1} = \boldsymbol{A}_k \boldsymbol{x}_k + \boldsymbol{B}_k \boldsymbol{u}_k \\ \boldsymbol{y}_k = \boldsymbol{C}_k \boldsymbol{x}_k \end{cases} \tag{5-1}$$

输入和输出约束：

$$\begin{cases} u_{\min} \leqslant \boldsymbol{u}_{k+i} \leqslant u_{\max}, & i = 0, 1, \cdots, N-1 \\ y_{\min} \leqslant \boldsymbol{C} \boldsymbol{x}_{k+i} \leqslant y_{\max}, & i = 0, 1, \cdots, N \end{cases} \tag{5-2}$$

最优化理论的主要思想是根据输入变量和预测输出找到使目标函数最小的控制变量。对于滚动优化控制器，其目标函数可分解为两部分：

$$\boldsymbol{J}(\boldsymbol{x}_k, k) = \boldsymbol{J}_1(\boldsymbol{x}_k, k) + \boldsymbol{J}_2(\boldsymbol{x}_{k+N}, k) \tag{5-3}$$

其中,

$$J_1(\boldsymbol{x}_k, k) \triangleq \sum_{j=0}^{N-1} (\boldsymbol{x}_{k+j}^{\mathrm{T}} \boldsymbol{Q} \boldsymbol{x}_{k+j} + \boldsymbol{u}_{k+j}^{\mathrm{T}} \boldsymbol{R} \boldsymbol{u}_{k+j})$$

$$J_2(\boldsymbol{x}_{k+N}, k) \triangleq \boldsymbol{x}_{k+N}^{\mathrm{T}} \boldsymbol{\Psi} \boldsymbol{x}_{k+N}$$

式中, N 为预测周期; j 为当前时刻的时间间隔; $\boldsymbol{Q}$ 为状态权矩阵; $\boldsymbol{R}$ 为输入权矩阵; $\boldsymbol{\Psi}$ 为终端权重矩阵。

对于离散化的状态空间模型, 可以写为以下形式:

$$\boldsymbol{X}_k = \boldsymbol{F}\boldsymbol{x}_k + \boldsymbol{H}\boldsymbol{U}_k \tag{5-4}$$

其中,

$$\boldsymbol{X}_k = \begin{bmatrix} \boldsymbol{x}_k \\ \boldsymbol{x}_{k+1} \\ \vdots \\ \boldsymbol{x}_{k+N-1} \end{bmatrix}, \quad \boldsymbol{F} = \begin{bmatrix} \boldsymbol{I} \\ \boldsymbol{A} \\ \vdots \\ \boldsymbol{A}^{N-1} \end{bmatrix}, \quad \boldsymbol{H} = \begin{bmatrix} \boldsymbol{0} & \boldsymbol{0} & \boldsymbol{0} & \cdots & \boldsymbol{0} \\ \boldsymbol{B} & \boldsymbol{0} & \boldsymbol{0} & \cdots & \boldsymbol{0} \\ \boldsymbol{A}\boldsymbol{B} & \boldsymbol{B} & \boldsymbol{0} & \cdots & \boldsymbol{0} \\ \vdots & \vdots & \ddots & \ddots & \vdots \\ \boldsymbol{A}^{N-2}\boldsymbol{B} & \boldsymbol{A}^{N-3}\boldsymbol{B} & \cdots & \boldsymbol{B} & \boldsymbol{0} \end{bmatrix}, \quad \boldsymbol{U}_k = \begin{bmatrix} \boldsymbol{u}_k \\ \boldsymbol{u}_{k+1} \\ \vdots \\ \boldsymbol{u}_{k+N-1} \end{bmatrix}$$

则目标函数可重新定义为:

$$\begin{aligned} J(\boldsymbol{x}_k, \boldsymbol{U}_k) &= [\boldsymbol{F}\boldsymbol{x}_k + \boldsymbol{H}\boldsymbol{U}_k - \boldsymbol{X}_k^r]^{\mathrm{T}} \overline{\boldsymbol{Q}}_N [\boldsymbol{F}\boldsymbol{x}_k + \boldsymbol{H}\boldsymbol{U}_k - \boldsymbol{X}_k^r] + \boldsymbol{U}_k^{\mathrm{T}} \overline{\boldsymbol{R}}_N \boldsymbol{U}_k + \\ &\quad [\boldsymbol{A}^N \boldsymbol{x}_k + \overline{\boldsymbol{B}}\boldsymbol{U}_k - \boldsymbol{x}_{k+N}^r]^{\mathrm{T}} \boldsymbol{Q}_f [\boldsymbol{A}^N \boldsymbol{x}_k + \overline{\boldsymbol{B}}\boldsymbol{U}_k - \boldsymbol{x}_{k+N}^r] \\ &= \boldsymbol{U}_k^{\mathrm{T}} \boldsymbol{W} \boldsymbol{U}_k + \boldsymbol{\omega}^{\mathrm{T}} \boldsymbol{U}_k + [\boldsymbol{F}\boldsymbol{x}_k - \boldsymbol{X}_k^r]^{\mathrm{T}} \overline{\boldsymbol{Q}}_N [\boldsymbol{F}\boldsymbol{x}_k - \boldsymbol{X}_k^r] + \\ &\quad [\boldsymbol{A}^N \boldsymbol{x}_k + \overline{\boldsymbol{B}}\boldsymbol{U}_k - \boldsymbol{x}_{k+N}^r]^{\mathrm{T}} \boldsymbol{Q}_f [\boldsymbol{A}^N \boldsymbol{x}_k + \overline{\boldsymbol{B}}\boldsymbol{U}_k - \boldsymbol{x}_{k+N}^r] \end{aligned} \tag{5-5}$$

其中,

$$\overline{\boldsymbol{Q}}_N = \mathrm{diag}\{\boldsymbol{Q}, \cdots, \boldsymbol{Q}\}, \quad \overline{\boldsymbol{R}}_N = \mathrm{diag}\{\boldsymbol{R}, \cdots, \boldsymbol{R}\}$$

$$\boldsymbol{X}_k^r = \begin{bmatrix} \boldsymbol{x}_k^r \\ \boldsymbol{x}_{k+1}^r \\ \vdots \\ \boldsymbol{x}_{k+N-1}^r \end{bmatrix}, \quad \boldsymbol{W} = \boldsymbol{H}^{\mathrm{T}} \overline{\boldsymbol{Q}}_N \boldsymbol{H} + \overline{\boldsymbol{R}}_N \; \boldsymbol{\omega} = 2\boldsymbol{H}^{\mathrm{T}} \overline{\boldsymbol{Q}}_N^{\mathrm{T}} [\boldsymbol{F}\boldsymbol{x}_k - \boldsymbol{X}_k^r]$$

为了得到线性矩阵不等式 (Linear Matrix Inequation, LMI) 格式[7], 目标函数可分为两部分:

$$J(\boldsymbol{x}_k, \boldsymbol{U}_k) = J_1(\boldsymbol{x}_k, \boldsymbol{U}_k) + J_2(\boldsymbol{x}_k, \boldsymbol{U}_k) \tag{5-6}$$

其中,

$$J_1(\boldsymbol{x}_k, \boldsymbol{U}_k) = [\boldsymbol{F}\boldsymbol{x}_k + \boldsymbol{H}\boldsymbol{U}_k - \boldsymbol{X}_k^r]^{\mathrm{T}} \overline{\boldsymbol{Q}}_N [\boldsymbol{F}\boldsymbol{x}_k + \boldsymbol{H}\boldsymbol{U}_k - \boldsymbol{X}_k^r] + \boldsymbol{U}_k^{\mathrm{T}} \overline{\boldsymbol{R}}_N \boldsymbol{U}_k \leqslant \boldsymbol{\gamma}_1$$

$$J_2(\boldsymbol{x}_k, \boldsymbol{U}_k) = [\boldsymbol{A}^N \boldsymbol{x}_k + \overline{\boldsymbol{B}}\boldsymbol{U}_k - \boldsymbol{x}_{k+N}^r]^{\mathrm{T}} \boldsymbol{Q}_f [\boldsymbol{A}^N \boldsymbol{x}_k + \overline{\boldsymbol{B}}\boldsymbol{U}_k - \boldsymbol{x}_{k+N}^r] \leqslant \boldsymbol{\gamma}_2$$

根据舒尔补, 上述目标函数等价于以下形式:

$$\begin{bmatrix} \boldsymbol{\gamma}_1 - \boldsymbol{w}^{\mathrm{T}} \boldsymbol{U}_k - [\boldsymbol{F}\boldsymbol{x}_k - \boldsymbol{X}_k^r]^{\mathrm{T}} \overline{\boldsymbol{Q}}_N [\boldsymbol{F}\boldsymbol{x}_k - \boldsymbol{X}_k^r] & \boldsymbol{U}_k^{\mathrm{T}} \\ \boldsymbol{U}_k & \boldsymbol{W}^{-1} \end{bmatrix} \geqslant \boldsymbol{0} \tag{5-7}$$

$$\begin{bmatrix} \boldsymbol{\gamma}_2 & (\boldsymbol{A}^N \boldsymbol{x}_k + \overline{\boldsymbol{B}}\boldsymbol{U}_k - \boldsymbol{x}_{k+N}^r)^{\mathrm{T}} \\ \boldsymbol{A}^N \boldsymbol{x}_k + \overline{\boldsymbol{B}}\boldsymbol{U}_k - \boldsymbol{x}_{k+N}^r & \boldsymbol{Q}_f^{-1} \end{bmatrix} \geqslant \boldsymbol{0} \tag{5-8}$$

引入了滚动时域双模控制以满足输入和输出约束。为了找到满足所有约束条件的稳定线性反馈控制，引入反馈控制增益 H，见式（5-9）：

$$(A - BH)^{\mathrm{T}} Q_f (A - BH) - Q_f < 0 \tag{5-9}$$

有限终端加权矩阵 Ψ 满足以下 LMI 形式：

$$\begin{bmatrix} X & (AX - BY)^{\mathrm{T}} & (Q^{\frac{1}{2}}X)^{\mathrm{T}} & (R^{\frac{1}{2}}X)^{\mathrm{T}} \\ AX - BY & X & 0 & 0 \\ Q^{\frac{1}{2}}X & 0 & I & 0 \\ R^{\frac{1}{2}}X & 0 & 0 & I \end{bmatrix} \geqslant 0, \ X > 0 \tag{5-10}$$

对于输入约束和状态约束，不等式可以转化为如下 LMI 形式：

$$\begin{cases} u_{\min} \leqslant u_{k+i} \leqslant u_{\max}, \ i = 0, \ 1, \ \cdots, \ N - 1 \\ y_{\min} \leqslant Cx_{k+i} \leqslant y_{\max}, \ i = 0, \ 1, \ \cdots, \ N \end{cases} \tag{5-11}$$

$$\begin{cases} e_q(G(\hat{W}U_k + \hat{V}_0)) - g_{\lim}^q \leqslant 0, \ q = 1, \ 2, \ \cdots, \ n_g \\ -e_q(G(\hat{W}U_k + \hat{V}_0)) - g_{\lim}^q \leqslant 0, \ j = 0, \ 1, \ \cdots, \ N \end{cases} \tag{5-12}$$

问题可以转化为以下问题求解：

$$\min_{\gamma_1, \gamma_2, X, Y, U_k} \gamma_1 + \gamma_2 \tag{5-13}$$

时刻求解上述优化问题，求解的变量 U_k^* 中第一组元素作为输入变量 u_k^*：

$$u_k^* = [1, \ 0, \ \cdots, \ 0] U_k^*$$

可得控制变量 u_k：

$$\begin{cases} u_k = u_k^*, \ k = 0, \ 1, \ \cdots, \ N - 1 \\ u_k = Hx_k, \ k = N, \ N + 1, \ \cdots \end{cases} \tag{5-14}$$

通过控制输入量 u_k，可以根据系统模型更新状态值 x_{k+1}，然后在下一次采样时刻 $k + 1$ 继续采样。滚动优化控制计算流程图，如图 5-2 所示。

5.1.3　扰动观测器

参数的变化主要是由带钢屈服强度、前滑量的变化引起的，前滑量难以在线测量，对确定系统的响应具有重要意义。执行机构的速度扰动，如轧制过程中秒流量不平衡，可能是由操作员干预、自动仪表控制或自动控制引起的。近年来，由于具有良好的抗干扰性和鲁棒性，干扰观测器（Disturbance Observer，DOB）被广泛应用于跟踪控制[8]、机器人系统[9]、飞行器控制[10] 等诸多领域。针对轧制过程中存在的复杂扰动，引入 DOB 以减小扰动的影响，保证系统的稳定性。由于轧制材料的复杂性不同，DOB 也被集成到控制器中。在实际生产过程中，为了保持系统稳定，构造了一个干扰观测器。在这里，速度扰动 d 被认为是一个状态变量。新的参数状态可以定义为以下形式：

$$\begin{cases} \begin{bmatrix} \dot{d} \\ \dot{x} \end{bmatrix} = \begin{bmatrix} A^{11} & A^{12} \\ A^{21} & A^{22} \end{bmatrix} \begin{bmatrix} d \\ x \end{bmatrix} + \begin{bmatrix} B^1 \\ B^2 \end{bmatrix} u \\ y = \begin{bmatrix} 0 & I \end{bmatrix} \begin{bmatrix} d \\ x \end{bmatrix} \end{cases} \tag{5-15}$$

式中，$A^{11} = 0$；$A^{12} = [0 \quad 0 \quad 0]$；$A^{21} = [0 \quad 0 \quad 1/T_V]^T$；$A^{22} = A$；$B^1 = 0$；$B^2 = B$。

根据以上模型，可以建立 DOB 方程：

$$\begin{cases} \dot{z} = (A^{11} - LA^{21})z + [A^{12} - LA^{22} + (A^{11} - LA^{21})L] + (B^1 - LB^2)u \\ \hat{d} = z + Ly \end{cases} \tag{5-16}$$

式中，L 为观察增益，$L = [0 \quad 0 \quad T_V/T_{ob}]$；$T_{ob}$ 为观测器的时间常数；$\hat{d}$ 为速度扰动 d 的观察值。张力-厚度系统扰动观测器结构图如图 5-3 所示。

整个 RHC-DOB 控制器的控制结构如图 5-4 所示。在厚度和张力的动态模型中，辊速和辊缝作为输入变量，张力和厚度作为输出变量。对于 RHC 控制器，状态变量为机架间张力、辊缝和辊速的增量，$x_k = [\delta T \quad \delta S \quad \delta V]^T$。选择厚度和机架间张力作为控制输入输入到控制系统，然后得变量 $u_k = [\delta S \quad \delta U]^T$ 作为张力和厚度模型的控制输入。此外，还引入了 DOB 来预估速度扰动，消除速度扰动的影响。

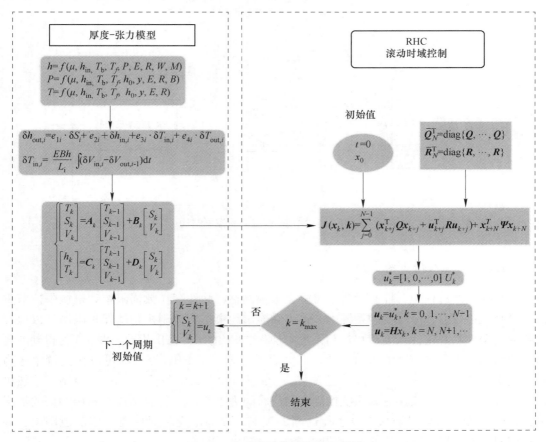

图 5-2 滚动优化控制计算流程图

5.1.4 预测控制器仿真与分析

为了验证 RHC 控制器的控制性能，结合现场轧制数据，对来料厚度、速度扰动以及输出跟踪等的干扰因素进行了仿真研究，研究结果和分析分为以下几部分。

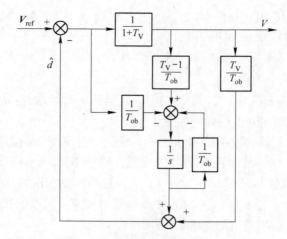

图 5-3 扰动观测器结构图

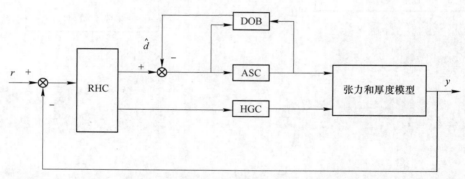

图 5-4 RHC-DOB 控制器的控制结构

5.1.4.1 输入输出约束分析

在实际生产过程中，控制设备不可能无限幅调整，必然存在数据限幅和机械限位双重保障限制。在张力和厚度控制系统中，输入和输出约束作为控制机构的保护限制，以保证系统的安全性和稳定性。本节在控制系统中加入 5 kN 的张力输出扰动，图 5-5 为得到的输出有约束和输出无约束时的张力变化。研究表明，无约束 RHC 控制器可以快速调整张力到达设定值，响应时间为 114 ms，超调量为 3%。当加入约束条件时，RHC 控制器依然可以在系统约束条件下快速完成系统控制，响应时间为 116 ms。综合考虑在输出约束的情况下，RHC 控制器可以对输入变量进行适当的控制，使输出变量保持在一定的范围内，保证系统的安全运行，验证了 RHC 控制器良好的控制性能。

5.1.4.2 输出跟踪扰动的影响

为了验证 RHC 控制器的跟踪性能，分别在系统中施加了张力和厚度的输出扰动信号。图 5-6 为当张力设定改变 5 kN 时，带钢的张力和厚度变化对比曲线。图 5-7 为厚度变化 0.03 mm 时，带钢张力和厚度变化对比曲线。当存在张力输出扰动时，PI 控制系统的上升

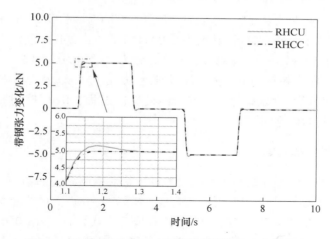

图 5-5 张力施加约束时，不同控制器的张力变化曲线

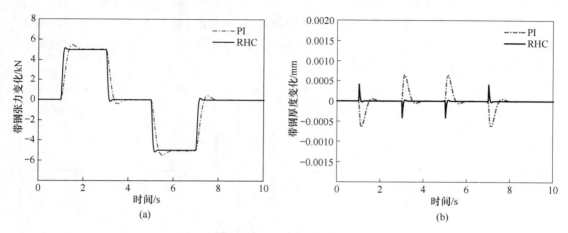

图 5-6 不同控制器的出口厚度阶跃扰动响应曲线

（a）张力变化；（b）厚度变化

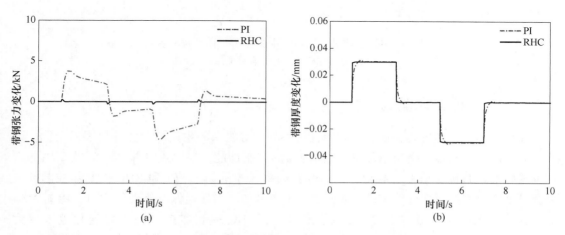

图 5-7 不同控制器的带钢张力阶跃扰动响应曲线

（a）张力变化；（b）厚度变化

时间为 298 ms，张力超调为 9.6%，厚度波动值为 0.00065 mm。RHC 控制系统的上升时间为 114 ms，张力超调 3.6%，厚度波动值为 0.00044 mm。当存在厚度输出扰动时，PI 控制系统的上升时间为 159 ms，厚度超调为 3.33%，张力波动值为 3.84 kN。RHC 控制系统的上升时间为 18 ms，厚度超调为 0，张力波动值为 0.26 kN。以上动态响应数据充分表明 RHC 控制器具有良好的目标跟踪性能，对于冷轧轧制过程，RHC 控制器能够更好地解决带钢张力与厚度之间的耦合问题。

5.1.4.3 模型失配扰动的影响

为了研究参数测量误差和某些子系统模型的干扰对控制系统的影响，需要分析控制器在系统存在各种扰动情况下的响应性能。因此，本节对存在严重的模型失配的情况进行了研究，将轧制材料由 MRT 4 改为 MRT 2.5，出口厚度由 0.2 mm 改为 0.6 mm，其他参数设定保持不变。实验中将 0.03 mm 的厚度扰动信号和 5 kN 的机架间张力扰动信号分别加入输出设定值，带钢厚度和张力的跟踪对比曲线如图 5-8 所示。研究结果表明，当模型失配时，PI 控制器和 RHC 控制器都成功地使系统最终达到稳定状态。但是与 PI 控制器相比，RHC 控制系统的性能指标更好，上升时间更短，超调时间更少，厚度和张力波动更小。由此表明 RHC 控制器具有更好的鲁棒性。

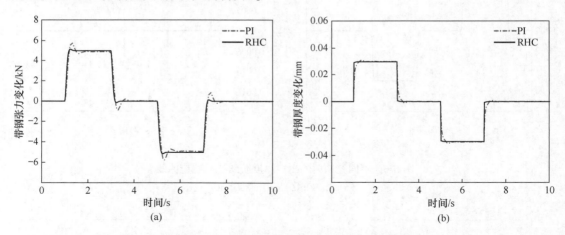

图 5-8 不同模型失配情况下，不同控制器的阶跃扰动响应曲线
（a）张力变化；（b）厚度变化

5.1.4.4 轧辊偏心扰动的影响

轧制过程中存在着轧辊偏心、材料性能不均匀等复杂的生产工艺和外界因素干扰。因此，为了研究轧辊偏心情况下的 RHC 控制器的控制性能，在厚度和张力设定模型中分别在辊缝施加正弦扰动信号（幅值 0.05 mm，频率 5.6 rad/s）。PI 和 RHC 控制器控制的张力和厚度变化跟踪对比曲线如图 5-9 所示。由图可知，当轧辊偏心扰动作用时，PI 控制器能将张力变化控制在 0.075 kN 波动范围以内，RHC 控制器控制的张力变化范围仅为 0.034 kN。PI 控制器控制厚度在 5.5×10^{-4} mm 范围以内，而 RHC 控制器比 PI 控制器控制厚度波动减少 56.3%。验证了 RHC 控制器具备良好的抗干扰能力。

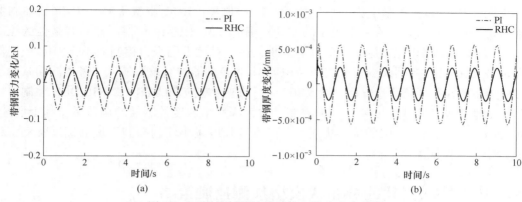

图 5-9 不同控制器的轧辊偏心扰动响应曲线

(a) 张力变化；(b) 厚度变化

5.1.4.5 轧辊速度扰动的影响

轧制主电机工作时，不确定的速度扰动会影响整个轧制过程。为了减小干扰影响，在 RHC 控制器中引入了 DOB。图 5-10（a）和图 5-10（b）分别为 PI、RHC 和 RHC-DOB 控制器加入 0.1 mm/s 速度扰动后，机架间张力和厚度变化的跟踪对比曲线，图 5-10（c）为带钢厚度和张力控制过程中，轧制速度的调节对比曲线。

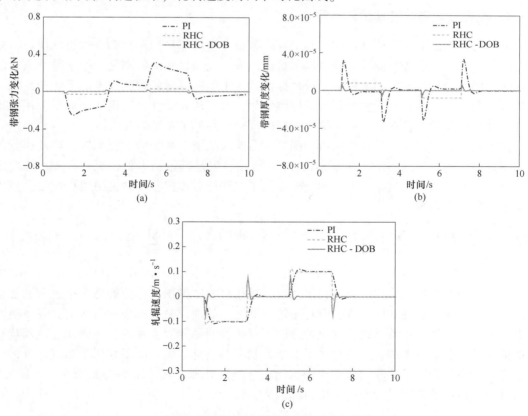

图 5-10 不同控制器的速度扰动响应曲线

(a) 张力变化；(b) 厚度变化；(c) 轧制速度变化

由图 5-10 可知, 在厚度偏差控制方面, PI 控制器、RHC 控制器和 RHC-DOB 控制器都能将带钢厚度偏差控制在一个很小的波动范围内, 但 RHC-DOB 控制器具有最佳的控制能力, 与 PI 控制器相比, 厚度波动减少了 81.3%。对比带钢张力控制效果, RHC 控制器的张力波动比 PI 控制器减少了 87.3%, RHC-DOB 控制器控制效果最佳, 张力波动减少了 93.2%。在轧辊速度调节量方面, 图 5-10 (c) 的速度响应曲线表明, RHC-DOB 控制器使用最小的速度变化完成厚度和张力的控制, 大大降低了速度控制器的调节量。综上所述, RHC-DOB 控制器具有较强的抗干扰能力, 能够有效地减小轧制控制系统的速度扰动, 维持张力稳定, 保证生产节奏。

5.2 基于邻域优化的分布式模型预测控制策略

对于整个冷连轧轧制过程, 厚度与张力控制系统由多个单独机架的轧制子系统组成, 各子系统相关变量之间的耦合关系复杂, 且存在多物理约束。受限于硬件设备性能和轧制设备分散布置, 如何利用现代网络通信性能, 研究既可有效保证整体系统控制性能, 又能提高冷连轧过程厚度和张力控制的控制策略是一项意义重大的课题。为了能够保证整个轧制系统的时效性和系统全局性能, 本部分对多机架厚度-张力控制过程引入模型预测控制策略, 设计各子系统厚度张力预测控制器, 并进行控制器性能对比分析。

5.2.1 冷连轧轧制全过程优化问题

根据目标函数不同, 模型预测控制目标函数可分为局部目标函数和全局目标函数。局部目标函数主要考虑各控制器本身的局部目标函数, 全局目标函数则是着眼于整个系统的全局目标函数。从考虑范围来讲, 全局目标函数优于局部目标函数, 其考虑了各个系统之间的耦合关系, 更加有利于整个系统的协调优化, 但是从灵活性上来讲, 全局目标函数则不如局部目标函数, 其在兼顾整体性能指标的同时却降低了系统的灵活性。

集中式预测控制考虑的是全局目标函数, 需要求解整个系统的优化问题, 因此得到的控制器是最优的, 其控制结构如图 5-11 (a) 所示, 但是其容错率低, 灵活性差。除此之外, 复杂工业系统结构复杂, 庞大的规模增加了在线计算负担, 实时性更难以保证。集中式预测控制目标函数为:

$$\bar{J}_i(k) = \sum_{j \in N_i^{out}} J_i(k) = \sum_{j \in N_i^{out}} \left[\sum_{l=1}^{P} \| \hat{y}_j(k+l|k) - y_j^d(k+l|k) \|_{Q_j}^2 + \sum_{l=1}^{M} \| \Delta u_j(k+l-1|k) \|_{R_j}^2 \right]$$

(5-17)

分散式预测控制与集中式预测控制相对, 是指将整体控制目标分解为多个独立的优化子问题, 由多个控制器共同完成, 但每个控制器之间的地位是相互独立平等的, 各子控制器之间无信息交流。也就是说, 这里的分散不仅指控制是分散实现的, 还强调控制器优化时所依据的信息是分散的, 只与自身子系统的状态等信息相关, 而不采用子系统之外的其他信息, 外界的影响及关联信息均作为扰动信息进行处理。其控制结构如图 5-11 (b) 所示。分散式预测控制则是考虑的局部目标函数, 目标函数为:

$$J_i(k) = \sum_{l=1}^{P} \| \hat{y}_i(k+l) - y_i^d(k+l) \|_{Q_i}^2 + \sum_{l=1}^{M} \| \Delta u_i(k+l-1) \|_{R_i}^2$$

(5-18)

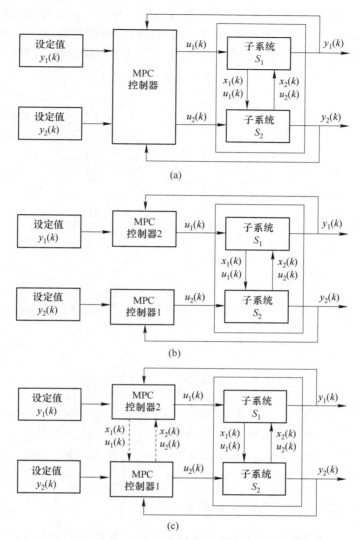

图 5-11　不同模型预测控制策略结构图
（a）集中式 MPC；（b）分散式 MPC；（c）分布式 MPC

　　分布式控制介于集中控制与分散控制之间，既不像集中控制一样需要系统全部的输入输出等信息，也不同分散控制一样只在乎自身子系统的输入输出等信息。分布式控制，也是将整体控制目标分解为多个独立的优化子问题，由多个控制器共同完成，每个控制器之间相互独立平等。但与分散控制不同的是分布式控制器之间可通过网络进行信息的互联与共享，各子系统的相互作用对分布式控制器设计有一定的影响，而对于外界影响视为扰动来处理[11]。其结构框图如图 5-11（c）所示。

　　对于冷连轧轧制过程，分布式控制算法不需要再将整个复杂工业系统看成一个整体，可根据现场分布或功能需要分解成若干个参数耦合的子系统，各个机架子系统间具有良好的独立性，通过协调通信系统，将放置在子系统附近的分布式预测控制器连接起来。分布式模型预测控制的主要思想是通过较少控制量在简单通信方式和较少通信负担的情况下使整个系统的性能达到最优，同时保证系统的稳定性和鲁棒性[12-13]。分布式预测控制的结构示意图如图 5-12 所示。分布式预测控制系统在保证整个系统控制性能的基础上，不仅能够减少在线计算时间，同时也能够提高系统结构的灵活性和鲁棒性，增强系统的扩展性和容错能力。

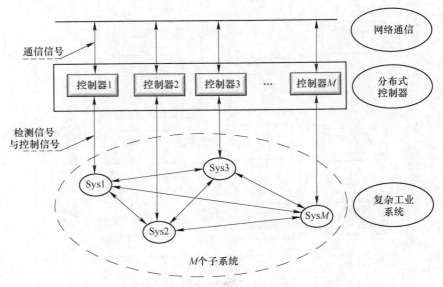

图 5-12　分布式模型控制系统结构布局

设计出一种计算速度快、系统容错性强、扩展性好、灵活性强、能够在显著提高系统全局性能的同时兼顾网络负载和控制器算法的复杂性，并且适合于冷轧生产应用的分布式控制方法仍是一个具有挑战性的工作。正是基于这个出发点，本章进行了关于冷连轧生产全过程的分布式预测控制方法的研究。

5.2.2　基于邻域优化的分布式模型预测控制设计

基于设计要求，本节提出了一种基于邻域优化的冷连轧生产全过程的分布式预测控制策略，整个策略的结构如图 5-13 所示。在这种控制策略中，整个控制器的控制结构由一系列对应单独机架子系统 S_i，$i = 1$，2，$\cdots$，n 的相互独立的 MPC 控制器 C_i，$i = 1$，2，$\cdots$，n 组成。在实时控制过程中，假设各个控制子系统及相对应的子控制器同步进行，为了减少网络通信的信息量，假设在每个采样周期内，各个控制器之间仅通信一次。各子系统和控制器通过工业网络通信系统相互交换信息，协调相应的 MPC 控制器以完成实时控制。

邻域优化作为一种能够提高整个系统性能的协调策略，其系统的性能指标不仅包含了当前子系统的性能指标，还考虑了其输出邻域子系统的性能指标。在邻域优化理论中，子系统 S_i 与子系统 S_j 相互作用，且子系统 S_i 的输出和状态受子系统 S_j 的影响，在这种情况下，子系统 S_j 称为子系统 S_i 的输入临近子系统，且子系统 S_i 称为子系统 S_j 的输出临近子系统。子系统 S_i 的所有邻域的集合称之为子系统 S_i 的邻域 N_i。子系统 S_i 的所有输入子系统的集合称之为子系统 S_i 的输入邻域 N_i^{in}。子系统 S_i 的所有输出邻域的集合称为子系统 S_i 的输出邻域 N_i^{out}。

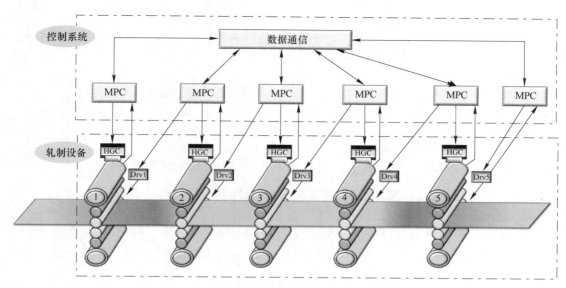

图 5-13 冷连轧分布式模型控制系统

5.2.2.1 系统模型

结合冷连轧厚度-张力模型，确定每个子系统的状态量和控制量，将模型中的输入扰动和输出扰动改写为输入邻近子系统状态量和控制量的形式，则可将单个冷轧机架子系统 S_i 模型改写为如下通用形式：

$$\begin{cases} x_i(k+1) = A_{ii}x_i(k) + B_{ii}u_i(k) + \sum_{j=1(j\neq i)}^{n} A_{ij}x_j(k) + \sum_{j=1(j\neq i)}^{n} B_{ij}u_j(k) \\ y_i(k) = C_{ii}x_i(k) + \sum_{j=1(j\neq i)}^{n} C_{ij}x_j(k) \end{cases} \tag{5-19}$$

式中，x_i 为子系统的状态量；u_i 为子系统的控制量；y_i 为子系统的输出量；A_{ii}、B_{ii} 和 C_{ii} 为子系统相应的系数矩阵；x_j 为输入邻近子系统状态量；u_j 为输入邻近子系统控制量；$y_i(k)$ 为输入邻近子系统输出量；A_{ij}、B_{ij} 和 C_{ij} 为输入邻近子系统相应的系数矩阵，当 A_{ij}、B_{ij} 和 C_{ij} 中有一个矩阵不为零时，说明 S_j 与 S_i 相关联。

5.2.2.2 预测模型

模型预测控制理论中，预测模型是重要组成部分。邻域优化理论中，子系统 S_i 的操作变量 $u_i(k)$ 在改变本系统状态量的同时也影响了子系统 $S_j \in N_i^{\text{out}}$ 的状态演化过程。为了提高模型的预测精度，一般在整个控制系统演化时，将子系统 S_i 以及其输出相邻子系统作为一个邻域子系统的整体去考虑。在邻域子系统的状态演化过程中，由于只有子系统 S_i 的输入变量由相应的 MPC 控制器决定，所以邻域子系统的输入变量仍然是子系统 S_i 的输入，而子系统 S_i 的输出相邻子系统 $S_j \in N_i^{\text{out}}$，$j \neq i$ 的输入变量则被当作可测干扰。假设子系统 S_i 的输出邻域的个数为 m，由系统模型可以推导出子系统的输出邻域子系统的状态演化方程：

$$
\begin{cases}
\hat{x}_i(k+1) = \widehat{A}_i \hat{x}_i(k) + \widehat{B}_i u_i(k) + \widehat{w}_i(k) \\
\hat{y}_i(k) = \widehat{C}_i \hat{x}_i(k) + \hat{v}_i(k)
\end{cases}
\tag{5-20}
$$

其中，

$$
\widehat{A}_i = \begin{bmatrix}
A_{ii} & A_{ii_1} & \cdots & A_{ii_m} \\
A_{i_1i} & A_{i_1i_1} & \cdots & A_{i_1i_m} \\
\vdots & \vdots & \ddots & \vdots \\
A_{i_mi} & A_{i_mi_1} & \cdots & A_{i_mi_m}
\end{bmatrix}, \quad
\widehat{B}_i = \begin{bmatrix}
B_{ii} \\
B_{i_1i} \\
\vdots \\
B_{i_mi}
\end{bmatrix}, \quad
\widehat{C}_i = \begin{bmatrix}
C_{ii} & C_{ii_1} & \cdots & C_{ii_m} \\
C_{i_1i} & C_{i_1i_1} & \cdots & C_{i_1i_m} \\
\vdots & \vdots & \ddots & \vdots \\
C_{i_mi} & C_{i_mi_1} & \cdots & C_{i_mi_m}
\end{bmatrix}
$$

$$
\widehat{w}_i(k) = \begin{bmatrix}
\displaystyle\sum_{j \in N_i^{\text{in}},\, j \neq i} B_{ij} u_j(k) + 0 \\[2ex]
\displaystyle\sum_{j \in N_{i_1}^{\text{in}},\, j \neq i} B_{ij} u_j(k) + \sum_{j \in N_{i_1}^{\text{in}},\, j \notin N_i^{\text{out}}} A_{i_1j} x_j(k) \\
\vdots \\
\displaystyle\sum_{j \in N_{i_m}^{\text{in}},\, j \neq i} B_{i_mj} u_j(k) + \sum_{j \in N_{i_m}^{\text{in}},\, j \notin N_i^{\text{out}}} A_{i_mj} x_j(k)
\end{bmatrix}, \quad
\hat{v}_i(k) = \begin{bmatrix}
0 \\
\displaystyle\sum_{j \in N_{i_1}^{\text{in}},\, j \notin N_i^{\text{out}}} C_{i_1j} x_j(k) \\
\vdots \\
\displaystyle\sum_{j \in N_{i_m}^{\text{in}},\, j \notin N_i^{\text{out}}} C_{i_mj} x_j(k)
\end{bmatrix}
$$

式中，$\hat{x}_i(k)$ 为邻域子系统的状态量；$u_i(k)$ 为邻域子系统的控制量；$\hat{y}_i(k)$ 为邻域子系统的输出量；$\widehat{A}_i$、$\widehat{B}_i$ 和 $\widehat{C}_i$ 为邻域子系统相应的系数矩阵；$\widehat{w}_i(k)$ 和 $\hat{v}_i(k)$ 为邻域子系统的状态扰动和输出扰动。

在控制器的设计初期，假定网络延迟且所有子系统仅能在一个采样周期中采集一次轧制信息。因此，对于子系统 S_i 的信息，在 k 时刻，控制器 C_i 预测模型无法得到预测值 $x_{i_h}^{\text{T}}(k|k)$、$\widehat{w}_i(k+l-s|k)$ 和 $\hat{v}_i(k+l|k)$。为了得到相应的数据需要通过网络通信从其他子系统控制器中交换得到预测值 $\hat{x}_{i_h}^{\text{T}}(k|k-1)$、$\widehat{w}_i(k+l-s|k-1)$ 和 $\hat{v}_i(k+l|k-1)$ 来代替预测值 $x_{i_h}^{\text{T}}(k|k)$、$\widehat{w}_i(k+l-s|k)$ 和 $\hat{v}_i(k+l|k)$。因此，在控制器 C_i 中，根据 $k-1$ 时刻其他子系统计算提供的状态和输入的预测值，预测模型进行相关的数据计算。其中，输出相邻子系统的初始状态由 $x_{i_h}^{\text{T}}(k|k-1)$ $(h=1, \cdots, m)$ 代替：

$$
\hat{x}_i(k|k) = [\, x_i^{\text{T}}(k|k) \quad \hat{x}_{i_1}^{\text{T}}(k|k-1) \quad \cdots \quad \hat{x}_{i_m}^{\text{T}}(k|k-1) \,]^{\text{T}}
\tag{5-21}
$$

由此，可以得到第 l 步之后邻域子系统的状态和输出方程：

$$
\begin{cases}
\hat{x}_i(k+l|k) = \widehat{A}_i^l \hat{x}_i(k|k) + \displaystyle\sum_{s=1}^{l} \widehat{A}_i^{-1} \widehat{B}_i u_i(k+l-s|k) + \sum_{s=1}^{l} \widehat{A}_i^{-1} \widehat{w}_i(k+l-s|k-1) \\
\hat{y}_i(k+l|k) = \widehat{C}_i \hat{x}_i(k+l|k) + \hat{v}_i(k+l|k-1)
\end{cases}
\tag{5-22}
$$

式中，$\hat{x}_i(k+l|k)$ 为在 k 时刻计算的 $\hat{x}_i(k+l)$ 的预测值；$\hat{y}_i(k+l|k)$ 为在 k 时刻计算的 $\hat{y}_i(k+l)$ 的预测值；$\widehat{w}_i(k+l-s|k-1)$ 为 $k-1$ 时刻计算的 $\widehat{w}_i(k+l-s)$ 的预测值；$\hat{v}_i(k+l|k-1)$ 为在 $k-1$ 时刻计算的 $\hat{v}_i(k+l)$ 的预测值。

5.2.2.3 滚动优化

对于冷连轧厚度张力系统，单个机架的子系统 S_i 的局部性能指标 $J_i(k)$ 可以表述为：

$$J_i(k) = \sum_{l=1}^{P} \| \hat{\boldsymbol{y}}_i(k+l \mid k) - \boldsymbol{y}_i^d(k+l \mid k) \|_{\boldsymbol{Q}_i}^2 + \sum_{l=1}^{M} \| \Delta \boldsymbol{u}_i(k+l-1 \mid k) \|_{\boldsymbol{R}_i}^2 \tag{5-23}$$

然而对于实际控制过程中，子系统 S_i 的邻域子系统必然会影响子系统的演化，所以基于邻域优化理论，子系统 S_i 必须提前一个扫描周期采集邻域状态和邻域输入的估计值计算子系统的状态和输出数据，以便于控制器 C_i 求解优化问题 $\min\limits_{\Delta U(k, M \mid k)} J_i(k)$。由此，可以推导出邻域子系统的性能指标：

$$\bar{J}_i(k) = \sum_{j \in N_i^{out}} J_i(k) = \sum_{j \in N_i^{out}} \Big[\sum_{l=1}^{P} \| \hat{\boldsymbol{y}}_j(k+l \mid k) - \boldsymbol{y}_j^d(k+l \mid k) \|_{\boldsymbol{Q}_j}^2 + \sum_{l=1}^{M} \| \Delta \boldsymbol{u}_j(k+l-1 \mid k) \|_{\boldsymbol{R}_j}^2 \Big]$$

$$\tag{5-24}$$

在性能指标函数中，$\Delta \boldsymbol{u}_j(k+l-1 \mid k)(j \in N_i^{out}, j \neq i, l = 1, \cdots, M)$ 是未知变量且不受子系统 S_i 的控制决策增量影响。因此，为了确定 k 时刻的控制决策增量 $\Delta \boldsymbol{u}_j(k+l-1 \mid k)$，子系统采用 $k-1$ 时刻的控制决策增量 $\Delta \boldsymbol{u}_j(k+l-1 \mid k-1)$ 将性能指标函数改写为：

$$\bar{J}_i(k) = \sum_{j \in N_i^{out}} \sum_{l=1}^{P} \| \hat{\boldsymbol{y}}_j(k+l \mid k) - \boldsymbol{y}_j^d(k+l \mid k) \|_{\boldsymbol{Q}_j}^2 + \sum_{l=1}^{M} \| \Delta \boldsymbol{u}_i(k+l-1 \mid k) \|_{\boldsymbol{R}_i}^2 +$$

$$\sum_{j \in N_i^{out}, j \neq i} \sum_{l=1}^{M} \| \Delta \boldsymbol{u}_j(k+l-1 \mid k-1) \|_{\boldsymbol{R}_j}^2$$

$$= \sum_{j \in N_i^{out}} \sum_{l=1}^{P} \| \hat{\boldsymbol{y}}_j(k+l \mid k) - \boldsymbol{y}_j^d(k+l \mid k) \|_{\boldsymbol{Q}_j}^2 + \sum_{l=1}^{M} \| \Delta \boldsymbol{u}_i(k+l-1 \mid k) \|_{\boldsymbol{R}_i}^2 + 常数 \tag{5-25}$$

因此，子系统 S_i 的性能指标函数 $\bar{J}_i(k)$ 可以简化为如下形式：

$$\bar{J}_i(k) = \sum_{l=1}^{P} \| \hat{\boldsymbol{y}}_i(k+l \mid k) - \boldsymbol{y}_i^d(k+l \mid k) \|_{\hat{\boldsymbol{Q}}_i}^2 + \sum_{l=1}^{M} \| \Delta \boldsymbol{u}_i(k+l-1 \mid k) \|_{\boldsymbol{R}_i}^2 \tag{5-26}$$

式中，$\hat{\boldsymbol{Q}}_i = \mathrm{diag}(\boldsymbol{Q}_i, \boldsymbol{Q}_{i_1}, \cdots, \boldsymbol{Q}_{i_b})$。

从优化指标函数 $\bar{J}_i(k)$ 可以看出，邻域优化控制策略不仅考虑了子系统 S_i 本身的系统性能，同时兼顾了子系统 S_i 输出邻域的系统性能，完全考虑了子系统 S_i 控制变量对 $S_j \in N_i^{out}$ 的影响。因此，基于邻域优化的分布式模型预测控制策略能够有效提高整个控制系统的全局性能。

5.2.2.4 反馈校正

对于每个独立的控制器 $C_i(i = 1, \cdots, n)$，预测周期为 P，控制周期为 M，$M < P$ 的无约束生产全过程 MPC 问题可变为在每个 k 时刻求解下面优化问题：

$$\min_{\Delta U_i(k, M \mid k)} \bar{J}_i(k) = \sum_{i=1}^{P} \| \hat{\boldsymbol{y}}_i(k+l \mid k) - \hat{\boldsymbol{y}}_i^d(k+l \mid k) \|_{\hat{\boldsymbol{Q}}_i}^2 + \sum_{l=1}^{M} \| \Delta \boldsymbol{u}_i(k+l-1 \mid k) \|_{\boldsymbol{R}_k}^2 \tag{5-27}$$

在时刻 k，每个控制器 $C_i(i = 1, \cdots, n)$，通过交换信息可以得到 $\hat{\boldsymbol{w}}_i(k+l-s \mid k-1)$

和 $\hat{v}_i(k+l\,|\,k-1)$，$l=1$，…，P，它们与当前状态 $\hat{x}_i(k\,|\,k)$ 一起作为已知量来求解优化问题。选择优化问题解 $\Delta U_i^*(k)$ 的第一个元素 $\Delta u^*(k\,|\,k)$，并把 $u_i(k)=u_i(k-1)+\Delta u^*(k\,|\,k)$ 应用于子系统 S_i，然后通过预测模型预估预测时域内的状态轨迹，并与优化控制序列一起通过网络传递给其他子系统。在 $k+1$ 时刻，每个控制器用这些信息来估计其他系统对其产生的作用量，并在此基础上计算新的控制律。结合厚度–张力轧制模型，设计的基于邻域优化的单个子系统的预测控制器在控制计算过程中不断重复上面步骤，完成冷连轧全流程的厚度张力协调优化控制。子系统的模型预测控制器计算流程如图 5-14 所示。在控制器 $C_i(i=1,\ \ldots,\ n)$ 求解过程中，只需知道其相邻子系统 $S_j\in N_i$ 以及相邻子系统的相邻子系统 $S_g\in N_j$ 的未来行为。同样的，子控制器 C_i 只需把其预测值发送给子系统 $S_j\in N_i$ 的控制器 C_i 和子系统 $S_g\in N_j$ 的控制器 C_g。

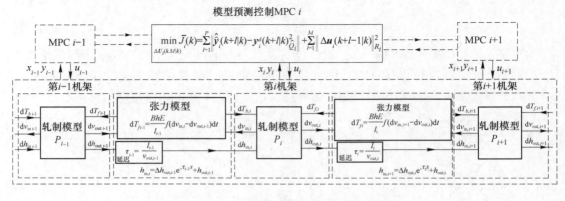

图 5-14　第 i 机架模型预测控制计算流程图

5.2.3　控制策略仿真与分析

基于邻域优化的厚度–张力分布式控制器的控制性能决定了冷轧生产线的产品质量的控制精度和生产效率。为了验证带钢厚度和张力的控制效果，结合轧制数据，本节进行了一系列目标跟踪性能、速度抗干扰性能等性能验证实验。

5.2.3.1　实验数据

实验所用数据来自某 1450 mm 冷连轧生产线，带钢材料为 MRT 4，来料带钢厚度为 2.0 mm，生产带钢厚度为 0.2 mm，宽度是 900 mm。另外，整个冷连轧轧机设备的参数和轧制工艺数据如表 5-1~表 5-4 所示。

表 5-1　生产线轧制设备参数

参数名称	第 1 机架	第 2 机架	第 3 机架	第 4 机架	第 5 机架
工作辊半径/mm	424.705	424.810	425.000	424.900	425.050
轧机刚度/kN·mm^{-1}	4132	4115	4149	4081	3984
摩擦系数	0.065	0.06	0.04	0.03	0.02
机架间距/m	5.5028	5.5028	5.5028	5.5028	5.5028

表 5-2 轧制规程及工艺参数

参数名称	第 1 机架	第 2 机架	第 3 机架	第 4 机架	第 5 机架
入口厚度/mm	2.00	1.269	0.762	0.460	0.300
出口厚度/mm	1.269	0.762	0.460	0.300	0.200
轧制力/kN	7838.863	8455.166	7781.567	7500.996	7722.711
前张力/kN	160.521	113.385	77.969	55.589	12.240
后张力/kN	99.000	160.521	113.385	77.969	55.589
初始辊缝/mm	1.717	0.670	0.484	0.384	0.683
轧辊速度/m·s^{-1}	3.380	5.652	9.425	14.440	22.121
带钢入口速度/m·s^{-1}	2.250	3.546	5.903	9.774	14.977

表 5-3 轧制力偏微分系数

参数名称	第 1 机架	第 2 机架	第 3 机架	第 4 机架	第 5 机架
α_{1i}/kN·mm^{-1}	4680	5700	7240	11450	8600
α_{2i}/kN·mm^{-1}	−7520	−10830	−13350	−22020	−28050
α_{3i}/kN·kN^{-1}	−8.46	−15.80	−23.49	−34.82	−61.80
α_{4i}/kN·kN^{-1}	−5.83	−8.92	−11.98	−19.71	−23.08

表 5-4 前滑偏微分系数

参数名称	第 1 机架	第 2 机架	第 3 机架	第 4 机架	第 5 机架
β_{1i}	0	0	0	0	0
β_{2i}	0	0	0	0	0
β_{3i}/kN^{-1}	−0.0002037	−0.0002642	−0.0004000	−0.0005324	−0.0006332
β_{4i}/kN^{-1}	0.0002330	0.0002483	0.0003538	0.0004576	0.0004095

5.2.3.2 跟踪性能分析

在冷连轧过程中，轧制过程中产品规格会随着生产计划的改变而变化，轧制带钢尺寸的变化必然会影响稳定的轧制平衡状态。因此，控制器的跟踪性能是评价控制系统性能指标的重要部分。本部分仿真分别在第 5 机架系统中施加 0.03 mm 带钢厚度和 5 kN 带钢张力的设定值阶跃扰动信号，得到的厚度和张力变化曲线如图 5-15 和图 5-16 所示。由图可知，当带钢厚度设定值发生阶跃变化时，PI、CMPC 和 DMPC 3 种控制器都可以控制各个机架子系统快速达到新的稳态。与 CMPC 和 DMPC 控制器的快速上升时间相比，PI 控制器上升时间为 0.8 s，且其他机架上 PI 控制器的厚度波动幅度大于其他控制器。同样，张力的跟踪仿真也产生了类似的控制效果对比。研究结果表明，受其他轧制参数的影响，PI 控制器控制的厚度和张力仍然存在较小的波动。对于 DMPC 和 CMPC 控制器，综合考虑了耦合参数的影响，DMPC 的控制性能与 CMPC 都表现良好，从而验证了 DMPC 控制器良好的跟踪性能。

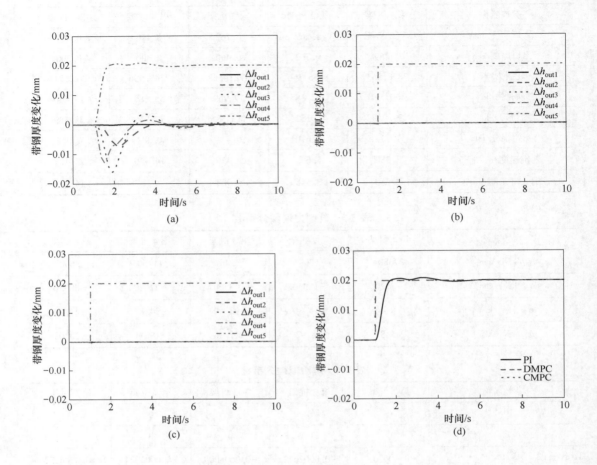

图 5-15 不同控制器的出口厚度阶跃扰动响应曲线

（a）PI；（b）CMPC；（c）DMPC；（d）第 5 机架出口厚度跟踪对比

（扫描书前二维码看彩图）

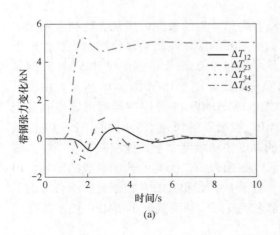

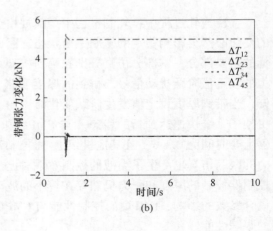

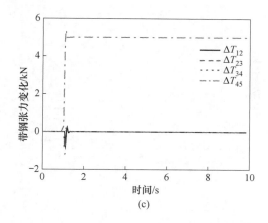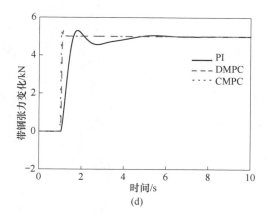

图 5-16 不同控制器的带钢张力阶跃扰动响应曲线

（a）PI；（b）CMPC；（c）DMPC；（d）第 5 机架后张力跟踪对比

（扫描书前二维码看彩图）

5.2.3.3 抗干扰性能分析

A 来料厚度扰动

实际轧制过程中，带钢由于材料属性等原因，必然会出现厚度不均匀的情况。在本节中，为了研究控制器对带钢来料厚度变化扰动的影响，仿真模型中施加了 0.03 mm 的入口热轧来料厚度阶跃扰动。图 5-17 为 PI、CMPC、DMPC 3 种控制器的输出响应曲线。由图可知，在存在来料厚度扰动的情况下，所有的控制器最终都能快速地控制厚度和张力达到稳定状态。虽然 PI 控制器的厚度和张力波动在工业范围内，但与其他控制器相比，张力波动较大，在 0.05 kN 范围内。CMPC 和 DMPC 控制器控制的厚度控制精度非常高，张力波动很小，可以达到 10^{-4} 甚至 10^{-7} 数量级。同时，在张力控制方面，在 CMPC 和 DMPC 控制器控制的张力系统更加稳定。由此验证了 CMPC 和 DMPC 控制器具有良好的抗干扰性能。

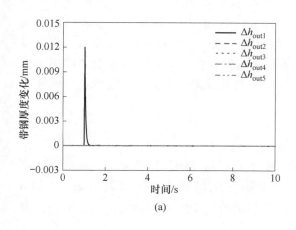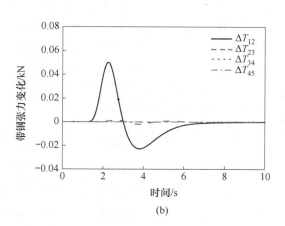

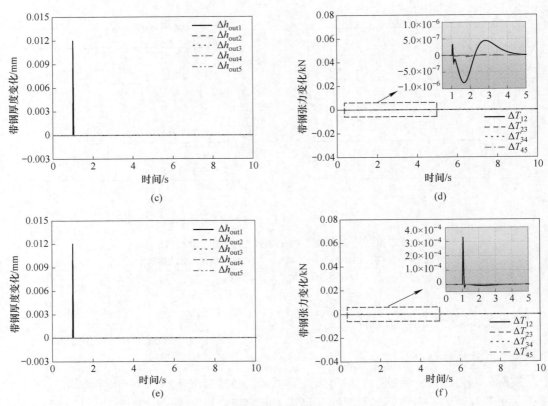

图 5-17 不同控制器的来料厚度扰动响应曲线

（a）（b）PI；（c）（d）CMPC；（e）（f）DMPC

（扫描书前二维码看彩图）

B 轧机速度扰动

在轧制控制系统中，轧制速度由传动控制系统控制。在整个轧制过程中，轧制速度随机地增减，再加上机械设备的误差和复杂的工作环境，必然会对控制系统产生影响。为了研究控制系统对速度扰动的抗干扰能力，在第 3 机架的传动系统模型上施加 0.1 mm/s 速度阶跃干扰信号。图 5-18 为 PI、CMPC、DMPC 3 个控制器的输出曲线。由图可知，PI 控制器将厚度偏差和张力偏差控制在 0.0015 mm 和 0.25 kN 范围内，CMPC 控制器将厚度偏差和张力偏差控制在 1.5×10^{-5} mm 和 0.01 kN 范围内，DMPC 控制器将厚度偏差和张力偏差控制在 6×10^{-5} mm 和 0.012 kN 范围内。偏差数据有效地验证了 DMPC 控制器的抗干扰性能。此外，DMPC 控制器在保证控制精度的同时，将系统调节至新的稳定状态，验证了 DMPC 控制器良好的响应性能。

5.2.3.4 计算速度分析

对于控制器计算的分析，理论上可以比较分析不同控制器的计算难度。对于每个轧制子系统，控制器 C_i 求解过程的复杂性主要来源于对矩阵 $\boldsymbol{H}_i$ 的求逆过程。根据 Gauss-Jordan 算法，并考虑矩阵 $\boldsymbol{H}_i$ 的维数等于 $M \cdot n_{u_i}$，则求逆算法的复杂度为 $O(M^3, n_{u_i}^3)$。因而，求

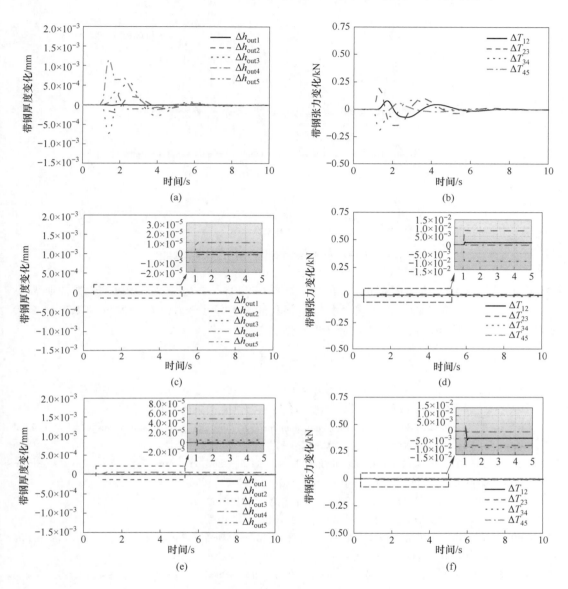

图 5-18 不同控制器的速度扰动响应曲线

（a）（b）PI；（c）（d）CMPC；（e）（f）DMPC

（扫描书前二维码看彩图）

解整个分布式预测控制的计算复杂度为 $O\left(M^3, \sum_{i=1}^{n} n_{u_i}^3\right)$，而集中式预测控制的计算复杂

度为 $O\left(M^3, \left(\sum_{i=1}^{n} n_{u_i}\right)^3\right)$。

在工业生产中，控制器的计算速度是评价控制器综合性能的重要指标。为了分析 CMPC 和 DMPC 控制器的计算效率，仿真过程中，在相同的计算仿真环境下，采集 CMPC 和 DMPC 控制器在每个扫描周期计算时间的多组统计数据如图 5-19 所示。由图可知，

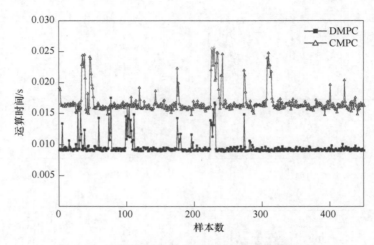

图 5-19 不同控制器每个扫描周期内计算时间对比

DMPC 控制器在每个扫描周期的计算时间需要 0.0085 s 左右，而 CMPC 控制器则需要 0.0166 s。因此，由于 DMPC 控制器中各控制器的参数较少，DMPC 控制器的模型计算速度更快，可以有效降低系统负载和对计算硬件的需求。

参 考 文 献

［1］陈虹. 模型预测控制［M］. 北京：科学出版社，2013.

［2］张聚. 显式模型预测控制理论与应用［M］. 北京：电子工业出版社，2015.

［3］Keviczky T, Balas G J. Receding horizon control of an F-16 aircraft：A comparative study［J］. Control Engineering Practice，2006，14（9）：1023-1033.

［4］Yao P，Wang H，Ji H. Gaussian mixture model and receding horizon control for multiple UAV search in complex environment［J］. Nonlinear Dynamics，2017，88（2）：903-919.

［5］丁宝苍. 预测控制的理论与方法［M］. 北京：机械工业出版社，2008.

［6］钱积新，赵均，徐祖华. 预测控制［M］. 北京：化学工业出版社，2007.

［7］Jia D，Krogh B H，Stursberg O. LMI Approach to Robust Model Predictive Control［J］. Journal of Optimization Theory Applications，2005，127（2）：347-365.

［8］Kempf C J，Kobayashi S. Disturbance observer and feedforward design for a high-speed direct-drive positioning table［J］. IEEE Transactions on Control Systems Technology，1999，7（5）：513-526.

［9］Chen W H，Ballance D J，Gawthrop P J，et al. A nonlinear disturbance observer for robotic manipulators［J］. IEEE Transactions on Industrial Electronics，2000，47（4）：932-938.

［10］Guo L，Chen W H. Disturbance attenuation and rejection for systems with nonlinearity via DOBC approach［J］. International Journal of Robust and Nonlinear Control，2005，15（3）：109-125.

［11］李少远. 全局工况系统预测控制及其应用［M］. 北京：科学出版社，2008.

［12］柴天佑. 生产制造全流程优化控制对控制与优化理论方法的挑战［J］. 自动化学报，2009，35（6）：641-649.

［13］柴天佑，李少远，王宏. 网络信息模式下复杂工业过程建模与控制［J］. 自动化学报，2013，39（5）：3-4.

6 冷连轧过程带钢板形分布预测

在带钢冷连轧过程中，板形偏差直接影响产品质量和尺寸形状，严重的板形缺陷会导致带钢轧制过程的断带、轧制速度降低和设备损坏等事故[1-3]。传统的基于物理的板形预测数值仿真模型侧重于力学和变形机理，一般情况不能解决涉及复杂工作条件和大规模工艺变量的连轧生产过程。因此，带钢冷连轧过程的板形预测仍然是一个具有挑战性的理论与工程难题。

带钢的平面度缺陷由板形控制系统（AFC）在线控制。AFC系统的闭环反馈控制依赖于位于冷连轧机出口的板形测量辊，该板形测量辊测量带钢横向的板形分布轮廓[4]，如图6-1所示。通常，通过板形测量辊测量的残余张应力分布被转换为板形的平直度分布（IU-distribution）[5]。然而，在带钢轧制过程中，由于张力相对较大，板形缺陷在张力作用下是不可见的，被称为潜在的板形缺陷[6]。只有当带钢的全局张力释放后，潜在的板形缺陷才会显现出来，并转化为明显可见的平直度缺陷[7-8]。因此，板形的平直度分布（IU-distribution）成为在线衡量带钢板形质量的重要指标，冷轧带钢的板形标准偏差（IU Standard Deviation）在最宽松的几何质量要求下至少也应小于10 IU。

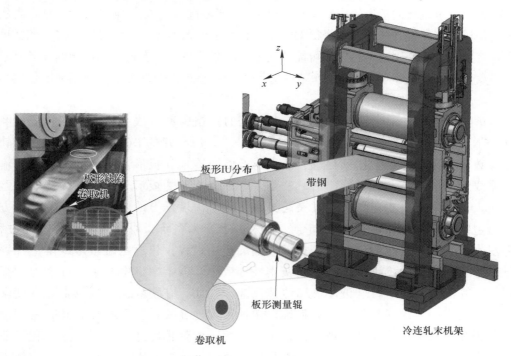

图 6-1 冷连轧过程通过板形辊测量板形缺陷示意图

传统的带钢轧制过程中的板形偏差分析和缺陷预测方法一般基于变形过程中的物理机制，并应用带材轧制理论来获得相应的数学解析或数值仿真模型。这些方法集中于研究带材板形缺陷的产生机制，包括分析轧机在带材轧制过程中板形控制的能力、轧辊轮廓设计、带材屈曲和变形以及板形缺陷预测等有意义的工作[9-12]。然而，上述研究大多需要过多的简化条件，或者利用大规模有限元模型来研究带钢板形缺陷相关内容，导致建模和模型计算过程需要消耗大量的计算机资源和时间。另一方面，在高度自动化的带钢轧制生产中，会产生并记录大量的工业数据，这些数据包含了生产过程的内在规律和轧机的运行状态信息[13]。因此，非物理或数据驱动的方法可以利用从生产过程中产生的工业数据构建有效的预测模型，为分析复杂平直度缺陷问题提供新的思路[14]。数据驱动和深度学习领域的最新研究进展引起了人们对深度神经网络（DNN）的极大兴趣，因为它们在解决具有重大工程意义的各种挑战性问题方面具有前所未有的性能和高精度。基于其丰富的表征能力，DNN 模型显著提升了计算机视觉和工业预测任务的性能，并广泛应用于机器运行状态监测和故障诊断，以及流程工业的参数预测等领域[15-16]。

应当指出的是，带钢冷连轧板形分布预测并不是一个简单的时间序列预测任务。时间序列预测根据序列的历史数据以及可能对结果产生影响的其他相关序列来预测该序列未来可能的值。一般来说，时间序列预测任务是单输入单输出或多输入单输出。然而，带钢冷连轧板形分布预测是一项多输入和多输出的任务，涉及大量的板形执行机构、轧制工艺和控制变量以及驱动和传感之间的延迟。它是一个多层级强非线性过程，各机架的工艺参数相互影响，上游机架的板形轮廓影响下游机架的板形偏差。诸如三维有限元模型之类的数值模型是计算密集型的过程，单个机架需要数百万个计算单元，这使得基于多机架数值模型进行冷连轧板形预测成为几乎不可能的任务。因此，当前冷连轧板形预测的任务要求与现有的数值模型和机器学习方法之间存在显著的研究差距，带来了工业数据采集、模型设计和算法优化等技术挑战。

本章介绍了一种基于冷连轧带钢工业数据的数据驱动方法，利用深度卷积神经网络（DCNN）来预测带钢冷连轧板形偏差分布[17]。所构建的 DCNN 模型直接接收轧制工业参数，无需额外的数据预处理，能够有效解决冷连轧板形预测中的多输入多输出多层非线性问题。该章内容给出的方法是基于深度学习的板形分布智能预测的有益实现。在未来带钢轧制工艺与技术发展趋势中，基于深度学习的板形分布预测解决方案可以与边缘计算和物联网技术相结合，纳入数字孪生系统，以优化带钢冷连轧过程。数字孪生系统可以直接验证和测试板形偏差的产生过程，快速定位板形缺陷，并评估基于实际轧制过程的物理解决方案的实用性和效率。数字孪生中基于深度学习的板形预测控制算法有望对干扰和波动做出快速反应。然而，在实际生产现场部署深度学习模型时，面临一个潜在挑战，即如何确保快速准确地在线预测平直度分布，特别是考虑到现场存在高响应的闭环反馈控制系统。因此，为带钢冷连轧生产建立流程工业智能制造系统，并开发基于深度学习的平直度预测部署解决方案，是需要进一步探索的重要方向。

6.1 CNN 建模相关理论

6.1.1 残差学习

深度学习是一种学习多层级表征的方法，在自下而上的前馈计算过程中，原始数据信号通过网络的不同层转换为不同级别的特征表示。网络输入附近的层可以捕获低级特征表示，而网络输出附近的层可以获取用于预测或回归任务的更抽象的概念，即数据的高级语义特征。网络的每一层都会转换数据并将其映射到不同级别的特征空间。理论上，如果网络每一层的特征变换都是恒等映射，那么具有更多层或更深的网络应该具有更好的预测性能，或者至少不比其较浅的对应网络差。

然而相关实验表明，随着网络的加深，模型准确率会趋于饱和，网络退化的问题就会出现。不幸的是，这种退化并不是由梯度消失或爆炸问题引起的。为了解决网络退化问题，残差学习被提出[18]。残差学习是将网络所要学习的非线性映射从 X 到 Y 转为学习从 X 到 Y-X 的差，然后把学习到的残差信息加到原来网络的输出上。这样的设计使得网络能够更好地优化和拟合函数，特别是在网络层数较深时。前馈神经网络通过迭代以下通用公式来传播信息：

$$
\begin{aligned}
z_l &= H(x_l) = h(x) + F(x_l, W_l)\\
x_{l+1} &= f(z_l)
\end{aligned}
\tag{6-1}
$$

式中，x_l，W_l，z_l 和 x_{l+1} 分别为网络第 l 层的输入、权重参数、网络激活和输出；H 为堆叠网络层需要学习的新特征变换函数；$F(x_l, W_l)$ 为要学习的残差映射；f 为非线性激活函数。

如果 $h(x_l) = x_l$ 是一个恒等映射，根据通用近似定理（Universal Approximation Theorem），堆栈的网络层用来逼近残差项 $F(x_l, W_l)$ 而不是学习新的特征变换 $H(x_l)$，残差函数与残差学习可以显式地表示为：

$$
\begin{cases}
F(x_l, W_l) = H(x)_l - x_l\\
z_l = H(x_l) = x_l + (H(x)_l - x_l)\\
x_{l+1} = f(z_l)
\end{cases}
\tag{6-2}
$$

如果特征变换函数 H 是最优的，那么通过网络学习将残差 $H(x)_l - x_l$ 项逼近至零比通过堆叠网络的非线性层来学习新的未知恒等映射更容易。这个学术思想类似于用泰勒多项式逼近复杂非线性函数，其中只需要确定小的高阶误差项即可。如果最优特征变换函数 H 比零映射更接近恒等映射，那么求解器可以通过参考恒等映射从而更容易地找到扰动量，即误差，而不是学习新函数。

残差学习在卷积神经网络中很容易实现，如图 6-2（a）所示，其中 $h(x_l) = x_l$ 通过恒等跳跃连接（identity shortcut）实现，$F(x_l, W_l) + x_l$ 通过张量的逐元素操作方式（element-wise）执行张量加运算。此外，如果输入张量 X_l 与输出张量 X_{l+1} 之间的特征形状和通道数不匹配，跳跃连接采用线性仿射变换（通常是核为 1 的卷积实现）来匹配维度，如图 6-2（b）所示，图 6-2（b）中的 ResBlock-B 是用于下采样的处理模块。

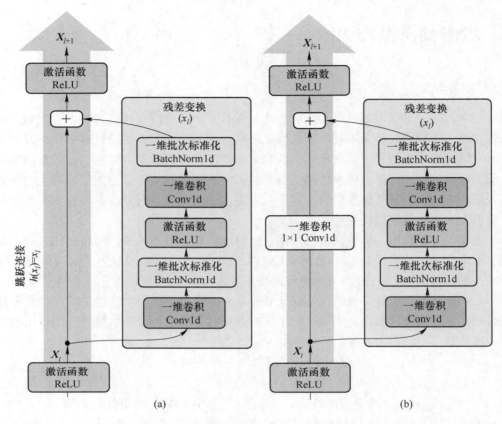

图 6-2 卷积神经网络中的残差学习模块

（Conv1d 是一维卷积，BatchNorm1d 是一维批处理归一化，ReLU 是非线性激活函数 f）

（a）ResBlock-A；（b）ResBlock-B

在极端情况下，如果激活函数 f 也是一个恒等映射，$x_{l+1} \equiv z_l$，我们可以从方程式（6-2）中得到：

$$x_{l+1} = x_l + F(x_l, W_l) \tag{6-3}$$

然后，通过具有 l 层的网络进行信息前馈传播计算的过程被简化如下：

$$x_{l+1} = x_l + F(x_l, W_l) = x_{l-1} + F(x_{l-1}, W_{l-1}) + F(x_l, W_l) = x_0 + \sum_{i=0}^{l} F(x_i, W_i) \tag{6-4}$$

式中，x_0 为网络的输入数据。

因此，当网络进行误差反向传播时，假设 L 为损失函数，由损失函数梯度计算的反向传播的链式法则我们得到：

$$\frac{\partial L}{\partial x_0} = \frac{\partial L}{\partial x_{l+1}} \cdot \frac{\partial x_{l+1}}{\partial x_0} = \frac{\partial L}{\partial x_{l+1}} \left(1 + \frac{\partial}{\partial x_0} \sum_{i=1}^{l} F(x_i, W_i)\right) \tag{6-5}$$

显然，式（6-5）中的 $\dfrac{\partial L}{\partial x_{l+1}}$ 项不涉及任何要学习更新的权重层，这可以确保信息直接反向传播到输入层，如图 6-2 中宽灰色箭头所指向的路径。此外，我们可以从式（6-5）

观察到：由于 $\dfrac{\partial L}{\partial \boldsymbol{x}_{l+1}}$ 项的存在，网络任何层的梯度在误差反向传播过程中都不会消失。事实上，如图 6-3 所示，残差学习中的跳跃连接确实优化了深度网络的损失函数 L 的形貌，从而降低了网络的训练难度。

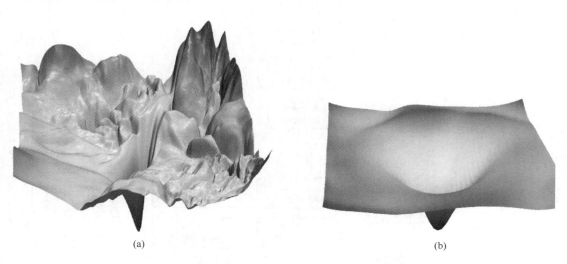

(a)   (b)

图 6-3　有/无跳跃连接的 ResNet-56 的损失函数形貌可视化图[19]

(a) 前馈神经网络的损失函数形貌；(b) 残差网络的损失函数形貌

6.1.2 聚合多尺度残差变换理论

受"网络中的网络"模型想法的启发，Inception 网络在单层中采用了不同大小的卷积核（1×1，3×3，5×5），针对输入特征进行多条分支的非线性处理，实现多尺度的特征变换，Inception 模块基于切分-变化-合并（split-transform-merge）策略对输入特征进行特征转换合并。通过堆叠这个 Inception 网络拓扑模块，网络通过前馈计算中的级联聚合多尺度特征转换，从而实现卓越的模型性能[20-21]。Inception 模块融合了多尺度特征表示，以捕获不同尺度的输入信号特征，从而增强网络的表征能力。图 6-4 为具有跳跃连接的一维 Inception 模块的结构示意图。在此模块中，输入信号通过 1×1 卷积进行多个低维嵌入，然后由专用卷积滤波器的 3 个分支进行变换，即 1×1 卷积、3×1 卷积和两个级联 3×1 卷积。最后，这些分支的输出被拼接起来以产生模块的输出信号。此外，该 Inception 模块中还应用了跳跃连接（即残差学习）来提高模型的可训练性和训练过程的稳定性。

Inception 模块的输入和输出特征信号应该具有相同的宽度，这意味着输入和输出特征的形状和通道数应该保持一致。如果网络在进行构建过程中，需要下采样处理，那么跳跃连接需要采用 1×1 卷积滤波器进行仿射变换。此外，在将残差变换添加到前一层激活层之前缩小残差变换的计算结果似乎可以稳定网络的训练过程。因此，本章的研究中使用范围从 0.1 到 0.3 的缩放因子来缩放残差变换，然后将其添加到网络堆栈层激活中，如图 6-4 所示。

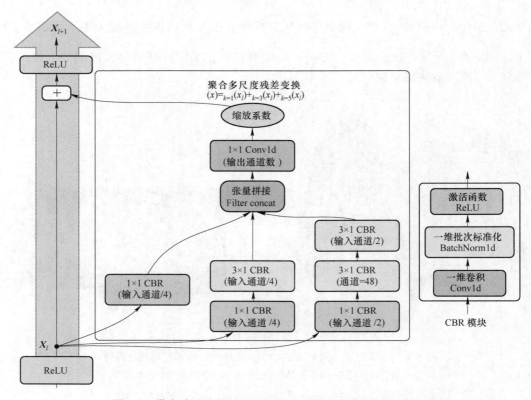

图 6-4　带有残差连接的一维 Inception 模块的内部网格结构

6.2　冷连轧板形分布预测网络模型构建

　　基于 6.1 节介绍的方法论，本节设计了不同结构的 DCNN 模型，以确定解决连轧板形分布预测的高度非线性问题所需的最佳网络架构、深度和宽度，并分别将这些网络模型命名为 PlainNet、ResNet 和 Inception-ResNet。PlainNet 作为基准网络，其结构与 ResNet 相同，只是去除了网络当中所有的跳跃连接。图 6-5 给出了 ResNet 网络的结构，其中网络的深度由 3 个超参数决定，即 m、n、k。首先，轧制过程的输入参数张量通过大小为 7×1 的卷积核（stride=2）进行下采样，将数据维度减少到原始大小的一半。然后网络开始堆叠残差模块并遵循两个原则：（1）如果残差块的输入输出特征张量形状相同，则其通道数必须保持不变；（2）如果输入特征张量被残差块进行下采样处理，那么它们的维度将减半，相反，输出特征张量的通道将加倍。此外，采用 ResBlock-B 作为下采样处理模块（残差变换的第一个卷积层的 stride=2），在网络前馈计算过程中，下采样处理模块将网络中的特征张量分为不同的阶段。网络最后一个残差模块的输出特征张量通过全局平均池化层进行降维度处理，然后经过全连接（FC）层处理，最终到达 20 维输出层。例如，如果网络的超参数为 $m=2$、$n=1$、$k=2$，则 ResNet 有 14 层可学习参数并堆叠了 6 个残差块，如图 6-5 所示。此外，特征张量被下采样 3 次，分为 3 个阶段。值得注意的是，第一层卷积处理后的特征张量包括 32 个通道。基准网络 PlainNet 的构建原理与 ResNet 相同，只是删除了所有跳跃连接，如图 6-5 所示。

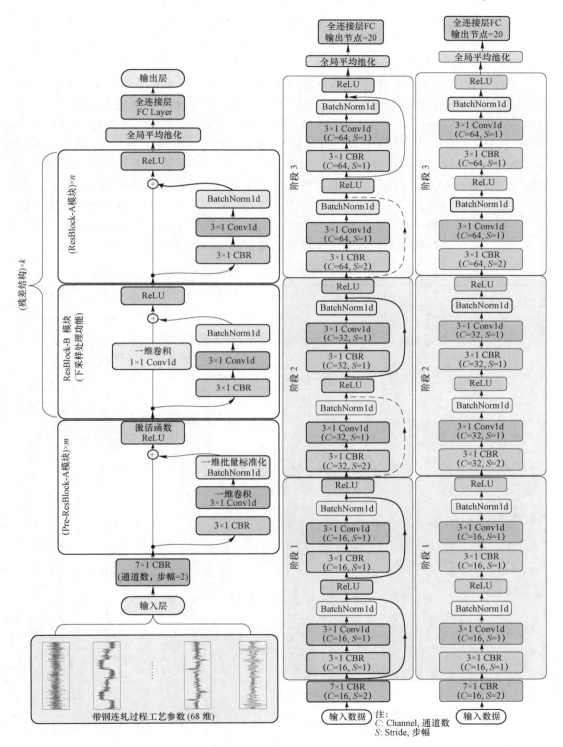

图 6-5 构建的残差网络结构

（左：ResNet-Base；中：ResNet-16（16 层可学习参数），

虚线快捷连接表示该残差块是 ResBlock-B；右：基准网络 PlainNet-14）

通常，需要使用不同的预测精度指标来评估网络模型。然而，一旦网络达到一定的精度指标后，就需要额外的量化指标来综合评估模型的性能：

（1）网络前向传播所需的计算能力，反映硬件性能要求，如 GPU；

（2）网络参数的大小，反映网络占用的计算机内存。在工业现场部署深度学习模型时，对服务器的计算能力和模型大小有严格的要求。因此，这里额外引入两个指标，即 FLOPs（Floating Point Operations，浮点运算次数），用以衡量模型/算法的总体复杂度（神经网络在进行一次完整的前向传播时所需要的计算量），以及 Params（模型参数量），表示模型的大小，衡量模型部署时候占用的计算机内存量。表 6-1 展示了不同深度的 PlainNet 和 ResNet 的结构、参数和 FLOPs。此外，我们在网络构建的每个阶段最多堆叠两个残差模块，并执行最多 3 个下采样过程，从而分别为 PlainNet 和 ResNet 提供 14 层和 16 层的可学习参数深度。尽管如此，网络结构并不是固定的，研究人员可以根据工业数据集的变量和大小以及应用场景，基于网络构建规则继续堆叠更多的残差块，以实现更高的预测性能。

表 6-1 PlainNet 和 ResNet 的结构、深度、参数量和 FLOPs 之间的关系

PlainNet-Depth （网络后数字代表可学习参数层）						
网络阶段	PlainNet-4	PlainNet-6	PlainNet-8	PlainNet-10	PlainNet-12	PlainNet-14
第一层卷积 （Conv1）	卷积核 （Convolutional kernel） = 7×1，通道数 （Channel） = 16，步幅 （Stride） = 2					
阶段 1	$\begin{bmatrix}3\times1,16\\3\times1,16\end{bmatrix}\times1$	$\begin{bmatrix}3\times1,16\\3\times1,16\end{bmatrix}\times2$	$\begin{bmatrix}3\times1,16\\3\times1,16\end{bmatrix}\times2$	$\begin{bmatrix}3\times1,16\\3\times1,16\end{bmatrix}\times2$	$\begin{bmatrix}3\times1,16\\3\times1,16\end{bmatrix}\times2$	$\begin{bmatrix}3\times1,16\\3\times1,16\end{bmatrix}\times2$
阶段 2	—	—	$\begin{bmatrix}3\times1,32\\3\times1,32\end{bmatrix}\times1$	$\begin{bmatrix}3\times1,32\\3\times1,32\end{bmatrix}\times2$	$\begin{bmatrix}3\times1,32\\3\times1,32\end{bmatrix}\times2$	$\begin{bmatrix}3\times1,32\\3\times1,32\end{bmatrix}\times2$
阶段 3	—	—	—	—	$\begin{bmatrix}3\times1,64\\3\times1,64\end{bmatrix}\times1$	$\begin{bmatrix}3\times1,64\\3\times1,64\end{bmatrix}\times2$
输出阶段	全局平均池化 （Global average pooling） +20 维全连接层 （20-d FC layer）					
网络参数量 （Params）	7.316k	13.652k	33.108k	58.068k	133.844k	232.916k
网络计算复杂度 （FLOPs）	7.262M	14.156M	24.412M	37.99M	59.486M	88.019M
ResNet-Depth （网络后数字代表可学习层）						
网络阶段	ResNet-4	ResNet-6	ResNet-9	ResNet-11	ResNet-14	ResNet-16
第一层卷积 （Conv1）	卷积核 （Convolutional kernel） = 7×1，通道数 （Channel） = 32，步幅 （Stride） = 2					
阶段 1	$\begin{bmatrix}3\times1,32\\3\times1,32\end{bmatrix}\times1$	$\begin{bmatrix}3\times1,32\\3\times1,32\end{bmatrix}\times2$	$\begin{bmatrix}3\times1,32\\3\times1,32\end{bmatrix}\times2$	$\begin{bmatrix}3\times1,32\\3\times1,32\end{bmatrix}\times2$	$\begin{bmatrix}3\times1,32\\3\times1,32\end{bmatrix}\times2$	$\begin{bmatrix}3\times1,32\\3\times1,32\end{bmatrix}\times2$
阶段 2	—	—	$\begin{bmatrix}3\times1,64\\3\times1,64\end{bmatrix}\times1$	$\begin{bmatrix}3\times1,64\\3\times1,64\end{bmatrix}\times2$	$\begin{bmatrix}3\times1,64\\3\times1,64\end{bmatrix}\times2$	$\begin{bmatrix}3\times1,64\\3\times1,64\end{bmatrix}\times2$
阶段 3	—	—	—	—	$\begin{bmatrix}3\times1,128\\3\times1,128\end{bmatrix}\times1$	$\begin{bmatrix}3\times1,128\\3\times1,128\end{bmatrix}\times2$
全局平均池化 （Global average pooling） +20 维全连接层 （20-d FC layer）						
网络参数量 （Params）	7.316k	13.652k	35.348k	60.308k	144.660k	243.732k
网络计算复杂度 （FLOPs）	7.262M	14.156M	25.631M	39.209M	63.175M	91.707M

另外，卷积神经网络的复杂度对模型的学习能力影响很大，与其"容量"有关。增加学习模型的复杂度通常可以提高其学习能力。如图 6-6 所示，对于卷积网络，有两种明显的方法可以增加其"容量"：（1）通过堆叠更多可学习层使网络"更深"，（2）使网络"更宽"，通过增加可学习层中的通道数量。因此，本节还设计了一个浅层宽网络 Wide PlainNet，命名为 WPNet-4，该网络只有 4 个可学习参数层，以研究网络宽度和深度对板形预测准确性的影响。不同宽度的 WPNet-4 的结构、参数和 FLOPs 如表 6-2 所示。

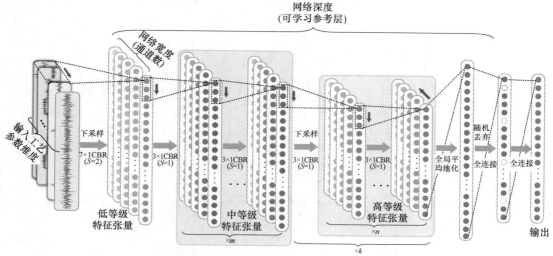

图 6-6 用于预测板形分布的一维卷积神经网络 PlainNet 的结构示意图

表 6-2 WPNet-4 的结构、宽度、参数和 FLOPs 之间的关系

	WPNet-4-Width					
网络阶段	WPNet-4-48d	WPNet-4-64d	WPNet-4-96d	WPNet-4-128d	WPNet-4-160d	WPNet-4-256d
第一层卷积（Conv1）	卷积核（Convolutional kernel）= 7×1，步幅（Stride）= 2					
第一层卷积输出通道数	48	64	96	128	160	256
阶段 1	$\begin{bmatrix}3\times1,48\\3\times1,48\end{bmatrix}\times1$	$\begin{bmatrix}3\times1,64\\3\times1,64\end{bmatrix}\times1$	$\begin{bmatrix}3\times1,96\\3\times1,96\end{bmatrix}\times1$	$\begin{bmatrix}3\times1,128\\3\times1,128\end{bmatrix}\times1$	$\begin{bmatrix}3\times1,160\\3\times1,160\end{bmatrix}\times1$	$\begin{bmatrix}3\times1,256\\3\times1,256\end{bmatrix}\times1$
	全局平均池化（Global average pooling）+20 维全连接层（20-d FC layer）					
网络参数量（Params）	15.572k	26.9k	58.772k	102.932k	159.38k	402.452k
网络计算复杂度（FLOPs）	15.907M	27.894M	61.895M	109.265M	170.004M	432.439M

最后，为了确保不同结构的网络具有大致相同的 Params 和 FLOPs，本节遵循基于聚合的多尺度残差变换的设计原则来创建 Inception-ResNet 网络。其构建规则与其他两个网络类似。如图 6-7 所示，Inception-ResNet 的深度由超参数 p 和 q 决定。Inception-ResNet 的主干网络在第一层卷积之后包括一个 Pre-Inception 模块，进行 Inception 模块堆叠之前的每个阶段都使用 ResBlock-B 作为下采样处理器。不同深度的 Inception-ResNet 的结构、Params 和 FLOPs 如表 6-3 所示。

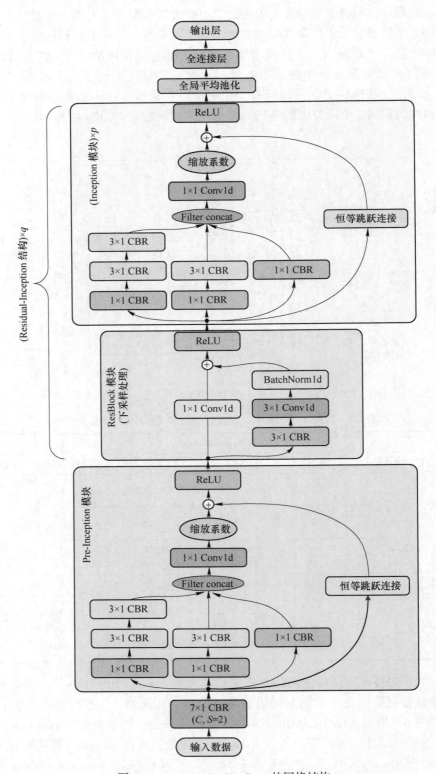

图 6-7 Inception-ResNet-Base 的网络结构

表 6-3　Inception-ResNet 网络的结构、深度、参数和 FLOPs 之间的关系

不同深度 Inception-ResNet 网络的结构与模块组成					
网络深度	Inception-ResNet-12	Inception-ResNet-19	Inception-ResNet-22	Inception-ResNet-29	Inception-ResNet-32	Inception-ResNet-39
第一层卷积（Conv1）	卷积核（Convolutional kernel）= 7×1，通道数（Channel）= 32，步幅（Stride）= 2					
Pre-Inception 模块	InceptionBlock，通道数（Channel）= 32					
阶段 1	ResBlock-B，32	ResBlock-B，32 Inception，32	ResBlock-B，32 Inception，32	ResBlock-B，32 Inception，32	ResBlock-B，32 Inception，32	ResBlock-B，32 Inception，32
阶段 2	—	—	ResBlock-B，64	ResBlock-B，64 Inception，64	ResBlock-B，64 Inception，64	ResBlock-B，64 Inception，64
阶段 3	—	—	—	—	ResBlock-B，128	ResBlock-B，128 Inception，128
输出阶段	全局平均池化（Global average pooling）+20 维全连接层（20-d FC layer）					
网络参数量（Params）	18.372k	28.308k	50.004k	68.564k	152.916k	199.092k
网络计算复杂度（FLOPs）	15.235M	20.64M	26.725M	32.07M	45.403M	52.791M

6.3　数据采集与模型训练细节

6.3.1　数据集构建

本节采集了来自国内某钢厂的 1450 mm 5 机冷连轧生产线上多卷带钢的工业数据。数据集由从轧制现场安装的各种仪表和传感器获取的 1928 个离散样本组成。如图 6-8 所示，这些仪器在整个生产过程中捕捉到了广泛的轧制工艺参数。数据集中的每个离散样本代表了在预定义的采样周期内，特定卷带钢的这些参数的平均值。数据集包括 68 个轧制工艺参数，如轧制速度、轧制力和弯辊力等。此外，它还包含由板形测量辊在带钢宽度上测量的 20 个板形偏差值。这 68 维工艺变量被用作网络模型的输入数据，使其能够对板形分布进行精准地预测。

附录提供了对这 68 个变量的详细解释，突出解释了它们之间的相互关联和复杂性。在表示工艺参数的 68 个变量中，观察到两个显著的"空间"相关性：局部的"空间"相关性和全局的"空间"相关性。局部的"空间"相关性将不同机架上相同的工艺参数连接起来，而全局的"空间"相关性将同一机架内的不同工艺参数连接起来。这种错综复杂的排列形成了输入数据中的网格状结构，使其具有多层非线性关系。局部的"空间"相关性表示了不同机架上相同工艺参数之间的相互连接，而全局的"空间"相关性强调了同一机架内不同工艺参数之间的相互依赖关系。

此外，由于使用不同的测量单位，网络输入样本变量的尺度通常会有很大差异。虽然

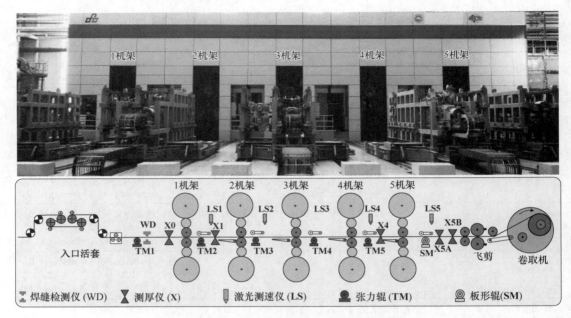

图 6-8　带钢冷连轧现场记录工艺参数的仪器布置图

卷积神经网络模型在理论上应该具有尺度不变性，即对输入样本的特征尺度不敏感。但在实践中，具有不同尺度的输入特征可能会增加网络训练的难度。因此，在将数据输入网络之前，将数据特征转换为一致的尺度通常是必要的。本节使用了 Z-标准化方法，该方法将每个训练样本的每个维度特征调整为具有均值为 0 和方差为 1 的尺度。

假设有 N 个样本 $\{x^{(n)}\}_{n=1}^{N}$，此处首先计算每个维度特征 x 的均值和方差：

$$\mu = \frac{1}{N} \sum_{n=1}^{N} x^{(n)} \tag{6-6}$$

$$\sigma^2 = \frac{1}{N} \sum_{n=1}^{N} \left(x^{(n)} - \mu \right)^2 \tag{6-7}$$

那么，新特征 $\hat{x}^{(n)}$ 经过以下计算后得到：

$$\hat{x}^{(n)} = \frac{x^{(n)} - \mu}{\sigma} \tag{6-8}$$

6.3.2　模型训练细节

为了增强网络的泛化能力，数据集被分为 3 个子集：1528 个样本用于训练，200 个样本用于验证，另外 200 个样本用于测试，数据集划分过程采用随机化方法确保无偏差地表示。验证集在评估模型的泛化性能和在训练过程中实现提前停止方面起着关键作用。然而，需要注意的是，由于人为干预可能导致验证集中的信息泄漏，这一点需要在模型训练过程中考虑。另一方面，测试集在整个训练过程中保持不变，仅用于最终评估模型的性能。这确保了对网络的泛化能力和预测准确性进行无偏和真实地评估。

为了寻找最佳优化算法，本节尝试了 3 种不同的学习算法，即带 Nesterov 动量的随机梯度下降法（SGD method with Nesterov momentum，以下为了表述方便统一简写为 SGD），

Adam 算法和 AdaBound 算法。SGD 的批量大小设置为 32，动量设置为 0.9，权重衰减设置为 0.0001，阻尼设置为 0。Adam 算法和 AdaBound 算法中的参数分别采用默认值。采用 He 等[22] 提出的方法来初始化网络的权重并从头开始训练所有网络。在训练过程开始时，由于参数的随机初始化，网络的梯度可能会很大，如果初始学习率设置得很大，这可能会导致训练过程不稳定。因此，优化器中的学习率被设置为：在训练计划的前 5 轮次（epoch）逐渐预热。然后提供两种学习率衰减模式：

（1）一阶段方法，使用分段常数衰减方法（StepLR）。在该方法中，学习率每 25 个轮次减半，最大学习率设置为 $3×10^{-3}$。

（2）两阶段方法，在前 35 个 epochs 时期采用 StepLR 方法，然后使用余弦回火策略（Cosine Annealing Warm Restarts）调整学习率，两个阶段的最大学习率分别设置为 $3×10^{-3}$ 和 $2×10^{-4}$。网络模型训练 500 个 epochs，图 6-9 为两种学习率调整策略。

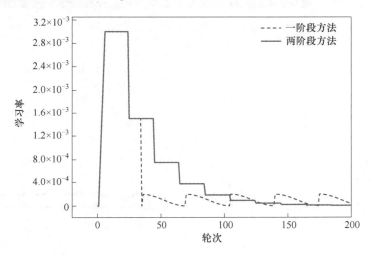

图 6-9　训练模型的两种学习率调整策略

此处采用均方误差损失函数（MSE），并使用两种方法计算训练和测试过程的风险函数 R_{exp}，以扩大训练过程的风险函数来捕获细微的变化：

$$R_{exp} = \begin{cases} \dfrac{1}{N_{batch}} \displaystyle\sum_{i=1}^{N_{batch}} \sum_{j=1}^{N_{sensor}} (\hat{y}_{i,j} - y_{i,j})^2, \ 用于训练 \\ \dfrac{1}{N_{batch}} \dfrac{1}{N_{sensor}} \displaystyle\sum_{i=1}^{N_{batch}} \sum_{j=1}^{N_{sensor}} (\hat{y}_{i,j} - y_{i,j})^2, \ 用于验证 \end{cases} \quad (6-9)$$

6.3.3　学习优化算法选择与确定

本节使用 6.3.2 节描述的 3 种学习算法以及学习率调整的单阶段策略来训练 ResNet-16 网络。风险函数的变化曲线如图 6-10 所示。从图 6-10 可以看出，与其他两种算法相比，使用 AdaBound 算法时训练风险函数取得了更小值，网络模型的验证损失函数比应用其他两种算法时小得多。这意味着 AdaBound 算法可以极大地提高网络的泛化能力。因此，在接下来的对比实验中将使用 AdaBound 算法来训练所有网络模型。

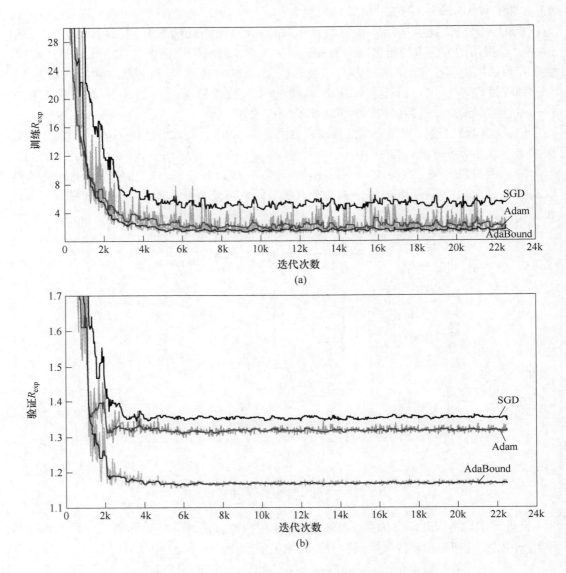

图 6-10 采用 3 种不同优化算法的模型风险函数变化比较

（a）训练过程模型风险函数变化曲线；

（b）验证集上模型风险函数变化曲线

图 6-11 展示了两阶段学习率调整策略中使用不同优化算法的风险函数变化的比较。因为学习率一开始要保持较大范围，以保证模型的收敛速度，然后当风险函数收敛到最小值附近时，将学习率调整为较小的值，以避免训练过程振荡。然而，此时学习率的轻微增加可以帮助风险函数逃离鞍点或局部极小值，从而获得更好的最优解。因此，本节对两阶段学习率调整方法的第二阶段使用带有热重启的余弦退火衰减策略，如图 6-9 所示。从图 6-11 可以看出，很明显 AdaBound 算法在两个阶段都比其他两种算法表现更好。因此，我们使用 AdaBound 优化算法和两阶段学习率调整方法来训练网络模型。

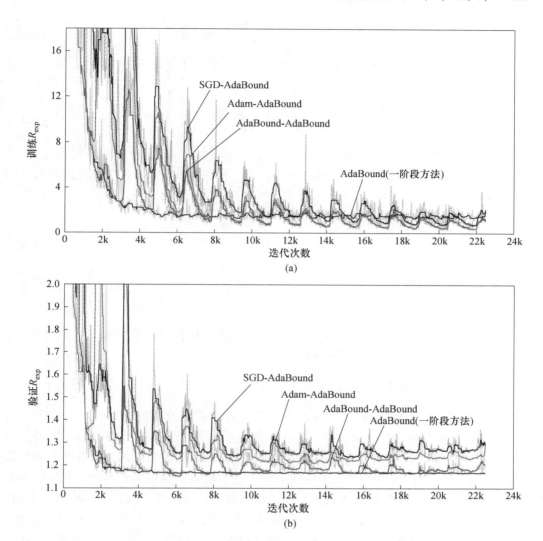

图 6-11　两阶段学习率调整法中不同优化算法的模型风险函数比较

（a）训练过程模型风险函数变化曲线；（b）验证集上模型风险函数变化曲线

6.4　网络模型预测结果对比分析

6.4.1　模型评估指标

　　为了评估所提出的板形预测模型的性能和有效性，本节采用平均绝对误差（MAE，Mean Absolute Error）、均方根误差（RMSE，Root Mean Square Error）和相关性决定系数（R^2）作为评估标准来处理模型多输出情况的评估。一般来说，MAE 是一个风险度量，对应于绝对误差损失的期望值。假设板形数据集第 i 个样本的真实值为 y_i，$\hat{y}_i$ 是相对应的预测值，那么 MAE 在整个数据集上进行计算 n_{samples}：

$$MAE(y,\hat{y}) = \frac{1}{n_{samples}} \sum_{i=0}^{n_{samples}-1} |y_i - \hat{y}_i| \tag{6-10}$$

此外，均方根误差（RMSE）也是一个风险指标，对应于平方根（二次）误差的预期值，表示为：

$$RMSE(y, \hat{y}) = \sqrt{\frac{1}{n_{samples}} \sum_{i=0}^{n_{samples}-1} (y_i - \hat{y}_i)^2} \tag{6-11}$$

相关性决定系数 R^2 用于评估预测精度。它表示预测模型中自变量解释的方差（y）的比例。它提供了拟合度的指示，因此通过解释方差的比例来衡量模型预测未见样本的可能性。R^2 一般定义为：

$$R^2(y, \hat{y}) = 1 - \frac{\sum_{i=1}^{n} (y_i - \hat{y}_i)^2}{\sum_{i=1}^{n} (y_i - \bar{y})^2} \tag{6-12}$$

式中，$\bar{y} = \frac{1}{n} \sum_{i=1}^{n} y_i$。

R^2 最佳值是 1.0，并且可以为负值。此外，在不考虑输入特征的情况下，始终预测 y 的预期（平均）值的常量模型将获得 0 的 R^2 分数。

6.4.2 网络预测性能对比

不同结构网络的计算复杂度、参数大小以及在验证集上的预测性能如表 6-4 所示。4 种网络结构中，WPNet-4-256d 的计算量和参数规模最大，FLOPs 和 Params 分别达到 432.439M 和 402.452k。对于 WPNet-4 系列网络，随着网络宽度的增加，训练损失和预测性能表现出显著的改善，这表明增加网络宽度确实可以增强预测性能。然而，它同时也带来了网络模型复杂性和计算量的显著增加。对于其他 3 种网络结构（PlainNet、ResNet 和 Inception-ResNet），随着网络深度的增加，网络的训练损失和预测性能分别逐渐降低和提高。特别地，ResNet-16 的最小训练损失、MAE 和 RMSE 分别为 0.274、0.5828 和 0.8469。同时，Inception-ResNet-39 获得最高的 R^2 为 0.8653。尽管 ResNet-16 和 Inception-ResNet-39 之间的预测性能差异很小，但后者网络的计算复杂度和参数量级相对较低。

表 6-4 不同结构与深度的网络板形预测性能比较

不同深度网络	第一层卷积通道数	网络计算复杂度（FLOPs）	网络参数量（Params）	最小训练损失	MAE	RMSE	R^2
WPNet-4-48d	48	15.907M	15.572k	4.064	0.7118	0.9860	0.8202
WPNet-4-64d	64	27.894M	26.90k	2.779	0.6750	0.9478	0.8297
WPNet-4-96d	96	61.895M	58.772k	1.407	0.6512	0.9283	0.8439
WPNet-4-128d	128	109.265M	102.932k	0.907	0.6245	0.902443	0.8533
WPNet-4-160d	160	170.004M	159.38k	0.770	0.6290	0.899745	0.8493
WPNet-4-256d	256	432.439M	402.452k	**0.367**	**0.6188**	**0.8899**	**0.8547**

续表 6-4

不同深度网络	第一层卷积通道数	网络计算复杂度（FLOPs）	网络参数量（Params）	最小训练损失	MAE	RMSE	R^2
PlainNet-4	32	7.262M	7.316k	6.638	0.7454	1.0369	0.7973
PlainNet-6		14.156M	13.652k	4.010	0.7011	0.988	0.8194
PlainNet-8		24.412M	33.108k	1.776	0.659	0.9448	0.8322
PlainNet-10		37.99M	58.068k	1.163	0.6262	0.9104	0.8512
PlainNet-12		59.486M	133.844k	0.649	**0.6109**	**0.8989**	0.8513
PlainNet-14		88.019M	232.916k	**0.494**	0.6246	0.918	**0.8516**
ResNet-4	32	7.262M	7.316k	6.525	0.7349	1.0270	0.8076
ResNet-6		14.156M	13.652k	3.447	0.7026	0.9865	0.8206
ResNet-9		25.631M	35.348k	1.251	0.6491	0.9226	0.8407
ResNet-11		39.209M	60.308k	0.756	0.6144	0.8849	0.849
ResNet-14		63.175M	144.660k	0.359	0.5918	0.8655	0.8547
ResNet-16		91.707M	243.732k	**0.274**	**0.5828**	**0.8469**	**0.8638**
Inception-ResNet-12	32	15.235M	18.372k	2.910	0.6308	0.9052	0.843
Inception-ResNet-19		20.640M	28.308k	2.186	0.6591	0.936	0.8315
Inception-ResNet-22		26.725M	50.004k	1.235	0.6237	0.8893	0.8507
Inception-ResNet-29		32.070M	68.564k	0.986	0.6105	0.8746	0.8582
Inception-ResNet-32		45.403M	152.916k	0.490	**0.5840**	0.8503	0.8644
Inception-ResNet-39		52.791M	199.092k	**0.441**	0.5845	**0.8477**	**0.8653**

为了更明确地研究随着网络宽度或深度的增加，不同结构的网络模型的计算复杂度、训练损失和预测性能的差异，我们绘制了不同网络随着 FLOPs 增加而训练损失和预测性能指标的变化，如图 6-12 所示。WPNet-4 的 FLOPs 随网络宽度的增加而增加，PlainNet、ResNet 和 Inception-ResNet 的 FLOPs 随网络深度的增加而增加。

如图 6-12 所示，对于相同的计算复杂度（FLOPs），WPNet-4 系列网络的训练损失和预测指标明显较差，这表明增加网络深度比增加网络宽度更能有效地提高模型性能。信息的逐层处理是表示学习的一个关键方面，神经网络底部的卷积滤波器捕获低级特征，随着层的添加逐渐导致更高级别的抽象。虽然在真实的神经网络中可能没有如此清晰地表示分层，但在自下而上的前馈过程中存在连续抽象的总体趋势。实际上，浅层网络几乎可以执行深度神经网络可以执行的任何操作，除了由于层数有限而进行的深度逐层抽象之外。因此，本书认为"逐层抽象处理"是表示学习的关键，也是深度学习成功的关键因素。

然而，无限制地增加网络深度，使得网络的泛化能力变差，因此网络在达到一定深度后，再增加网络深度并不一定能够获得更好的性能。对于图 6-12 中的 PlainNet，训练损失随着网络深度的增加而减小，但验证集上的 MAE 和 RMSE 先减小后增大。相反，对于 ResNet 和 Inception-ResNet，预测性能随着网络深度的增加而提高。然而，对于所有网络来说，通过加深网络实现的预测性能的提高往往会随着网络变得更深而减弱。此外，由于 Inception 模块中不同大小的卷积核获得的多尺度残差变换的聚合，Inception-ResNet 在相同

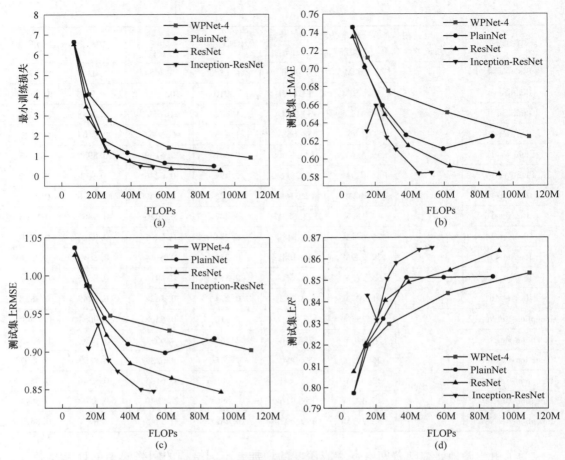

图 6-12 不同结构网络的训练损失和预测性能随 FLOPs 的变化

（a）最小训练损失；（b）MAE；（c）RMSE；（d）R^2

模型复杂度和计算量的条件下优于其他网络。因此，Inception-ResNet 有利于将模型布置在带材轧制生产现场。

为了进一步分析 3 种不同结构的浅层网络和深层网络之间板形预测的差异，本节在图 6-13 中展示了 PlainNet、ResNet 和 Inception-ResNet 板形预测的预测性能和误差直方图。很明显，与浅层网络相比，深层网络具有更好的预测性能并且具有更低的误差。与 ResNet-16 相比，Inception-ResNet-39 在预测性能上略有优势，表明更合理的网络拓扑设计和残差学习可以增强网络的板形预测性能。

表 6-5 和图 6-14 比较了 4 种不同深度 CNN 的模型复杂性、计算量和最优的预测结果。在图 6-14 中，圆圈的面积代表网络 FLOPs 的大小。可以看出，WPNet-4-256d 的复杂度和计算量显著超过其他 3 个网络，但其预测结果是其中第二差的。Inception-ResNet-39 具有相对较少的模型参数和计算量，但表现出优异的板形预测性能，使其非常有利于部署深度学习模型来预测轧制生产现场的板形缺陷和工艺参数调整。此外，ResNet-16 表现出了相对最优的预测性能，与 PlainNet-14 相比其预测精度大幅提升，但其模型参数和计算量几乎没有增加。

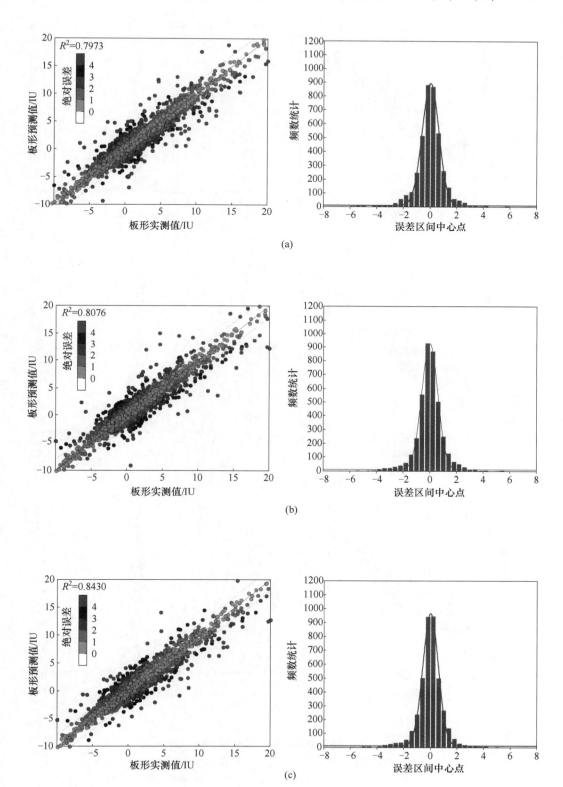

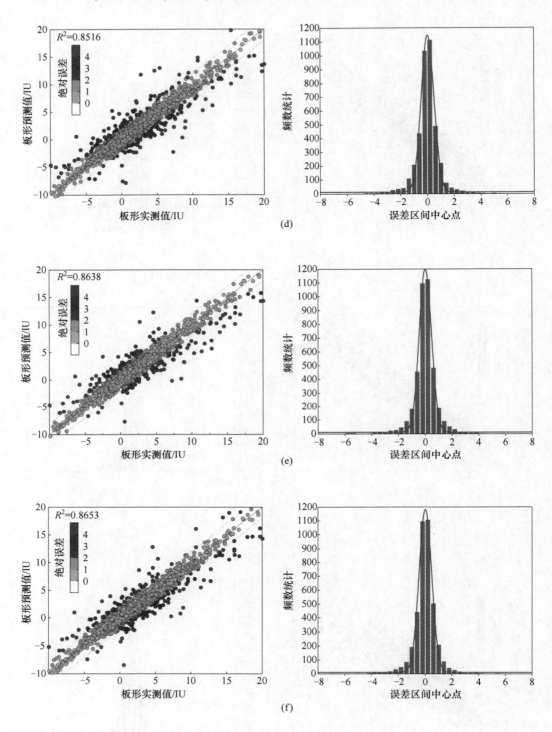

图 6-13   不同网络模型预测平面度的性能和误差柱状图

（a）PlainNet-4；（b）ResNet-4；（c）Inception-ResNet-12；

（d）PlainNet-14；（e）ResNet-16；（f）Inception-ResNet-39

（扫描书前二维码看彩图）

表 6-5　不同结构的网络最优预测结果对比

不同结构网络	网络计算复杂度（FLOPs）	网络参数量（Params）	最小训练损失	MAE	RMSE	R^2
WPNet-4-256d	432. 439M	402. 452k	0. 367	0. 6188	0. 8899	0. 8547
PlainNet-14	88. 019M	232. 916k	0. 494	0. 6246	0. 918	0. 8516
ResNet-16	91. 707M	243. 732k	0. 274	0. 5828	0. 8469	0. 8638
Inception-ResNet-39	52. 791M	199. 092k	0. 441	0. 5845	0. 8477	0. 8653

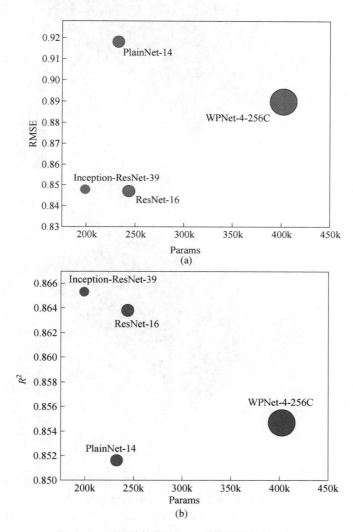

图 6-14　不同结构的 FCNN 最佳预测结果比较

（a）不同网络的参数量与 RMSE；（b）不同网络的参数量与 R^2

最后，图 6-15 显示了基于实际测量值和 Inception-ResNet-39 网络预测值的轧制带材板形的 3D 云图。可以看出，本章提出的 Inception-ResNet-39 准确地捕获了板形分布云图的细微变化，并准确地恢复了带钢不同区域的板形值 IU 的分布。这些结果可用于指导板形控制系统和工程师提前给出轧机的板形执行器的调节量，以优化板形偏差的分布。总体而言，Inception-ResNet-39 展示了在轧制生产中准确预测板形缺陷和优化工艺参数的巨大潜力。

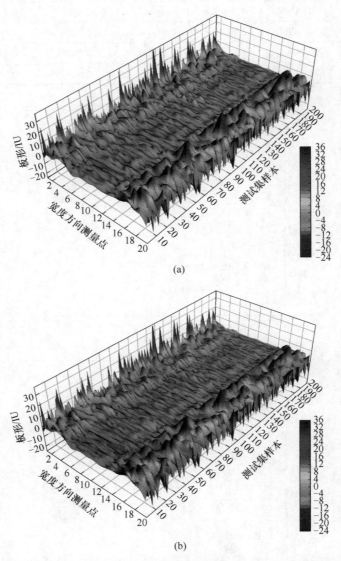

图 6-15 实际测量值与基于 Inception-ResNet-39 的预测值之间的带钢板形分布云图比较

（a）实测板形分布云图；（b）预测板形分布云图

（扫描书前二维码看彩图）

6.4.3 网络模型性能讨论

结合残差学习和聚合多尺度残差变换的方法，本章构建了不同类型的深度 CNN 模型，即 WPNet-4、PlainNet、ResNet 和 Inception-ResNet，分别使用 68 维和 20 维输入和输出变量来预测冷轧带材的板形偏差分布。将 WPNet-4 的网络宽度从 48 个通道增加到 256 个通道，预测结果的 RMSE 和 R^2 分别从 0.9860 和 0.8202 提高到 0.8899 和 0.8547。然而，这种改进是以计算能力和网络参数显著增加为代价的，FLOPs 和 Params 从 15.907M 和 15.572k 增加到 432.439M 和 402.452k。因此，虽然与网络深度相比，增加网络宽度可以提高模型性能，但由于基于表示学习的网络采用逐层进行输入特征的转换的特殊性，这种改进可能并不高效。

PlainNet、ResNet 和 Inception-ResNet 的预测性能随着网络深度的增加而显著提高，只是 PlainNet-14 的泛化能力相比 PlainNet-12 没有提高，甚至有所下降。PlainNet-14 的最小训练损失、MAE、RMSE 和 R^2 的预测指标分别为 0.494、0.6246、0.918 和 0.8516。相比之下，对于 ResNet-16 网络，这 4 个指标分别为 0.274、0.5828、0.8469 和 0.8638，这表明基于恒等映射的残差学习显著提高了深度卷积网络的预测能力和泛化性能，而且几乎不需要网络参数和复杂性的增加。

考虑到网络的参数和计算复杂性，基于聚合多尺度残差变换的 Inception-ResNet-39 在局部网络层中使用精细拓扑设计，在带钢板形分布预测方面实现了最先进的预测性能，其预测结果 RMSE 和 R^2 指标分别为 0.8477 和 0.8653。它能准确捕获带材轧制过程中板形分布的演变，并能精确预测出现各种板形缺陷的工艺条件。

参 考 文 献

［1］ Bemporad A, Bernardini D, Cuzzola F A, et al. Optimization−based automatic flatness control in cold tandem rolling ［J］. Journal of Process Control, 2010, 20 （4）: 396-407.

［2］ Jiang Z Y, Tieu A K, Zhang X M, et al. Finite element simulation of cold rolling of thin strip ［J］. Journal of Materials Processing Technology, 2003, 140 （1/2/3）: 542-547.

［3］ Malik A S, Grandhi R V. A computational method to predict strip profile in rolling mills ［J］. Journal of Materials Processing Technology, 2008, 206 （1/2/3）: 263-274.

［4］ Alonso M, Maestro D, Izaguirre A, et al. Depth Data Denoising in Optical Laser Based Sensors for Metal Sheet Flatness Measurement: A Deep Learning Approach ［J］. Sensors, 2021, 21 （21）: 7024.

［5］ Fischer F D, Friedl N, Noé A, et al. A study on the buckling behaviour of strips and plates with residual stresses ［J］. Steel research international, 2005, 76 （4）: 327-335.

［6］ Abdelkhalek S. A proposal improvement in flatness measurement in strip rolling ［J］. International Journal of Material Forming, 2019, 12 （1）: 89-96.

［7］ Ginzburg V B. Flat-Rolled Steel Processes Advanced Technologies ［M］. Boca Raton: CRC Press, 2009.

［8］ Fischer F D, Rammerstorfer F G, Friedl N. Residual stress-induced center wave buckling of rolled strip metal ［J］. Journal of Applied Mechanics, 2003, 70 （1）: 84-90.

［9］ Wang P, Tang Z, Li X, et al. Numerical simulation and suppression method of inclined wave defects in strip cold rolling ［J］. Ironmaking & Steelmaking, 2023, 50 （1）: 84-93.

［10］ Wang Q, Sun J, Li X, et al. Analysis of lateral metal flow-induced flatness deviations of rolled steel strip: mathematical modeling and simulation experiments ［J］. Applied Mathematical Modelling, 2020, 77: 289-308.

［11］ Wang Q L, Li X, Sun J, et al. Mathematical and numerical analysis of cross-directional control for SmartCrown rolls in strip mill ［J］. Journal of Manufacturing Processes, 2021, 69: 451-472.

［12］ Wang Q L, Sun J, Liu Y M, et al. Analysis of symmetrical flatness actuator efficiencies for UCM cold rolling mill by 3D elastic − plastic FEM ［J］. The International Journal of Advanced Manufacturing

Technology, 2017, 92 (1): 1371-1389.

[13] Lu X, Sun J, Song Z, et al. Prediction and analysis of cold rolling mill vibration based on a data-driven method [J]. Applied Soft Computing, 2020, 96: 106706.

[14] Deng J, Sun J, Peng W, et al. Application of neural networks for predicting hot-rolled strip crown [J]. Applied Soft Computing, 2019, 78: 119-131.

[15] Dargan S, Kumar M, Ayyagari M R, et al. A survey of deep learning and its applications: a new paradigm to machine learning [J]. Archives of Computational Methods in Engineering, 2020, 27 (4): 1071-1092.

[16] Khan A, Sohail A, Zahoora U, et al. A survey of the recent architectures of deep convolutional neural networks [J]. Artificial intelligence review, 2020, 53 (8): 5455-5516.

[17] Wang Q, Sun J, Hu Y, et al. Deep learning-based flatness prediction via multivariate industrial data for steel strip during tandem cold rolling [J]. Expert Systems with Applications, 2024, 237.

[18] He K, Zhang X, Ren S, et al. Deep residual learning for image recognition [C]//Proceedings of the IEEE Conference on Computer Vision and Pattern Recognition (CVPR), 2016: 770-778.

[19] Li H, Xu Z, Taylor G, et al. Visualizing the loss landscape of neural nets [C]//Advances in Neural Information Processing Systems (NeurIPS 2018), 2018.

[20] Szegedy C, Vanhoucke V, Ioffe S, et al. Rethinking the inception architecture for computer vision [C]//Proceedings of the IEEE Conference on Computer Vision and Pattern Recognition (CVPR), 2016: 2818-2826.

[21] Xie S, Girshick R, Dollár P, et al. Aggregated residual transformations for deep neural networks [C]//Proceedings of the IEEE Conference on Computer Vision and Pattern Recognition (CVPR), 2017: 1492-1500.

[22] He K, Zhang X, Ren S, et al. Delving deep into rectifiers: Surpassing human-level performance on imagenet classification [C]//Proceedings of the IEEE International Conference on Computer Vision (ICCV), 2015: 1026-1034.

7　数据驱动的板形调控功效建模与计算

近些年，板形检测技术和控制理论数学模型的发展推动了板形控制系统的进步。基于调控功效系数的多变量最优板形控制算法由于不需要过多的数学计算，且控制精度高，因此得到了广泛应用[1-3]。这种板形控制算法直接研究板形执行机构对带钢板形缺陷的影响，允许多种板形执行机构同时进行控制，因此适用于具有多种板形执行机构的现代冷轧机的板形控制系统。板形调控功效系数给出了板形调节机构响应的定量描述，可用于描述板形调节机构的任何性能形式。因此，板形调控功效系数的这一特性为开发多变量最优闭环控制系统奠定了基础。由于板形调节机构对带材形状的影响和调节机构之间的相互影响比较复杂，传统的变形理论和轧制实验难以准确地求出调控功效系数。

应用于实际冷轧生产领域的数据驱动方法首先必须要有物理和工艺理论知识的储备，只有在成熟的理论解析模型的基础上，基于数理统计模型的技术才可以成功应用[4-5]。主成分分析法（Principal Component Analysis，PCA）[6] 和偏最小二乘算法（Partial Least Squares，PLS）[7] 是数据驱动方法中最典型的一类算法，它们通过降低含有多个耦合变量和大量噪声干扰的工业数据的维度，来减弱变量间的强耦合关系，减小数据中的随机误差，并可以高效地提取数据中研究者所关心的主要信息。一方面，在带钢冷连轧生产过程中会产生规模巨大的板形数据和工艺参数数据，而现阶段针对这些工业大数据进行的深度挖掘和有效分析少之又少；另一方面，多维工艺参数与板形之间存在着复杂的强耦合关系，普通的线性算法难以对其进行量化描述和准确分析。

本章首先分析了冷连轧机的板形控制策略，建立了以调控功效系数为基础的多变量最优板形控制算法。基于数据驱动原理，提出了一种采用 PCA 算法和 PLS 算法获取板形调控功效系数的方法。

7.1　冷连轧机的板形控制策略

根据板形良好的几何条件可知，轧制过程中保持良好板形的比例凸度的允许变化范围即板形死区与带钢的厚度成正相关，带钢厚度越薄，轧制时的板形死区越窄，带钢越易发生板形缺陷问题[8]。随着轧制的进行，带钢在冷连轧机组各机架出口逐渐减薄，下游机架的带钢板形死区范围逐渐减小如图 7-1 所示。在保证不出现板形问题的前提下，下游机架处带钢凸度的允许变化范围也越来越小。通常，冷连轧机板形控制的重点集中在第 1 机架（STD1）和末机架（STD5）。

当进入第 1 机架 STD1 时，带钢相对较厚，板形死区范围较宽，适当大小的比例凸度变化量并不一定造成带钢浪形缺陷。因此，STD1 重点针对板凸度和边降等带钢横截面形状问题进行调节，以减小由热轧造成的来料带钢的板凸度，并为下游机架保持比例凸度恒定创造条件。此外，需要强化 STD1 的板形控制能力，特别是保证出口带钢的横截面形状良好，并使带钢保持较小的正凸度，从而保证良好的机架间穿行导向性，防止带钢发生跑偏断带事故。

在中间机架 STD2～STD4 时，带钢应保持等比例凸度，在保证带钢不发生板形缺陷问题的前提下，尽量控制带钢的边部减薄量。边部减薄的控制有利于减少边裂等缺陷，提高冷轧带材的成品率，满足几何形状要求较高的电工钢板等的轧制要求。

一般情况下，具有板形闭环反馈控制系统的冷连轧机的末机架 STD5 出口处设有板形测量辊，用于测量成品钢带的板形偏差。一旦带钢的板形偏差较大，出现翘曲波问题，STD5 须进行平坦度控制，保证成品带钢的板形质量。此时带钢的厚度在整个连轧机中是最薄的，相应的板形死区也最窄，带钢的比例凸度稍有变化，就很有可能造成严重板形缺陷的问题。因此，STD5 作为冷连轧机板形控制的成品机架，其板形控制，尤其是平坦度控制，是保证成品带钢板形良好的关键。此时，控制策略应严格遵守板形良好的几何条件，尽可能遵守比例凸度恒定的原则，将成品带钢的板形偏差控制在允许范围内。

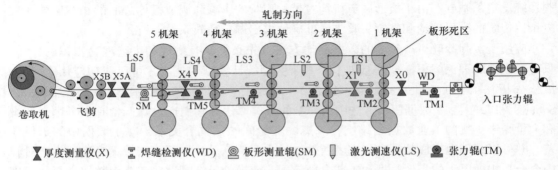

图 7-1　冷连轧机与相关测量仪表布置图

7.2　基于调控功效的多变量最优板形闭环反馈控制系统

7.2.1　板形调控功效系数

调控功效系数作为多变量最优板形闭环反馈控制算法的基础，是板形调节机构对板形偏差调控作用的量化描述。调控功效系数全面考虑了单个执行机构对板形控制所产生的综合控制效果，可以准确地描述一种执行机构的板形控制思想和调控特性。基于调控功效的板形控制算法不再需要进行板形模式识别和解耦计算，因此对执行机构调控性能的研究不再局限于 1 次、2 次或 4 次等板形偏差的范畴。

板形调控功效系数是对单个板形执行机构控制效果的定量描述，其定义为在一种板形调节机构的单位调节量作用下，轧机的承载辊缝形状沿宽向各处的变化量：

$$E_{i,j}(y_i) = \frac{\Delta g_i(y_i)}{\Delta u_j} \tag{7-1}$$

式中，i 为轧辊轴向离散点；y_i 为离散点 i 处的宽向坐标；$E_{i,j}$ 为第 j 种板形调节机构在宽度 y_i 处的板形调控功效系数；Δu_j 为第 j 种板形执行机构的调节量；$\Delta g_i(y_i)$ 为第 j 种板形执行

机构在调节量 Δu_j 作用下坐标 y_i 处承载辊缝的变化量。

此外，根据第 2 章中式（2-14）给出的板形与凸度之间的转换关系，轧机承载辊缝的变化量还可以用带钢纵向纤维的相对延伸差的变化量（平直度，IU）表示：

$$\mathrm{eff}_i(y_i) = \frac{\Delta F(y_i)}{\Delta u_j} \tag{7-2}$$

式中，eff_i 为第 i 种调节机构的调控功效系数；ΔF 为板形偏差变化量；Δu_j 为调节机构的改变量。

调控功效系数受到多种轧制参数的影响，主要包括辊径和辊型、轧件的形状和材质以及轧制压力等三方面因素。研究和比较板形控制技术首先要分析计算其板形调控功效系数，目前板形调控功效系数的获取与计算的方法主要有物理轧制实验、数值仿真计算以及数据驱动等。由于受到带钢现场生产环境和钢厂生产效率节奏等影响，物理轧制实验只能对少量轧制条件进行试验，试验成本高，且现场存在许多无法控制的可变因素，因此所得到的结果有着局限性。

随着有限元理论的逐步完善和计算机技术的发展，基于有限元方法的数值模拟技术已经成为一种成熟的、高精度的方法，在求解金属板带、型线材、管材等轧制过程获得了广泛应用。此外，数值模拟方法不需要进行大量的反复实际轧制实验，只需要在计算机仿真平台进行虚拟建模，便于测试操作，成本低廉，仿真程序可移植性强，易于比较和修改。另一方面，生产过程中产生的大量工业数据包含了许多关于板形控制的有效信息，但由于这些数据中含有大量噪声，各个控制变量相互耦合，导致现阶段对板形工业数据的深度挖掘和有效分析少之又少。因此，本章将采用数值模拟和数据驱动的方法来分析 UCM 轧机板形执行机构的调控功效，并从带钢轧制变形过程分析其工作原理。从数据层面出发，利用多种统计算法对板形数据进行特征提取和回归建模，来获取并分析各执行机构的板形调控功效。

7.2.2　多变量最优板形控制算法

假定研究的板带轧机同时具备 m 种板形调节机构，此外，板形测量辊沿带钢宽度方向有 n 个测量段。根据板形辊的测量段数，将板形执行机构的调控功效曲线 $\mathrm{eff}_m(y)$ 作离散化处理，转化为 n 个板形辊测量段上的离散值，这样可得到一个关于 m 个板形调控机构的大小为 $n \times m$ 的调控功效系数矩阵，即：

$$
\begin{aligned}
\mathbf{Eff} &= \Delta f \cdot (1/\Delta u) \\
&= \begin{bmatrix} \Delta F_1 \\ \Delta F_2 \\ \vdots \\ \Delta F_n \end{bmatrix} \cdot \begin{bmatrix} \dfrac{1}{\Delta u_1} & \dfrac{1}{\Delta u_2} & \cdots & \dfrac{1}{\Delta u_m} \end{bmatrix} \\
&= \begin{bmatrix} \mathrm{eff}_{1,1} & \mathrm{eff}_{1,2} & \cdots & \mathrm{eff}_{1,m} \\ \mathrm{eff}_{2,1} & \mathrm{eff}_{2,2} & \cdots & \mathrm{eff}_{2,m} \\ \vdots & \vdots & \ddots & \vdots \\ \mathrm{eff}_{n,1} & \mathrm{eff}_{n,2} & \cdots & \mathrm{eff}_{n,m} \end{bmatrix}
\end{aligned} \tag{7-3}
$$

在基于板形调控功效系数的控制模型中，板形控制的目标是在完成多个执行机构的调节量设定后，最大限度地减小出口带钢板形剩余偏差。因此，以板形调控功效系数为基础，基于线性最小二乘算法，利用各板形调节机构的最优调节量和板形辊各测量段实测板形偏差值，建立板形控制效果评价函数：

$$J = \sum_{i=1}^{n} \left[g_i \left(\Delta f_i - \sum_{j=1}^{m} \Delta u_j \cdot \text{eff}_{ij} \right) \right]^2 \tag{7-4}$$

式中，J 为板形控制效果评价函数；n 为测量段数；g_i 为带钢宽度方向各测量点的权重因子，边部测量点的权重因子要比中部区域大；m 为板形调节机构数目；Δu_j 为第 j 个板形调节机构的调节量；eff_{ij} 为第 j 个板形调节机构在第 i 个测量段的板形调节功效系数；Δf_i 为第 i 个测量段的板形设定值与实际测量值之间的偏差。

评价函数 J 达到最小时，各板形调节机构的调节量 Δu_j 应满足以下条件：

$$\begin{cases} \dfrac{\partial J}{\partial \Delta u_1} = 0 \\[2mm] \dfrac{\partial J}{\partial \Delta u_2} = 0 \\[1mm] \vdots \\[1mm] \dfrac{\partial J}{\partial \Delta u_m} = 0 \end{cases} \tag{7-5}$$

因此，可获得 m 个以调节量 Δu 为未知量的方程，联立求解方程组（7-5）可求得各板形调节机构的最优调节量 Δu_j。

上述数学模型就是多变量最优板形控制算法的核心数学模型。如某 1450 mm UCM 轧机配备的液压伺服板形执行机构有 4 个，分别为工作辊弯辊、中间辊弯辊、中间辊横移和轧辊倾斜。板形控制系统根据各个板形调节机构的优先级，按照接力的方式依次计算各个调节机构的最优调节量，然后经过变增益补偿环节和限幅输出处理，再将其输出给执行机构液压控制环。各执行机构的最优调节量设定完成后，未消除的残余板形偏差由工作辊分段冷却消除，如图 7-2 所示为基于调控功效系数的板形闭环反馈控制系统原理图。

7.3 基于数据驱动的板形调控功效计算

7.3.1 主成分分析算法的数学模型

由多个指标变量降为少数几个综合指标变量的过程在数学上称为降维。PCA 算法是一种多变量统计方法，它是最常用的降低数据维度的方法之一[9-10]，其基本理论为以最大方差准则为基础进行正交线性变换，将高维数据中可能具有相关性的变量转换为一组线性不相关的变量，转换后的变量被称为主成分。从几何观点来看，PCA 是通过对原坐标轴的一个坐标旋转，从而得到相互正交的坐标轴，使得该坐标轴方向成为所有数据点分散最开的方向，并依据得到的特征值的大小来对这些新的坐标轴进行排列。在复杂实际问题的研究中，PCA 算法只需考虑几个累计贡献率达到一定程度的主成分来解释数据中的主要信息，

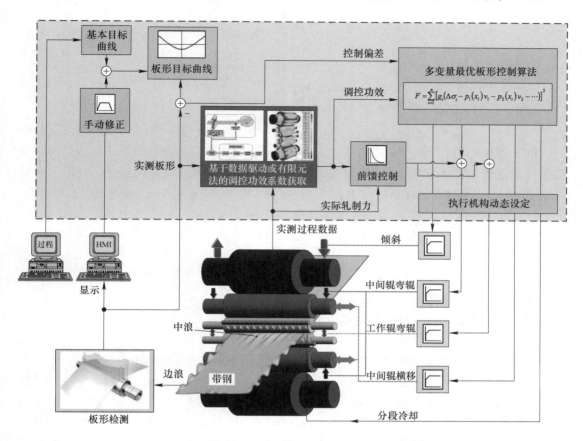

图 7-2 基于调控功效系数的板形闭环反馈控制系统原理图

从而更容易揭示事物内部变量之间的关系和规律性。通过 PCA 算法尽可能地保留原始数据中的主要信息，实现数据的降维，简化分析的问题，在复杂问题的研究中能够准确地分析对象中的主要矛盾[11]。

在冷连轧带钢板形控制过程中，由于仪表测量的滞后和误差，在数据矩阵中会产生大量的噪声。PCA 算法能够有效地保留数据中的主要信息，消除数据中的噪声干扰，实现对数据的准确分析，从而建立更可靠的回归模型。

冷连轧板形控制过程中，假定板形控制数据中有 p 个自变量的工艺参数变量，q 个因变量的控制结果变量，经过 n 次仪表测量记录，得到 $n \times p$ 阶的自变量采样数据矩阵 $\boldsymbol{X}$ 以及 $n \times q$ 阶的因变量采样数据矩阵 $\boldsymbol{Y}$：

$$\mathop{\boldsymbol{X}}_{n \times p} = \begin{bmatrix} x_{11} & x_{12} & \cdots & x_{1p} \\ x_{21} & x_{22} & \cdots & x_{2p} \\ \vdots & \vdots & \ddots & \vdots \\ x_{n1} & x_{n2} & \cdots & x_{np} \end{bmatrix} = \begin{bmatrix} \boldsymbol{x}_1, & \boldsymbol{x}_2, & \cdots, & \boldsymbol{x}_p \end{bmatrix} \tag{7-6}$$

其中，x_i 为 $\boldsymbol{X}$ 的第 i 个变量：

$$\boldsymbol{x}_i = (x_{1i}, \ x_{2i}, \ \cdots, \ x_{ni})^{\mathrm{T}}, \ i = 1, \ 2, \ \cdots, \ p \tag{7-7}$$

$$Y_{n \times q} = \begin{bmatrix} y_{11} & y_{12} & \cdots & y_{1q} \\ y_{21} & y_{22} & \cdots & y_{2q} \\ \vdots & \vdots & \ddots & \vdots \\ y_{n1} & y_{n2} & \cdots & y_{nq} \end{bmatrix} = \begin{bmatrix} y_1, & y_2, & \cdots, & y_q \end{bmatrix} \tag{7-8}$$

其中，y_i 为 Y 的第 j 个变量：

$$y_j = (y_{1j}, \ y_{2j}, \ \cdots, \ y_{nj})^{\mathrm{T}}, \ j = 1, \ 2, \ \cdots, \ q \tag{7-9}$$

PCA 算法利用 p 个自变量进行线性组合，构造出最大限度地保留原始变量信息的综合性指标也就是主成分，并保证主成分之间相互独立。PCA 算法的通常做法是，寻求原自变量 $x_1, \ x_2, \ \cdots, \ x_p$ 的线性组合 $t_1, \ t_2, \ \cdots, \ t_m (m < A, \ A = \mathrm{Rank}(X))$，即主成分，使得：

$$t_1 = l_{11}x_1 + l_{21}x_2 + \cdots + l_{p1}x_p$$
$$t_2 = l_{12}x_1 + l_{22}x_2 + \cdots + l_{p2}x_p$$
$$\vdots \tag{7-10}$$
$$t_m = l_{1m}x_1 + l_{2m}x_2 + \cdots + l_{pm}x_p$$

并且满足以下条件：

（1）每个主成分的系数向量的模为 1：

$$\| l_j \| = 1 \tag{7-11}$$

（2）各主成分之间相互独立，即无重叠的信息，各主成分之间的协方差为零：

$$c_{ij} = \mathrm{Cov}(t_i, \ t_j) = 0; \ i \neq j; \ i, \ j = 1, \ 2, \ \cdots, \ m \tag{7-12}$$

（3）各主成分的方差依次递减，重要性依次递减，即：

$$\mathrm{Var}(t_1) \geqslant \mathrm{Var}(t_2) \geqslant \cdots \geqslant \mathrm{Var}(t_m) \tag{7-13}$$

当选择适当数量的主成分时，可以最大限度地保留变量信息，将原始自变量聚类简化、高维数据压缩降维，并将大部分误差都排除到残差矩阵 E 中。

PCA 算法的关键是，寻找合适的单位系数向量组 $[l_1, \ l_2, \ \cdots, \ l_m]$，使得各主成分之间相互独立，且其方差依照大小排序。具体步骤如下[12]：

（1）数据标准化处理。为了消除数量级引起的数据差别，一般首先要对数据进行标准化处理，将样本数据中的自变量矩阵 X 转换为标准化矩阵 X_0：

$$X_0 = \begin{bmatrix} x_{11}^* & x_{21}^* & \cdots & x_{1p}^* \\ x_{12}^* & x_{22}^* & \cdots & x_{2p}^* \\ \vdots & \vdots & \ddots & \vdots \\ x_{n1}^* & x_{n2}^* & \cdots & x_{np}^* \end{bmatrix} \tag{7-14}$$

其中，矩阵中的每个元素由以下式子确定：

$$x_{ij}^* = \frac{x_{ij} - \bar{x}_j}{s_j} \tag{7-15}$$

式中，$i = 1, \ 2, \ \cdots, \ n$ 为测量样本数；j 为矩阵 X 中第 j 个自变量，$j = 1, \ 2, \ \cdots, \ p$；$x_{ij}$ 为第 i 个测量点中第 j 个变量的值；$\bar{x}_j$ 和 s_j 分别为原始自变量矩阵 X 的第 j 个变量的均值和标准差；x_{ij}^* 为标准化后的数据。

第 j 个变量的均值和标准差的计算公式如下：

$$\bar{x}_j = \frac{1}{n} \sum_{i=1}^{n} x_{ij} \tag{7-16}$$

$$s_j = \sqrt{\frac{1}{n-1} \sum_{i=1}^{n} (x_{ij} - \bar{x}_j)^2} \tag{7-17}$$

（2）求解协方差矩阵。经过标准化处理后的自变量矩阵 $\boldsymbol{X}_0$，通过计算其协方差矩阵，可看出各自变量间的相关性的强弱。其协方差矩阵表示为 $\boldsymbol{C} = (c_{ij})_{p \times p}$，求解公式为：

$$\boldsymbol{C} = \text{Cov}(x_i^*, x_j^*) = \frac{1}{n-1} \boldsymbol{X}_0^{\mathrm{T}} \boldsymbol{X}_0; \ i, j = 1, 2, \cdots, p \tag{7-18}$$

由于 $\boldsymbol{C}$ 为对称非负定矩阵，$c_{ij} = c_{ji}$，因此只需计算其上三角元素或下三角元素即可。

（3）计算协方差矩阵的特征值和特征向量。根据公式 $|\lambda \boldsymbol{I} - \boldsymbol{C}| = 0$ 求解协方差矩阵 $\boldsymbol{C}$ 的特征值 λ 以及特征值对应的特征向量 $\boldsymbol{l}_1, \boldsymbol{l}_2, \cdots, \boldsymbol{l}_m$，并将特征向量转化为单位向量 $\boldsymbol{l}_j = \boldsymbol{l}_j / \|\boldsymbol{l}_j\|$，$j = 1, 2, \cdots, m$。然后，将特征值由大到小排列，$\lambda_1 \geqslant \lambda_2 \geqslant \cdots \geqslant \lambda_m \geqslant 0$，特征值即为每个主成分的方差，特征值对应的特征向量即为该主成分的单位方向向量，即 $\boldsymbol{l}_j = (l_{1j}, l_{2j}, \cdots, l_{nj})^{\mathrm{T}}$ 为第 j 主成分的单位方向向量。由第一主方向向量组成新的指标变量，即第一主成分：

$$\boldsymbol{t}_1 = \boldsymbol{X}_0 \boldsymbol{l}_1 \tag{7-19}$$

（4）计算残差矩阵。将第一主成分提取之后，计算剩余偏差矩阵：

$$\boldsymbol{X}_1 = \boldsymbol{X}_0 - \boldsymbol{t}_1 \boldsymbol{l}_1^{\mathrm{T}} \tag{7-20}$$

（5）确定主成分个数。以 $\boldsymbol{X}_1$ 代替 $\boldsymbol{X}_0$，重复第（2）~第（4）步的操作，直到提取 $\boldsymbol{X}_0$ 的全部 m 个主成分：

$$\boldsymbol{X}_0 = \boldsymbol{t}_1 \boldsymbol{l}_1^{\mathrm{T}} + \boldsymbol{t}_2 \boldsymbol{l}_2^{\mathrm{T}} + \cdots + \boldsymbol{t}_m \boldsymbol{l}_m^{\mathrm{T}} \tag{7-21}$$

第 i 个主成分对应的特征值在相关系数矩阵的全部特征值之和中所占的比重越大，表明第 i 个主成分综合原始自变量信息的能力越强。设第 i 个主成分对应的特征值为 λ_i，则贡献率计算公式为：

$$a_i = \frac{\lambda_i}{\sum\limits_{i=1}^{m} \lambda_i} \tag{7-22}$$

前 k 个主成分的特征值之和在全部特征值总和中所占的比重越大，表明前 k 个主成分越能全面代表原始数据具有的信息，则累计贡献率计算公式为：

$$M_k = \frac{\sum\limits_{i=1}^{k} \lambda_i}{\sum\limits_{i=1}^{m} \lambda_i} \tag{7-23}$$

根据特征值计算累计贡献率，选出贡献率最高的 k 个主成分，使总累计贡献率接近于 1，一般取 85% 以上，从而将主成分的个数确定为 k。采用 k 个主成分近似得到的 $\hat{\boldsymbol{X}}_0$：

$$\begin{cases} \boldsymbol{X}_0 = \hat{\boldsymbol{X}}_0 + \boldsymbol{E} \\ \hat{\boldsymbol{X}}_0 = \boldsymbol{t}_1 \boldsymbol{l}_1^{\mathrm{T}} + \boldsymbol{t}_2 \boldsymbol{l}_2^{\mathrm{T}} + \cdots + \boldsymbol{t}_k \boldsymbol{l}_k^{\mathrm{T}} = \boldsymbol{T} \boldsymbol{L}^{\mathrm{T}} \end{cases} \tag{7-24}$$

式中，$\boldsymbol{E}$ 为误差矩阵；$\boldsymbol{T}$ 为得分矩阵；$\boldsymbol{L}$ 为负荷矩阵。

7.3.2 基于主成分分析法的最小二乘回归建模

采用 PCA 算法确定的自变量 X 的 k 个主成分,将 p 个自变量 x_i 转化为 k 个主成分 t_j,实现了对自变量数据的降维,然后对主成分 T 与因变量 Y 进行数据回归建模。主成分 T 是剔除了自变量 X 中的误差信息而重新组合的变量,与自变量 X 相比,它提高了数据的信噪比,改善了原始数据的抗干扰能力,更加准确地描述了自变量与因变量之间的线性关系。

主成分 T 与因变量 Y 之间的数据回归建模的具体步骤如下:

(1)根据 7.3.1 节给出的 PCA 算法,确定 k 个主成分的方向向量 l 后,得到主方向矩阵 L 和主成分矩阵 T:

$$L = \begin{bmatrix} l_1 & l_2 & \cdots & l_k \end{bmatrix}$$
$$T = \begin{bmatrix} t_1 & t_2 & \cdots & t_k \end{bmatrix} \tag{7-25}$$

(2)根据主成分矩阵 T,建立因变量 Y 关于主成分 T 的回归模型,回归系数 D_0 采用最小二乘估计:

$$Y_0 = TD_0 + C_0$$
$$D_0 = (T^TT)^{-1}T^TY_0 \tag{7-26}$$

式中,C_0 为回归残差矩阵。

(3)建立自变量矩阵 X_0 与因变量 Y_0 之间的回归模型,由于 T 可以由 $\hat{X}_0$ 表示:

$$T = \hat{X}_0 L \tag{7-27}$$

当不考虑在提取自变量矩阵 X_0 的主成分时,截掉后 $m - k$ 个主成分带来的残差时,$\hat{X}_0$ 即为 X_0,并将式(7-27)代入式(7-26)可得自变量矩阵 X_0 与因变量 Y_0 之间的回归方程:

$$Y_0 = X_0 B_0 + C_0$$
$$B_0 = L(T^TT)^{-1}T^TY_0 \tag{7-28}$$

式中,C_0 为回归残差矩阵。

当我们用回归模型用于预测时,不考虑回归残差 C_0 带来的影响,根据式(7-28)可以建立关于标准化因变量 Y_0 的回归预测模型:

$$\hat{Y}_0 = X_0 B_0 \tag{7-29}$$

其中,回归系数矩阵 B_0 为:

$$B_0 = L(T^TT)^{-1}T^TY_0 \tag{7-30}$$

(4)对 X_0 和 Y_0 进行反标准化计算,建立原始自变量 X 与因变量 Y 之间的回归预测模型:

$$\hat{Y} = XB \tag{7-31}$$

其中:

$$B = S_x^{-1}B_0S_y = S_x^{-1}L(T^TT)^{-1}T^TY_0S_y \tag{7-32}$$

式中,S_x 为原始自变量 X 每列 x_i 的标准差组成的对角矩阵,$S_x = \begin{bmatrix} s_{x_1} & & & \\ & s_{x_2} & & \\ & & \ddots & \\ & & & s_{x_p} \end{bmatrix}$,

s_{x_1}，s_{x_2}，$\cdots$，s_{x_p} 分别为原始自变量各列的标准差；$\boldsymbol{S}_y$ 为原始因变量 $\boldsymbol{Y}$ 每列 y_j 的标准差组成

的对角矩阵，$\boldsymbol{S}_y = \begin{bmatrix} s_{y_1} & & & \\ & s_{y_2} & & \\ & & \ddots & \\ & & & s_{y_q} \end{bmatrix}$，$s_{y_1}$，$s_{y_2}$，$\cdots$，$s_{y_q}$ 分别为原始因变量各列的标准。

最后，基于 PCA 算法的最小二乘回归建模流程图如图 7-3 所示。

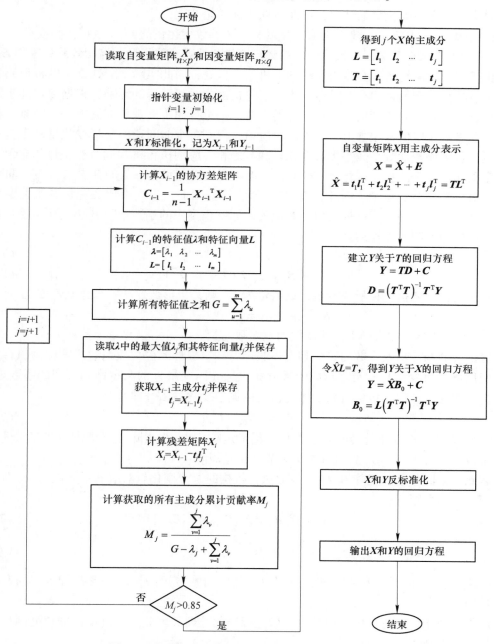

图 7-3　基于主成分分析的最小二乘回归算法流程图

7.3.3　主成分分析算法获取调控功效系数

根据带钢冷连轧现场的工业生产数据，通过 PCA 算法建立的数据回归模型可以分析不同板形调控手段对板形数据的影响规律，从而实现通过数据回归模型直接从板形工业数据中获取不同调控手段的调控功效系数。

基于 PCA 算法的数据回归模型获取板形调控功效系数的主要步骤包括：

（1）对现场工业数据的预处理，包括对数据进行时间同步处理、单位时间间隔内板形变化量和工艺参数变化量的计算，以及数据的标准化处理；

（2）基于 PCA 算法，建立板形变化量和工艺参数变化量的 PCA 数据回归模型；

（3）根据 PCA 数据回归模型中的系数矩阵 $\boldsymbol{B}$，计算获取板形调控功效系数矩阵 $\boldsymbol{E}$。

由于板形检测辊布置在冷连轧机的末机架出口处，因此实际工业数据中的板形测量数据与工艺参数设定值之间存在时滞。为了消除这部分时间延迟的影响，根据冷连轧生产线上的设备分布及轧制速度情况，对采样的工业数据进行同步处理。首先将每一时刻的板形值和工艺参数设定值都减去上一时刻的对应值，得到各个时间段的板形变化量和工艺参数变化量。板形调控功效系数是板形变化量和与之相对应的执行机构调节变化量的比值。这里假定采样数据中的板形变化量完全是由工艺参数变化量引起，并且工艺参数变化量中包括执行机构的调节变化量。因此，在 PCA 算法的基础上，建立板形变化量和工艺参数变化量的回归模型，并认为调控功效系数矩阵由回归模型中的系数矩阵 $\boldsymbol{B}$ 决定而不受残差项影响，即采用回归预测模型：

$$\hat{\boldsymbol{Y}} = \boldsymbol{X}\boldsymbol{B} \tag{7-33}$$

$$\boldsymbol{B} = \boldsymbol{S}_x^{-1}\boldsymbol{B}_0\boldsymbol{S}_y = \boldsymbol{S}_x^{-1}\boldsymbol{L}(\boldsymbol{T}^{\mathrm{T}}\boldsymbol{T})^{-1}\boldsymbol{T}^{\mathrm{T}}\boldsymbol{Y}_0\boldsymbol{S}_y \tag{7-34}$$

冷连轧机的末机架板形执行机构的数量为 p，则其板形调控功效系数矩阵 $\boldsymbol{E}$ 为：

$$\boldsymbol{E} = [\boldsymbol{e}_i],\ i = 1,\ 2,\ \cdots,\ p \tag{7-35}$$

式中，$\boldsymbol{e}_i$ 为第 i 个板形执行机构的调控功效系数向量。

根据板形调控功效系数的定义和上述假定可知，板形调控功效系数矩阵即为执行机构调节变化量（自变量）和与之对应的板形变化量（因变量）的数据回归模型的系数矩阵。在工艺参数变化量中，包含有板形执行机构的调节变化量 $\boldsymbol{U}$，即：

$$\boldsymbol{X}_0 = [\boldsymbol{X}_{01}\quad \boldsymbol{U}_0] \tag{7-36}$$

式中，$\boldsymbol{X}_0$ 为经过标准化处理的工艺参数变化量矩阵；$\boldsymbol{X}_{01}$ 为去除执行机构调节变化量后的工艺参数变化量矩阵；$\boldsymbol{U}_0$ 为执行机构调节变化量矩阵。

因此，在回归系数矩阵 $\boldsymbol{B}_0$ 中，板形执行机构的调节变化量对应的系数矩阵 $\boldsymbol{E}_0$ 即为板形调控功效系数矩阵：

$$\boldsymbol{Y}_0 = \boldsymbol{X}_0\boldsymbol{B}_0 = \boldsymbol{X}_{01}\boldsymbol{B}_{01} + \boldsymbol{U}_0\boldsymbol{E}_0 \tag{7-37}$$

$$\boldsymbol{B}_0 = \begin{bmatrix} \boldsymbol{B}_{01} \\ \boldsymbol{E}_0 \end{bmatrix} \tag{7-38}$$

式中，$\boldsymbol{B}_{01}$ 为 $\boldsymbol{X}_{01}$ 的回归系数矩阵；$\boldsymbol{E}_0$ 为 $\boldsymbol{U}_0$ 的回归系数矩阵，即板形执行机构的调控功效系数矩阵。

此外，由于建模过程中，原始数据做过标准化处理。因此，经过反标准化处理后的板形调控功效系数矩阵为：

$$E = S_u^{-1} E_0 S_y \tag{7-39}$$

式中，S_u 为板形执行机构调节变化量矩阵各列标准差组成的对角矩阵；S_y 为板形变化量矩阵各列标准差组成的对角矩阵。

7.3.4 偏最小二乘回归原理

偏最小二乘回归（PLS）算法是在主成分分析和多元线性回归思想的基础上发展起来的，由学者 S. Wold 和 C. Albano 于 1983 年首次提出，在化学统计学、生物学等学科得到了广泛的应用[13]。与 PCA 算法类似，其都有将高维数据中多个相关的变量分解为几个互相正交的独立分量的过程，但 PLS 算法考虑到样本数据中自变量和因变量之间的关系，在满足一定的条件下将所有自变量和因变量分解成互相正交的独立分量也就是主成分，在提取主成分时考虑到因变量与自变量之间的内在联系，使利用提取的主成分进行回归建模时更准确和稳定[14]。

PLS 回归研究的焦点是多因变量（包括单一因变量）对多自变量的回归建模，并且能够在样本数较少的情况下建立精度较高的数据回归预测模型。PLS 算法将多元线性分析、典型相关分析和主成分分析的基本功能集于一体，一方面通过数据分析寻找因变量和自变量之间的函数关系，建立模型进行预测，另一方面，通过数据分析简化数据结构，能够在自变量存在严重多重相关性的条件下建立回归模型[15]。

对于上文中提到的自变量数据矩阵 X 以及因变量数据矩阵 Y，PLS 算法分别在 X 和 Y 中提取主成分 t_1 和 u_1，t_1 是 x_1，x_2，$\cdots$，x_p 的线性组合，u_1 是 y_1，y_2，$\cdots$，y_q 的线性组合。在提取这对主成分时，为了回归建模的需要，必须同时满足以下两个要求：

（1）t_1 和 u_1 应尽可能包含各自数据集中的变异信息，也就是说 t_1 和 u_1 的方差要达到最大，即 $\mathrm{Var}(t_1) \to \max$，$\mathrm{Var}(u_1) \to \max$；

（2）t_1 和 u_1 之间的相关程度达到最大，即自变量的主成分 t_1 对因变量的主成分 u_1 具有最强的解释能力，相关系数达到最大，即 $r(t_1, u_1) \to \max$。

这两个要求表明，t_1 和 u_1 一方面能够最大限度地携带 X 和 Y 的信息，另一方面也保证了 t_1 对 u_1 具有最强的解释能力。在提取第 1 对主成分 t_1 和 u_1 之后，采用 PLS 算法分别实施 X 对 t_1 的回归，以及 Y 对 u_1 的回归：

$$\begin{cases} X = t_1 c_1^{\mathrm{T}} + X_1 \\ Y = u_1 d_1^{\mathrm{T}} + Y_1 \end{cases} \tag{7-40}$$

式中，c_1 和 d_1 为回归系数向量；X_1 和 Y_1 为回归后的残差信息。

如果回归模型已经达到满意的精度，则算法终止；否则将利用 X 被 t_1 解释后的残余信息，以及 Y 被 u_1 解释后的残余信息进行第 2 轮的成分提取，如此往复，直到达到一个较为满意的精度为止。若最终提取了 m 个成分 t_1，t_2，$\cdots$，t_m，PLS 回归将通过实施 y_k 对 m 个成分 t_1，t_2，$\cdots$，t_m 的回归，然后再表达成 y_k 关于原自变量 x_1，x_2，$\cdots$，x_p 的回归方程，$k = 1$，2，$\cdots$，q。

7.3.5 偏最小二乘回归建模

因变量数据矩阵 X 和自变量数据矩阵 Y 分别记：

$$\underset{n \times p}{X} = \begin{bmatrix} x_{11} & x_{12} & \cdots & x_{1p} \\ x_{21} & x_{22} & \cdots & x_{2p} \\ \vdots & \vdots & \ddots & \vdots \\ x_{n1} & x_{n2} & \cdots & x_{np} \end{bmatrix} = [\boldsymbol{x}_1, \ \boldsymbol{x}_2, \ \cdots, \ \boldsymbol{x}_p]$$

(7-41)

$$\underset{n \times q}{Y} = \begin{bmatrix} y_{11} & y_{12} & \cdots & y_{1q} \\ y_{21} & y_{22} & \cdots & y_{2q} \\ \vdots & \vdots & \ddots & \vdots \\ y_{n1} & y_{n2} & \cdots & y_{nq} \end{bmatrix} = [\boldsymbol{y}_1, \ \boldsymbol{y}_2, \ \cdots, \ \boldsymbol{y}_q]$$

PLS 回归建模的具体步骤如下[16]：

（1）为了公式表达的方便和减小运算误差，将 X 和 Y 进行标准化处理。

经过标准化处理后的自变量矩阵 X_0 和因变量矩阵 Y_0 分别为：

$$X_0 = \begin{bmatrix} x_{11}^* & x_{21}^* & \cdots & x_{1p}^* \\ x_{12}^* & x_{22}^* & \cdots & x_{2p}^* \\ \vdots & \vdots & \ddots & \vdots \\ x_{n1}^* & x_{n2}^* & \cdots & x_{np}^* \end{bmatrix}; \ Y_0 = \begin{bmatrix} y_{11}^* & y_{21}^* & \cdots & y_{q1}^* \\ y_{12}^* & y_{22}^* & \cdots & y_{q2}^* \\ \vdots & \vdots & \ddots & \vdots \\ y_{1n}^* & y_{2n}^* & \cdots & y_{qn}^* \end{bmatrix}$$

(7-42)

其中，矩阵中的每个元素由以下式子确定：

$$x_{ij}^* = \frac{x_{ij} - \bar{x}_j}{s_{xj}}, \ y_{ik}^* = \frac{y_{ik} - \bar{y}_k}{s_{yk}} (i = 1, \ 2, \ \cdots, \ n; \ j = 1, \ 2, \ \cdots, \ p; \ k = 1, \ 2, \ \cdots, \ q)$$

(7-43)

式中，$\bar{x}_j$ 和 s_{xj} 分别为原始自变量矩阵 X 的第 j 个变量的均值和标准差；$\bar{y}_k$ 和 s_{yk} 分别为原始因变量矩阵 Y 第 k 个变量的均值和标准差；x_{ij}^*，y_{ik}^* 为标准化后的数据。

第 j 个自变量和第 k 个因变量的均值和标准差的计算公式如下：

$$\bar{x}_j = \frac{1}{n} \sum_{i=1}^{n} x_{ij}; \ \bar{y}_k = \frac{1}{n} \sum_{i=1}^{n} y_{ik}$$

(7-44)

$$s_{xj} = \sqrt{\frac{1}{n-1} \sum_{i=1}^{n} (x_{ij} - \bar{x}_j)^2}; \ s_{yk} = \sqrt{\frac{1}{n-1} \sum_{i=1}^{n} (y_{ik} - \bar{y}_k)^2}$$

(7-45)

（2）提取 X_0 的第 1 个得分向量 $\boldsymbol{t}_1$。

X_0 和 Y_0 的第 1 个得分向量分别为 $\boldsymbol{t}_1 = X_0 \boldsymbol{w}_1$ 和 $\boldsymbol{u}_1 = Y_0 \boldsymbol{v}_1$，其中 $\boldsymbol{w}_1$ 是 X_0 的第一主方向向量，并且 $\|\boldsymbol{w}\| = 1$，$\boldsymbol{v}_1$ 是 Y_0 的第一主方向向量，并且 $\|\boldsymbol{v}\| = 1$，则：

$$\underset{n \times 1}{\boldsymbol{t}_1} = \underset{n \times p}{X_0} \underset{p \times 1}{\boldsymbol{w}_1} = \begin{bmatrix} x_{11}^* & x_{21}^* & \cdots & x_{1p}^* \\ x_{12}^* & x_{22}^* & \cdots & x_{2p}^* \\ \vdots & \vdots & \ddots & \vdots \\ x_{n1}^* & x_{n2}^* & \cdots & x_{np}^* \end{bmatrix} \begin{bmatrix} w_{11} \\ w_{21} \\ \vdots \\ w_{p1} \end{bmatrix} = \begin{bmatrix} t_{11} \\ t_{21} \\ \vdots \\ t_{n1} \end{bmatrix}$$

(7-46)

$$\underset{n \times 1}{\boldsymbol{u}_1} = \underset{n \times q}{Y_0} \underset{q \times 1}{\boldsymbol{v}_1} = \begin{bmatrix} y_{11}^* & y_{21}^* & \cdots & y_{q1}^* \\ y_{12}^* & y_{22}^* & \cdots & y_{q2}^* \\ \vdots & \vdots & \ddots & \vdots \\ y_{1n}^* & y_{2n}^* & \cdots & y_{qn}^* \end{bmatrix} \begin{bmatrix} v_{11} \\ v_{21} \\ \vdots \\ v_{q1} \end{bmatrix} = \begin{bmatrix} u_{11} \\ u_{21} \\ \vdots \\ u_{n1} \end{bmatrix}$$

(7-47)

根据上文描述提取第 1 对成分时的两个要求，第 1 对成分向量 t_1 和 u_1 的协方差 $\mathrm{Cov}(t_1, u_1)$ 必须达到最大值[17-18]，协方差 $\mathrm{Cov}(t_1, u_1)$ 可以用向量 t_1 和 u_1 的内积来计算。因此，以上两个要求可化为数学上的条件极值问题：

$$\begin{cases} \mathrm{Cov}(t_1, u_1) = <t_1, u_1> = <X_0 w_1, Y_0 v_1> = w_1^{\mathrm{T}} X_0^{\mathrm{T}} Y_0 v_1 \to \max \\ w_1^{\mathrm{T}} w_1 = \|w_1\|^2 = 1, \quad v_1^{\mathrm{T}} v_1 = \|v_1\|^2 = 1 \end{cases} \tag{7-48}$$

因此，问题转化为求单位向量 w_1 和 v_1 使得 $w_1^{\mathrm{T}} X_0^{\mathrm{T}} Y_0 v_1$ 达到最大，采用 Lagrange 乘数算法，记：

$$s = w_1^{\mathrm{T}} X_0^{\mathrm{T}} Y_0 v_1 - \lambda_1 (w_1^{\mathrm{T}} w_1 - 1) - \lambda_2 (v_1^{\mathrm{T}} v_1 - 1) \to \max \tag{7-49}$$

分别对 s 求解关于 w_1、v_1、λ_1 和 λ_2 的偏导数，并令其为零，即：

$$\begin{cases} \dfrac{\partial s}{\partial w_1} = X_0^{\mathrm{T}} Y_0 v_1 - 2\lambda_1 w_1 = 0 \\[2mm] \dfrac{\partial s}{\partial v_1} = Y_0^{\mathrm{T}} X_0 w_1 - 2\lambda_2 v_1 = 0 \\[2mm] \dfrac{\partial s}{\partial \lambda_1} = -(w_1^{\mathrm{T}} w_1 - 1) = 0 \\[2mm] \dfrac{\partial s}{\partial \lambda_2} = -(v_1^{\mathrm{T}} v_1 - 1) = 0 \end{cases} \tag{7-50}$$

通过推导最终可得：

$$\begin{cases} X_0^{\mathrm{T}} Y_0 Y_0^{\mathrm{T}} X_0 w_1 = \theta_1^2 w_1 \\ Y_0^{\mathrm{T}} X_0 X_0^{\mathrm{T}} Y_0 v_1 = \theta_1^2 v_1 \end{cases} \tag{7-51}$$

式中，$\theta_1 = 2\lambda_1 = 2\lambda_2 = w_1^{\mathrm{T}} X_0^{\mathrm{T}} Y_0 v_1$。

令 $M_1 = X^{\mathrm{T}} Y_0 Y_0^{\mathrm{T}} X_0$，$M_2 = Y_0^{\mathrm{T}} X_0 X_0^{\mathrm{T}} Y_0$，式（7-51）可以写成：

$$\begin{cases} M_1 w_1 = \theta_1^2 w_1 \\ M_2 v_1 = \theta_1^2 v_1 \end{cases} \tag{7-52}$$

可见 w_1 是矩阵 M_1 的特征向量，对应的特征值为 θ_1^2；v_1 是矩阵 M_2 的特征向量，对应的特征值为 θ_1^2。$\theta_1 = w_1^{\mathrm{T}} X_0^{\mathrm{T}} Y_0 v_1$ 为式（7-48）描述的条件极值问题的目标函数，它要求取最大值。所以，w_1 是对应于矩阵 M_1 最大特征值的单位特征向量，只需通过计算 $p \times p$ 阶矩阵 M_1 的最大特征值 θ_1^2 和对应的特征向量，就可以得到 w_1。

由上述分析可知，单位方向向量 w_1 和 v_1 是投影方差最大和两者相关性最大的权衡。这里以单因变量 $Y_{n \times 1}$ 为例，推导 X 的第一主轴单位方向向量 w_1 和第 1 个得分向量 t_1 为：

$$w_1 = \frac{X_0^{\mathrm{T}} Y_0}{\|X_0^{\mathrm{T}} Y_0\|} = \frac{1}{\sqrt{\sum\limits_{j=1}^{p} r^2(x_j^*, y)}} \begin{bmatrix} r(x_1^*, y^*) \\ r(x_2^*, y^*) \\ \vdots \\ r(x_p^*, y^*) \end{bmatrix} \tag{7-53}$$

$$t_1 = X_0 w_1 = \frac{1}{\sqrt{\sum\limits_{j=1}^{p} r^2(x_j^*, y^*)}} [r(x_1^*, y^*) X_{01} + r(x_2^*, y^*) X_{01} + \cdots + r(x_p^*, y^*) X_{0p}]$$

$$\tag{7-54}$$

式中，X_{0i} 为矩阵 X_0 的第 i 列，$X_{0i} = x_i^* (i = 1, 2, \cdots, p)$；$r(x_j^*, y)(j = 1, 2, \cdots, p)$ 为 x_j^* 与 y^* 的相关系数。因此，X_0 的第 1 个得分向量：

$$\underset{n \times 1}{t_1} = \underset{n \times p}{X_0} \underset{p \times 1}{w_1} \tag{7-55}$$

（3）提取 Y_0 的第 1 个得分向量 u_1。

根据 PLS 算法建立 X_0 对 t_1 的回归方程以及 Y_0 对 t_1 的回归模型为：

$$\begin{cases} X_0 = t_1 c_1^T + X_1 \\ Y_0 = t_1 r_1^T + Y_1 \end{cases} \tag{7-56}$$

式中，X_1 和 Y_1 分别为拟合残差；c_1 和 r_1 分别为 X_0 和 Y_0 的载荷向量，其中 c_1 不同于 w_1，但它们之间有一定联系，将在下文证明。

载荷向量 c_1 和 r_1 的最小二乘估计为：

$$\begin{cases} c_1 = [(t_1^T t_1)^{-1} t_1^T X_0]^T = \dfrac{X_0^T t_1}{t_1^T t_1} \\ r_1 = [(t_1^T t_1)^{-1} t_1^T Y_0]^T = \dfrac{Y_0^T t_1}{t_1^T t_1} \end{cases} \tag{7-57}$$

并且 w_1 与 c_1 之间有如下关系：

$$w_1^T c_1 = w_1^T \frac{X_0^T t_1}{t_1^T t_1} = \frac{t_1^T t_1}{t_1^T t_1} = 1 \tag{7-58}$$

实际上，在建立回归方程式（7-56）时，将 c_1 替换成 w_1 是完全满足等式要求和几何解释的，w_1 就是自变量矩阵 X_0 提出主成分 t_1 的方向向量。但这一步做的是 X_0 关于 t_1 的回归，因此系数 c_1 是最小二乘估计，一般与 t_1 不同。

然后，根据 Y_0 的负荷向量 r_1，求得 Y_0 的第 1 个得分向量 u_1：

$$u_1 = \frac{Y_0 r_1}{r_1^T r_1} \tag{7-59}$$

根据得分向量 u_1 建立 Y_0 的最小二乘回归模型：

$$Y_0^* = u_1 d_1^T + Y_1^*$$
$$d_1 = [(u_1^T u_1)^{-1} u_1^T Y_0]^T = \frac{Y_0^T u_1}{u_1^T u_1} \tag{7-60}$$

（4）用回归残差矩阵 X_1 和 Y_1 分别代替 X_0 和 Y_0 重复步骤（2）和步骤（3）。

用上述同样的方法得到 w_2，由于 X_1 不再是标准化矩阵，则：

$$w_2 = \frac{X_1^T Y_1}{\|X_1^T Y_1\|} = \frac{1}{\sqrt{\sum\limits_{j=1}^{p} \text{Cov}^2(X_{1j}, y)}} \begin{bmatrix} \text{Cov}(X_{11}, y) \\ \text{Cov}(X_{12}, y) \\ \vdots \\ \text{Cov}(X_{1p}, y) \end{bmatrix} \tag{7-61}$$

根据 w_2 得到 X_0 的第 2 个得分向量 t_2：

$$t_2 = X_1 w_2 \tag{7-62}$$

根据 t_2 计算第 2 组载荷向量 c_2 和 r_2 以及 Y 的第 2 个得分向量 u_2：

$$\begin{cases} c_2 = \dfrac{X_1^T t_2}{t_2^T t_2} \\[2mm] r_2 = \dfrac{Y_1^T t_2}{t_2^T t_2} \\[2mm] u_2 = \dfrac{Y_1 r_2}{r_2^T r_2} \\[2mm] d_2 = \dfrac{Y_0^T u_2}{u_2^T u_2} \end{cases} \tag{7-63}$$

其中，t_2 和 t_1 是正交的，也就是得分向量之间是正交的，但载荷向量 c_2 和 c_1 之间一般不会正交。这一步得到的回归方程为：

$$\begin{cases} X_0 = t_1 c_1^T + t_2 c_2^T + X_2 \\ Y_0 = t_1 r_1^T + t_2 r_2^T + Y_2 \\ Y_0^* = u_1 d_1^T + u_2 d_2^T + Y_2^* \end{cases} \tag{7-64}$$

依次类推，重复本步操作，进行迭代计算，求得 X_0 的 k 个得分向量 t_1，t_2，$\cdots$，t_k，以及 Y_0 的得分向量 u_1，u_2，$\cdots$，u_k。迭代计算的终止判断通常采用 k 折交叉验证法，即采用 k 折交叉验证法确定 PLS 回归中得分向量 t 的最优提取个数，使得回归模型的预测精度达到满意的程度，停止迭代。

（5）在得到 X_0 的 k 个得分向量后，建立 X_0 和 Y_0 的最小二乘回归模型。

$$\begin{cases} X_0 = t_1 c_1^T + t_2 c_2^T + \cdots + t_k c_k^T + X_k \\ Y_0 = u_1 d_1^T + u_2 d_2^T + \cdots + u_k d_k^T + Y_k \end{cases} \tag{7-65}$$

式中，X_k、Y_k 为回归残差矩阵。

此外，PCA 算法中载荷向量 l_i 之间相互正交，但 PLS 算法中的载荷向量 c_i 之间一般不是正交的，w_j 和 c_i 之间的关系为 $w_j^T c_j = 1(i=j)$，$w_i^T c_j = 0(i \neq j)$。式（7-65）可写成矩阵形式，并称为 PLS 算法的外部模型：

$$\begin{cases} X_0 = TC^T + X_k = \displaystyle\sum_{i=1}^{k} t_i c_i^T + X_k = \hat{X} + X_k \\ Y_0 = UD^T + Y_k = \displaystyle\sum_{j=1}^{k} u_j d_j^T + Y_k = \hat{Y} + Y_k \end{cases} \tag{7-66}$$

PLS 算法的内部模型为：

$$\begin{cases} u_i = \beta_i t_i + X_i \\ \hat{\beta}_i = u_i^T t_i / (t_i^T t_i) \end{cases} \tag{7-67}$$

（6）建立标准化因变量 Y 关于自变量 X 的回归模型。

根据式（7-66）和式（7-67）建立 Y_0 和 X_0 的回归模型：

$$Y_0 = B_0 X_0 + F_0 = \hat{Y}_0 + F_0 \tag{7-68}$$

其中，B_0 为回归系数矩阵：

$$B_0 = X_0^T U (T^T X_0 X_0^T U)^{-1} T^T Y_0 \tag{7-69}$$

（7）对 X_0 和 Y_0 进行反标准化处理，建立原始数据矩阵 X 和 Y 的回归方程。

采用 PLS 法，最终建立原始自变量矩阵 $\boldsymbol{X}$ 和因变量矩阵 $\boldsymbol{Y}$ 的回归模型：

$$\boldsymbol{Y} = \boldsymbol{BX} + \boldsymbol{F} = \hat{\boldsymbol{Y}} + \boldsymbol{F} \tag{7-70}$$

$$\boldsymbol{B} = \boldsymbol{S}_x^{-1} \boldsymbol{B}_0 \boldsymbol{S}_y \tag{7-71}$$

$$\boldsymbol{F} = \overline{\boldsymbol{x}} - \overline{\boldsymbol{y}} \boldsymbol{B} \tag{7-72}$$

式中，$\boldsymbol{F}$ 为回归残差；$\boldsymbol{S}_x$ 为原始自变量矩阵 $\boldsymbol{X}$ 每列 $\boldsymbol{x}_i$ 的标准差组成的对角矩阵，

$$\boldsymbol{S}_x = \begin{bmatrix} s_{x_1} & & & \\ & s_{x_2} & & \\ & & \ddots & \\ & & & s_{x_p} \end{bmatrix},\ s_{x_1},\ s_{x_2},\ \cdots,\ s_{x_p}\ 分别为原始自变量各列的标准差；\boldsymbol{S}_y\ 为原始因变$$

量矩阵 $\boldsymbol{Y}$ 每列 $\boldsymbol{y}_j$ 的标准差组成的对角矩阵，$\boldsymbol{S}_y = \begin{bmatrix} s_{y_1} & & & \\ & s_{y_2} & & \\ & & \ddots & \\ & & & s_{y_q} \end{bmatrix},\ s_{y_1},\ s_{y_2},\ \cdots,\ s_{y_q}$

分别为原始因变量各列的标准差；$\overline{\boldsymbol{x}}$ 和 $\overline{\boldsymbol{y}}$ 分别为原始矩阵 $\boldsymbol{X}$ 和 $\boldsymbol{Y}$ 各列均值组成的行向量，$\overline{\boldsymbol{x}}^{\mathrm{T}} = \begin{bmatrix} \overline{x}_1 & \overline{x}_2 & \cdots & \overline{x}_p \end{bmatrix}$ 和 $\overline{\boldsymbol{y}}^{\mathrm{T}} = \begin{bmatrix} \overline{y}_1 & \overline{y}_2 & \cdots & \overline{y}_q \end{bmatrix}$。

如图 7-4 所示，k 折交叉验证法（k-fold cross-validation）[19] 是将全部初始样本集 $\boldsymbol{S}$ 划分为 k 个子样本集，其中第 k 个子样本集被作为验证模型的测试集，余下的 $k-1$ 个子样本集作为训练集建立回归模型，然后将单独的第 i 个测试集代入回归方程，得到因变量 $\boldsymbol{Y}$ 在第 i 个测试集上的预测值 $\boldsymbol{Y}_1(m)$。第 1 轮验证时，回归模型中得分向量 $\boldsymbol{t}$ 的个数为 m，$\boldsymbol{Y}$ 的预测值为 $\hat{\boldsymbol{Y}}_1(m)$，然后每一轮测试都将得分向量的个数增加，当其个数增加到 h 个时，因变量 $\boldsymbol{Y}$ 的预测值为 $\hat{\boldsymbol{Y}}_{h-m+1}(h)$。此外，每轮测试都计算 1 次模型预测误差平方和 s [20]，

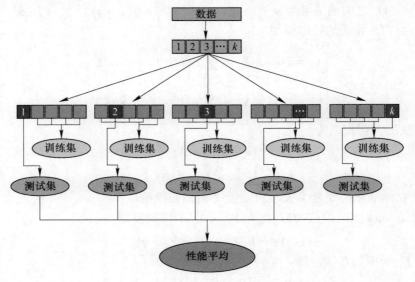

图 7-4 k 折交叉验证法示意图

并和上一次测试的结果作对比，即：

$$\begin{cases} s_{h-1} = \sum_{i=1}^{n} \sum_{j=1}^{q} \left[y_{ij} - \hat{y}_{ij}(h-1) \right]^2 \\ s_h = \sum_{i=1}^{n} \sum_{j=1}^{q} \left[y_{ij} - \hat{y}_{ij}(h) \right]^2 \\ Q_h = 1 - \dfrac{s_h}{s_{h-1}} \end{cases} \tag{7-73}$$

直到 $Q_h < 0.0975$ 时，认为增加得分向量 t 的个数对模型预测精度提高的贡献不明显，此时停止验证，对应的得分向量 t 的个数 h 为最优值。

7.3.6 正交信号校正法改进的偏最小二乘算法

正交信号校正（Orthogonal Signal Correction，OSC）是一种对数据的预处理方法，由 Wold 等于 1998 年提出[13]，最早应用在化学计量学领域，其目的是减小数据中潜在变量的个数和随机扰动，将自变量 X 中与因变量 Y 正交的信息去除[21]。在进行数据回归建模前，首先采用正交信号校正对数据进行预处理，然后再进行 PLS 回归，这种改进的 PLS 算法称之为正交信号校正法改进的偏最小二乘（OSC-PLS）算法。

在 PLS 算法中，第一个得分向量通常可以解释较高比例的自变量 X 的变化信息，但对因变量 Y 的变化信息的解释不足，因此需要提取更多的得分向量，以提高回归模型的精度和性能。造成这一问题的主要原因是自变量 X 中存在大量与 Y 无关的变化信息。为了解决这个问题，OSC-PLS 算法首先采用 OSC 方法对原始数据进行预处理，然后利用 PLS 算法根据处理后的数据建立回归预测模型。与单纯 PLS 算法相比，OSC-PLS 算法首先将自变量矩阵 X 中与因变量矩阵 Y 正交的部分滤除掉，即去掉 X 中与 Y 无相关性的信息[22-24]。将 OSC 与 PLS 算法相结合，可以减小自变量 X 中的无关扰动信息，提高 PLS 算法的效率和精度，使得回归模型更加简洁，容易解释。

使用 OSC 方法处理数据的主要步骤如下[25]：

（1）原始数据 X 和 Y 标准化处理；

（2）对 X 进行主成分分析，得到第一个得分向量 t，并作为正交成分得分向量的起始值；

（3）将 t 对 Y 实施正交化：$t_{new} = (I - Y(Y^T Y)^{-1} Y^T) t$；

（4）用 t_{new} 对 X 进行 PLS 回归，得到 X 与 t_{new} 间的回归系数向量 w；

（5）更新主成分 t，$t = Xw$，此时 t 不一定与 t_{new} 相等，因此 t 不一定与 Y 正交；

（6）重复第（3）~（5）步操作，直到 $\|t - t_{new}\| < 10^{-3}$ 停止；

（7）计算与 Y 正交的主成分 t 的负荷向量 $c = \dfrac{X_0^T t}{\|t\|^2}$；

（8）从 X 中减去正交成分，得到 OSC 成分数为 1 的自变量 $X_{OSC} = X - tc^T$，并保存得到的正交成分的回归系数向量 w 和负荷向量 c；

（9）用 X_{OSC} 代替 X 重复第（2）~（8）步操作，去除更多与 Y 正交的成分。

当自变量矩阵 X 完成 OSC 处理后，按照 7.3.5 节描述的 PLS 算法步骤建立因变量 Y 关于自变量 X 的回归模型，图 7-5 所示内容为基于 OSC-PLS 算法建立自变量与因变量回归

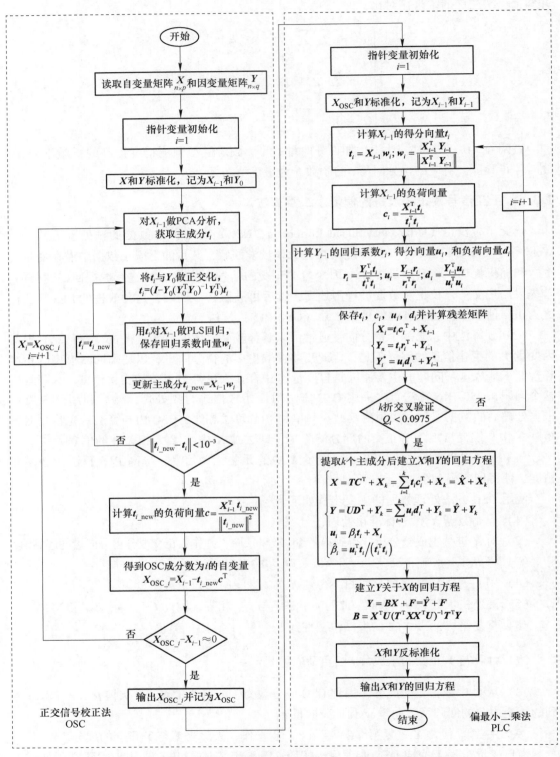

图 7-5　基于正交信号校正法改进的偏最小二乘回归建模流程图

模型的流程图。通常情况，OSC 成分数为 1 或 2 就可以获得满意的 X，这是因为当 OSC 成分数较大时，由于自变量和因变量之间已不存在正交部分，所以不再需要继续使用 OSC 方法来处理数据。

7.3.7 基于 OSC-PLS 算法获取调控功效系数

与 PCA 算法相比，PLS 算法不仅对自变量 X 提取主成分 T，而且也对因变量 Y 提取主成分 U，T 和 U 在包含尽可能多的各自数据集中的变异信息的同时，也使二者的相关程度达到最大。因此，采用 PLS 算法建立的回归模型具有更高的精度。此外，OSC 方法对原始自变量数据 X 进行预处理，可以将自变量矩阵 X 中与因变量矩阵 Y 不相关的信息滤除。因此，采用 OSC 与 PLS 回归相结合的算法，即 OSC-PLS 算法，可以减小自变量 X 中的扰动信息，提高回归模型的精度。

带钢冷连轧工业数据具有噪声大、变量耦合严重的特点。OSC-PLS 算法可以消除变量的干扰信息，在自变量数据存在多重相关性严重的情况下，建立高精度的回归模型。因此，本节通过 OSC-PLS 算法建立板形变化量 Y 关于工艺参数变化量 X 的回归模型，来获取板形执行机构的调控功效系数。

基于 OSC-PLS 算法建立回归模型，求解获取板形调控效率系数的主要步骤如下：

（1）对从生产现场采集的数据进行预处理，包括数据的时间同步处理，单位时间间隔内板形变化量和工艺参数变化量的计算，以及数据矩阵的标准化；

（2）采用 OSC 方法对数据进行预处理，滤除与板形变化量 Y 正交的信息；

（3）采用 PLC 算法，建立板形变化量 Y 关于工艺参数变化量 X 的回归预测模型；

（4）根据 PLS 回归模型中的系数矩阵 B，分析获取板形调控功效系数矩阵 E。

同样与 PCA 法类似，假定板形变化量完全由工艺参数变化量引起，采用 OSC-PLS 算法建立的回归预测模型为：

$$\hat{Y} = XB \tag{7-74}$$

$$B = X^{\mathrm{T}}U(T^{\mathrm{T}}XX^{\mathrm{T}}U)^{-1}T^{\mathrm{T}}Y \tag{7-75}$$

其中，系数矩阵 B 中与自变量 X 中的执行机构调节变化量对应的部分即为板形调控功效系数矩阵。

因此，与 7.3.1 节给出的 PCA 算法类似，按照工艺参数变化量和板形执行机构调节变化量对自变量矩阵进行分块处理：

$$X_0 = \begin{bmatrix} X_{01} & U_0 \end{bmatrix} \tag{7-76}$$

式中，X_0 为经过标准化处理的工艺参数变化量矩阵；X_{01} 为去除执行机构调节变化量后的工艺参数变化量矩阵；U_0 为执行机构调节变化量矩阵。

当所有数据经过标准化处理后，回归预测模型为：

$$\hat{Y} = X_0 B_0 = X_{01}B_{01} + U_0 E_0 \tag{7-77}$$

$$B_0 = \begin{bmatrix} B_{01} \\ E_0 \end{bmatrix} \tag{7-78}$$

式中，B_{01} 为 X_{01} 的回归系数矩阵；E_0 为 U_0 的回归系数矩阵，即板形执行机构的调控功效系数矩阵。

经过反标准化处理后的板形调控功效系数矩阵为：

$$E = S_u^{-1} E_0 S_y \tag{7-79}$$

式中，S_u 为板形执行机构调节变化量矩阵各列标准差组成的对角矩阵，S_y 为板形变化量矩阵各列标准差组成的对角矩阵。

7.4 板形调控功效系数计算结果分析

7.4.1 预测模型的性能评估指标

为了比较不同的回归模型的预测能力，需要对模型的泛化误差进行评估，然后在此基础上选择合适的算法，即机器学习中的"模型选择"。本章主要采用均方根误差、平均绝对误差和平均绝对百分比误差来评估模型的预测效果。

7.4.1.1 平均绝对百分比误差

平均绝对百分比误差（Mean Absolute Percentage Error，MAPE）是一个百分比值，即：

$$MAPE = \frac{1}{n} \sum_{i=1}^{n} |(y - \hat{y})/y| \tag{7-80}$$

式中，y 为样本点实测值；$\hat{y}$ 为样本点预测值；n 为测试集样本点个数。

MAPE 可以用来对不同模型同一组测试数据的评估，其值越小，模型的预测精度越高，泛化能力越强。

7.4.1.2 均方根误差

均方根误差（Root Mean Square Error，RMSE）是指参数预测值与测量值之差平方的期望值，均方根误差为均方误差的算术平方根，即：

$$RMSE = \sqrt{\frac{1}{n} \sum_{i=1}^{n} (y - \hat{y})^2} \tag{7-81}$$

式中，RMSE 表示均方根误差。

RMSE 可以评价数据的变化程度，其值越小，预测模型描述实验数据具有更高的精度。

7.4.1.3 平均绝对误差

平均绝对误差（Mean Absolute Error，MAE）是绝对误差的平均值，即：

$$MAE = \frac{1}{n} \sum_{i=1}^{n} |y - \hat{y}| \tag{7-82}$$

式中，MAE 表示平均绝对误差。

MAE 能更好地反映预测值误差的实际情况，其值越小说明预测模型拥有更好的精确度。

7.4.2 板形调控功效系数计算结果

以国内某 1450 mm 5 机架带钢冷连轧生产线为例，该生产线配置的机型为六辊 UCM

轧机，板形执行机构包括工作辊弯辊、中间辊弯辊、轧辊倾斜、中间辊横移以及工作辊分段冷却。本节主要以工作辊弯辊、中间辊弯辊和轧辊倾斜为研究对象，计算获取三者的调控功效系数。

首先，利用过程数据采集器（Process Data Acquisition，PDA）采集正常生产过程产生的板形工业数据，以 0.2 s 作为时间步长对连续数据进行离散处理，得到 1247 个样本数据点，用于计算获取板形执行机构的调控功效系数。样本数据中包含的变量主要有：沿带钢宽度方向分布的 16 个实测板形偏差、轧制速度、轧制力、工作辊弯辊力、中间辊弯辊力以及轧辊倾斜等，部分样本数据如表 7-1 所示。随后，将 1247 个样本数据点划分为两个部分，其中前 1035 个样本点作为训练集建立回归模型，后 239 个样本点作为测试集来评估模型的泛化能力和预测精度。利用训练集中的数据，分别采用 OSC-PLS 算法和 PCA 算法建立工艺参数变化量和板形变化量之间的回归模型，并根据上文描述的方法步骤，计算获取板形调控功效系数。此外，测试集数据也用于验证所获得的调控功效系数的准确性。

表 7-1　数据中的部分样本点

序号	轧制速度 v/m·s^{-1}	轧制力 p/kN	轧辊倾斜 RT/mm	工作辊弯辊力 WRB/kN	中间辊弯辊力 IRB/kN	板形值 I F_1/IU	…	板形值 XVI F_{16}/IU
1	4.90	7564.31	−0.416	854.69	1094.67	−2.35	…	−2.75
2	4.90	7565.33	−0.421	855.51	1098.18	−1.49	…	−3.19
3	4.90	7598.01	−0.422	855.19	1107.60	−0.50	…	−2.49
4	4.90	7580.75	−0.426	853.85	1110.70	−0.45	…	−4.94
5	4.90	7586.18	−0.425	855.87	1118.14	1.28	…	−2.65
6	4.90	7553.43	−0.424	854.66	1124.74	−0.75	…	−2.76
7	4.90	7552.15	−0.423	850.89	1131.13	2.46	…	−3.56
8	4.90	7521.36	−0.422	846.17	1136.02	0.92	…	−3.57
⋮	⋮	⋮	⋮	⋮	⋮	⋮	⋮	⋮
1247	4.90	7298.07	−0.391	660.45	1778.07	5.20	…	0.07

根据训练集数据分别采用 PCA 和 OSC-PLS 算法建立工艺参数变化量和板形值变化量的回归预测模型，其中 OSC-PLS 回归模型中 OSC 最优成分数为 1，PLS 最优主成分数为 3，PCA 回归模型中最优主成分数为 4。然后将回归模型中的系数矩阵按照与自变量工艺参数矩阵中执行机构调节变化量相对应进行分块，并从分块系数矩阵中获取各板形执行机构的调控功效系数，并与经验法获得的结果进行对比，如图 7-6 所示。

7.4.3　板形调控功效系数精度的验证

根据调控功效系数与测试集数据中板形执行机构调节变化量来计算测试集样本点板形变化量，并将板形计算结果与实际板形变化量进行比较，得到板形计算误差，并以此来验

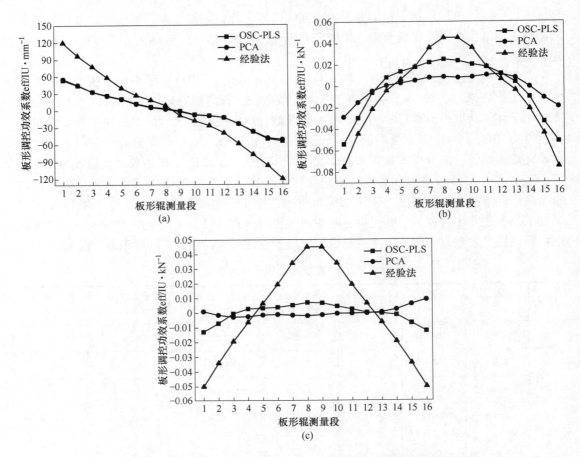

图 7-6 根据 PCA、OSC-PLS 以及经验法获取的板形调控功效系数曲线

(a) 轧辊横移；(b) 工作辊弯辊；(c) 中间辊弯辊

证基于不同算法获取的调控功效系数的准确性。由于测试集的样本数据全都采集于稳定轧制阶段的工业生产数据，且板形的变化主要由板形执行机构引起，因此板形计算误差可以反映调控功效系数是否准确地描述了执行机构对板形的影响规律。

图 7-7 为根据 3 种不同调控功效系数计算出来的板形变化量与实测变化量之间的误差云图。对比结果可知，经验法对应的板形计算误差最大，且变化范围也很大，PCA 算法次之，基于 OSC-PLS 算法获取的调控功效系数计算出的板形误差变化范围很小，且最大值远小于 PCA 算法和经验法。因此，对于 OSC-PLS、PCA 和经验法 3 种方法而言，通过 OSC-PLS 算法获取的调控功效系数更能准确描述实际数据中板形变化量与执行机构调节变化量的比例关系。基于 OSC-PLC、PCA 和经验法计算的板形变化量的 RMSE 值和 MAE 值对比如图 7-8 所示，采用 OSC-PLS 算法得到的调控功效系数计算的板形变化量的 RMSE 值为 1.68 IU，MAE 值为 1.41 IU；PCA 算法对应的 RMSE 值为 3.02 IU，MAE 值为 2.56 IU；经验法对应的 RMSE 值和 MAE 值则分别为 5.83 IU 和 5.02 IU。

从对比结果可知，基于 OSC-PLS 算法获得的回归模型的系数矩阵更为精确地描述了板形变化量与执行机构调节变化量之间的关系，因此，基于 OSC-PLS 算法获取的板形调控功

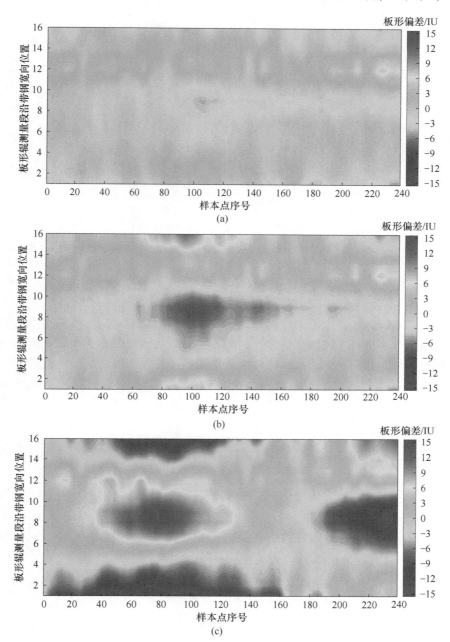

图 7-7 基于不同算法获取的调控功效系数对应的板形计算误差

（a）正交信号校正法改进的偏最小二乘算法；（b）主成分分析算法；（c）经验法

（扫描书前二维码看彩图）

效系数矩阵更准确。虽然 PCA 和 OSC-PLS 算法都采用数据驱动的方法来获得调控功效系数，但是 PCA 方法缺乏对噪声数据的处理能力，而 OSC-PLS 方法由于对数据进行了预处理，因此对采样数据的噪声不敏感，且 PLS 算法本身能够在自变量存在严重多重相关性情况，建立精确的回归模型。因此，基于 OSC-PLS 算法得到的板形调控功效系数更精确。

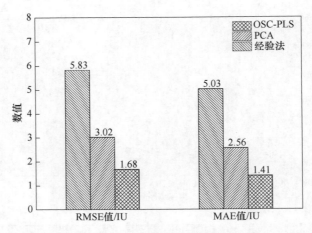

图 7-8 基于不同算法的板形变化量的 MAE 和 RMSE 值

7.4.4 板形调控功效系数应用测试实验

为测试通过不同方法获取的调控功效系数投入板形控制系统后，执行机构消除板形缺陷的控制效果，分别进行 3 次板形偏差控制仿真实验。具体实现方法如下：给定带钢一个初始板形偏差曲线，如图 7-9 所示。针对该板形偏差情况，以 0.2 s 为单位时间步长，模拟计算 OSC-PLS 法、PCA 法和经验法获取的调控功效系数分别投入系统后，控制系统 150 个单位时间步长的闭环控制效果。此外，闭环控制过程中板形执行机构的调节变化量为基于多变量最优控制算法计算获得。

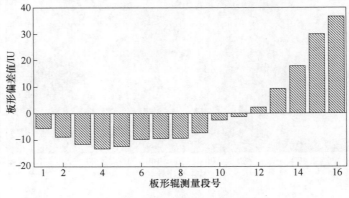

图 7-9 给定的初始板形偏差曲线

考虑机械设备安全强度的工程允许范围，工作辊弯辊力调整量的上下限分别设定为 1840 kN 和 -840 kN，中间辊弯辊力调整量的上下限分别设定为 2200 kN 和 0。并且，在板形控制系统中，工作辊弯辊的优先级高于中间辊弯辊。此外，为防止超调，在每个单位控制时间内，工作辊弯辊力和中间辊弯辊力调整量不超过 50 kN，轧辊倾斜的调整量不超过 0.05 mm。

图 7-10 描述的内容为闭环控制系统分别投入 3 种不同调控功效系数后，带钢板形偏差

随调整次数而变化的云图。通过对控制结果的分析可知，对于给定的初始板形偏差信号，在调控次数增加到 7 次时，使用 3 种调控功效系数的闭环控制均可以显著地减小形状偏差。另一方面，用经验法获取的调控功效系数投入后，在调节过程结束时带钢仍然存在显著的残余板形偏差，如图 7-10（c）所示。基于 PCA 算法的调控功效系数投入后，尽管在

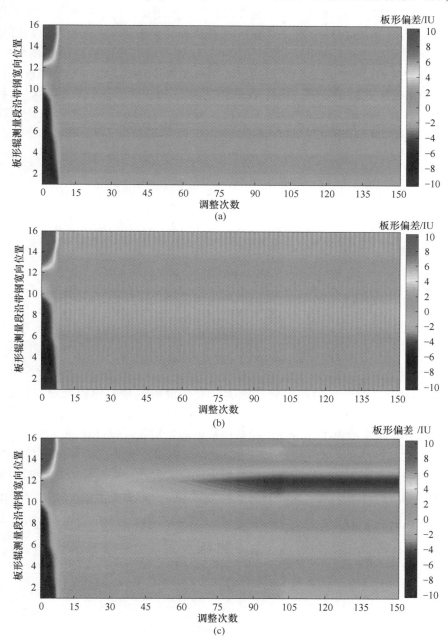

图 7-10　不同板形调控功效系数对应的闭环控制效果

（a）正交信号校正法改进的偏最小二乘算法；（b）主成分分析算法；（c）经验法

（扫描书前二维码看彩图）

调整过程中带钢板形偏差值逐渐减小，但最终的带钢中仍存在较大的残余板形偏差，如图 7-10（b）所示。而 OSC-PLS 方法获得的调控功效系数投入后，带钢板形偏差随调整次数的增加而迅速减小，并迅速收敛到一个很小的范围内，如图 7-10（a）所示。

图 7-11 为闭环控制过程中带钢板形标准差的变化情况。如图 7-11 所示，基于 OSC-PLS 算法获取的调控功效系数投入后，随着调整次数的增加，板形标准差迅速下降，并且迅速收敛到 0.26 IU 附近保持不变。采用 PCA 算法和经验法获取的调控功效系数分别投入后，板形标准差首先也会迅速下降，但与 PCA 算法相对应的板形偏差最终在 0.8 IU 附近震荡，而与经验法相对应的板形偏差随后出现反向增加并最终收敛到 2 IU 附近，且收敛的调整次数要更多。上述结果表明，虽然采用 PCA 算法和经验方法获取调控功效系数是可行的，但由于其误差较大，将调控功效系数投入板形控制系统后，由控制算法计算出的执行机构调节量将使得板形控制产生较大偏差。

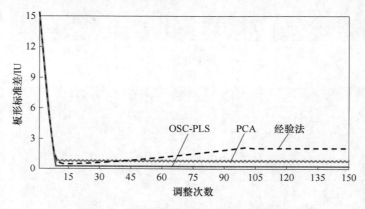

图 7-11　闭环控制过程板形标准差的变化

图 7-12 为板形偏差调节过程中轧辊倾斜、工作辊弯辊和中间辊弯辊的调整变化量。可以观察到，OSC-PLS、PCA 和经验法对应的板形执行机构调整变化量在板形控制过程中存在着较大差异，这主要由于在最优控制算法根据调控功效系数计算调节量时，不同方法获得的调控功效系数存在误差导致的。采用 PCA 算法和经验法求得的调控功效系数误差较大，使得由控制算法计算的执行机构调整量出现较大偏差，并且执行机构调整量偏差会随着控制过程的进行逐渐积累，当调整量偏差足够大时，带钢板形标准差就可能在控制过

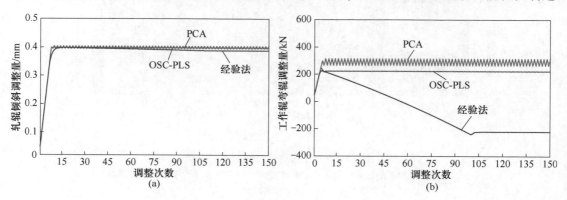

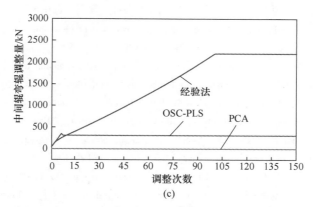

图 7-12　板形闭环控制过程中轧辊倾斜、工作辊弯辊和中间辊弯辊的调整变化量

(a) 轧辊倾斜；(b) 工作辊弯辊；(c) 中间辊弯辊

程中增大。通过以上分析可知，与 PCA 算法和经验法相比，OSC-PLS 算法建立的回归模型能够更准确地反映执行机构调整变化量与板形变化量之间的关系，从而使 OSC-PLS 算法计算获得的板形调控功效系数更准确可信。

参 考 文 献

[1] 王鹏飞，金树仁，徐浩，等. 冷轧带钢板形目标曲线设定模型研究与应用 [J]. 中国冶金，2022，32 (12)：57-65.

[2] 王国栋. 钢铁行业技术创新和发展方向 [J]. 钢铁，2015，50 (9)：1-10.

[3] 张殿华，孙杰，陈树宗，等. 高精度薄带材冷连轧过程智能优化控制 [J]. 钢铁研究学报，2019，31 (2)：180-189.

[4] 包仁人，张杰，李洪波，等. 基于"大数据"的冷轧板形分析与控制技术研究 [J]. 制造业自动化，2015，37 (6)：10-11，19.

[5] 张殿华，魏臻，王军生，等. 冷轧板形数字孪生模型与协调优化信息物理系统 [J]. 鞍钢技术，2023 (5)：1-11.

[6] 卜赫男，叶鹏飞，闫注文，等. PCA 降维技术在弯辊力预设定中的研究与应用 [J]. 矿冶工程，2020，40 (5)：104-108.

[7] 孙杰，单鹏飞，彭文，等. 基于数据降噪的冷轧板形调控功效系数获取 [J]. 钢铁，2021，56 (6)：67-74，119.

[8] 孙杰，陈树宗，王云龙，等. 冷连轧关键质量指标与轧制稳定性智能优化控制技术 [J]. 钢铁研究学报，2022，34 (12)：1387-1397.

[9] Jeng J C. Adaptive process monitoring using efficient recursive PCA and moving window PCA algorithms [J]. Journal of the Taiwan Institute of Chemical Engineers，2010，41 (4)：475-481.

[10] Li W H，Yue H H，Valle-Cervantes S，et al. Recursive PCA for adaptive process monitoring [J]. Journal of Process Control，2000，10 (5)：471-486.

[11] Gertler J，Cao J. PCA-based fault diagnosis in the presence of control and dynamics [J]. Aiche Journal，2004，50 (2)：388-402.

[12] Helland I S. On the structure of partial least squares regression [J]. Communications In Statistics-simulation and Computation，1988，17 (2)：581-607.

［13］张艳粉 . 基于偏最小二乘的 BP 网络模型及其应用［D］. 重庆：重庆大学，2007.

［14］Wold S, Sjostrom M, Eriksson L. PLS-regression：a basic tool of chemometrics［J］. Chemometrics and Intelligent Laboratory Systems, 2001, 58（2）：109-130.

［15］Zhu B, Chen Z S, He Y L, et al. A novel nonlinear functional expansion based PLS（FEPLS）and its soft sensor application［J］. Chemometrics and Intelligent Laboratory Systems, 2017, 161：108-117.

［16］Botre C, Mansouri M, Nounou M, et al. Kernel PLS-based GLRT method for fault detection of chemical processes［J］. Journal of Loss Prevention in the Process Industries, 2016, 43：212-224.

［17］Hulland J. Use of partial least squares（PLS）in strategic management research：A review of four recent studies［J］. Strategic Management Journal, 1999, 20（2）：195-204.

［18］Do Valle P O, Assaker G. Using partial least squares structural equation modeling in tourism research：A review of past research and recommendations for future applications［J］. Journal of Travel Research, 2016, 55（6）：695-708.

［19］毛李帆，江岳春，龙瑞华，等 . 基于偏最小二乘回归分析的中长期电力负荷预测［J］. 电网技术，2008, 32（19）：71-77.

［20］张岩 . 基于数据驱动的镀层厚度控制系统研究与应用［D］. 沈阳：东北大学，2012.

［21］Wold S, Antti H, Lindgren F, et al. Orthogonal signal correction of near-infrared spectra［J］. Chemometrics and Intelligent Laboratory Systems, 1998, 44（1/2）：175-185.

［22］任芊，解国玲，董守龙，等 . OSC-PLS 算法在近红外光谱定量分析中应用的研究［J］. 北京理工大学学报，2005, 25（3）：272-275.

［23］Yu H L, Macgregor J F. Post processing methods（PLS-CCA）：simple alternatives to preprocessing methods（OSC-PLS）［J］. Chemometrics and Intelligent Laboratory Systems, 2004, 73（2）：199-205.

［24］Coimbra M A, Barros A S, Coelho E, et al. Quantification of polymeric mannose in wine extracts by FT-IR spectroscopy and OSC-PLS1 regression［J］. Carbohydrate Polymers, 2005, 61（4）：434-440.

［25］Kim K, Lee J M, Lee I B. A novel multivariate regression approach based on kernel partial least squares with orthogonal signal correction［J］. Chemometrics and Intelligent Laboratory Systems, 2005, 79（1/2）：22-30.

8 冷轧机振动信号处理与预测建模

通过对国内典型冷轧机组的调查，发现在高速下轧制高强度薄规格带钢时，轧机往往出现严重的异常振动问题，导致实际最高轧制速度明显低于设计值，降低了产量[1-2]。为了确保轧制过程高速稳定运行，本章提出了一种基于振动传感器和实时轧制数据的数据驱动方法，用于振动预测。该方法实现了轧机高速稳定运行，确保了生产的安全性和产品质量。研究中建立了一种冷轧机振动监测与异常振动预警的方法，利用智能算法对振动进行预测，为基于数据驱动的冷连轧机振动研究提供了新思路。

8.1 轧机振动监测系统建立

8.1.1 轧机振动信号采集

经过长时间的研究，学者们认为冷轧机振动的自激振动是由辊缝位置的非正常周期性振荡所引起的[3-4]。在冷轧过程中，由于轧机在垂直方向上的振动更加明显，因此主要采集轧机垂直振动加速度信号进行分析。本章采用美国 CTC 公司的 AC104-1A 型振动传感器如图 8-1 所示，具体参数如表 8-1 所示。

图 8-1　AC104-1A 型振动传感器
（a）振动加速度传感器；（b）磁座

表 8-1　AC104-1A 型振动传感器参数

参数	精度/mV·g^{-1}	频率范围/Hz	有效量程/g	工作温度范围/℃
取值	100	0~10000	±50	−50~121

振动传感器靠近振源的辊缝，振动信号更强烈。但由于传感器尺寸，安装在辊缝可能导致与轴承座碰撞。为避免该问题，传感器通过磁座安装到工作辊轴承座的外端。轴承座外端温度为 70 ℃，传感器温度为 67 ℃，在正常工作温度范围内。为监测其他轧辊与机架的振动，对各轧辊与机架的振动状态进行了实时监测。轧机实时振动监控与收集系统的结构框图如图 8-2 所示。

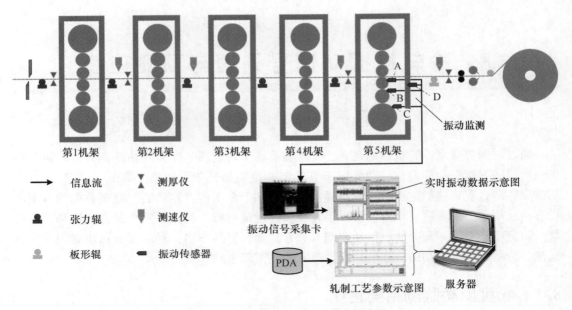

图 8-2 轧机振动数据采集系统收集框图

振动加速度传感器分别安装在 A、B、C、D 4 个不同的位置，如图 8-3 所示。其中位置 A 为下工作辊操作侧轴承座竖直方向；位置 B 为下中间辊操作侧轴承座竖直方向；位置 C 为下支撑辊操作侧轴承座竖直方向；位置 D 为操作侧机架牌坊侧面。

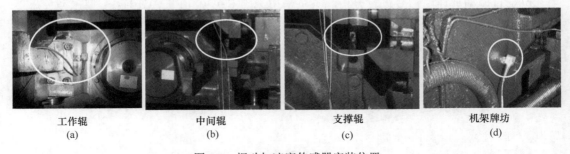

图 8-3 振动加速度传感器安装位置
(a) 位置 A；(b) 位置 B；(c) 位置 C；(d) 位置 D

8.1.2 轧制过程工艺参数采集

在轧制生产时，利用生产数据采集（Production Data Acquisition，PDA）系统采集与振动数据系统同一起始时刻下的轧制工艺参数，通过完成振动数据与轧制工艺参数的时刻匹配后，可以获得任意特定时刻的轧机运行工艺参数与实时振动数据。其中，第 5 机架前后带钢厚度可以通过在线的 X 射线测厚仪获取，压下率可以利用各机架入口与出口厚度数据计算获取，轧制速度可以利用现场的激光测速仪获取，各机架前后张力可以利用张力辊获取。带钢等效变形抗力与摩擦系数无法直接获取，可以根据计算公式确定。

同时考虑到轧制过程中的轧机弹塑性曲线，带钢等效变形抗力可以等效表示为：

$$\bar{k} = \frac{P}{2(h_{in} - h_{out})} \tag{8-1}$$

式中，P 为第 5 机架轧制力，kN；h_{in} 为第 4 机架出口测厚仪带钢测量厚度，mm；h_{out} 为第 5 机架出口测厚仪带钢测量厚度，mm。

变形区内摩擦系数与工作辊粗糙度、带钢轧制里程、乳化液浓度有关。因此使用工作辊粗糙度、带钢轧制里程、乳化液浓度来表征摩擦系数的大小，本章用到的摩擦系数计算模型见式（8-2）：

$$\mu = \left(\mu_0 + \mu_v \cdot e^{-\frac{v_r}{v_0}}\right) \cdot \left[1 + c_R \cdot (R_a - R_{a0})\right] \cdot \left(1 + \frac{c_W}{1 + \frac{L}{L_0}}\right) \tag{8-2}$$

式中，μ_0 为与润滑状态有关的摩擦系数参考常量；μ_v 为轧制速度对摩擦系数的影响参考常量；v_0 为轧制速度参考值，m/s；c_R 为轧辊表面粗糙度对摩擦系数的影响参考常量；R_a 为工作辊表面实际粗糙度，μm；R_{a0} 为工作辊表面粗糙度参考量，μm；c_W 为在一个换辊周期内工作辊累积轧制带钢长度对摩擦系数的影响参考常量；L 为在一个换辊周期内工作辊累积轧制带钢长度，km；L_0 为在一个换辊周期内工作辊累积轧制带钢长度参考量，km。

表 8-2 描述了本章所使用的摩擦系数模型中使用的各项参考常量的取值。

表 8-2　摩擦系数模型参考常量

参数	μ_0	μ_v	$v_0/\text{m} \cdot \text{s}^{-1}$	$R_0/\mu\text{m}$	$R_{a0}/\mu\text{m}$	c_R	c_W	L/km	L_0/km
取值	0.02	0.02	3	0.49	0.50	0.1×10^{-6}	0.1	10	1

选取工艺参数中轧制速度、前张力、后张力、轧制力、机架入口厚度等轧制生产过程中的实时数据作为模型的输入输出特征，见表 8-3。

表 8-3　与轧机振动相关的工艺参数

变量	参数	单位	数据来源
v1	轧制速度	m/s	实测值（激光测速仪）
v2	带钢等效变形抗力	kN/mm	计算值（AGC 系统）
v3	工作辊累积轧制带钢里程	km	计算值（AGC 系统）
v4, v5	带钢入口厚度，带钢出口厚度	mm	实测值（X 射线测厚仪）
v6	轧制力	kN	计算值（AGC 系统）
v7, v8	前张力，后张力	kN	实测值（张力辊）
v9	工作辊原始半径	mm	实测值（轧辊磨床）
v10	工作辊粗糙度	μm	实测值（轧辊磨床）
v11	乳化液浓度	%	实测值（手动测量）
v12	带钢宽度	mm	实测值（测宽仪）
v13	原料热轧带钢厚度	mm	实测值（X 射线测厚仪）
v14	总压下率	%	计算值（AGC 系统）
v15	工作辊轴承座振动幅值	g	实测值（振动加速度传感器）

研究中所测量的带钢参数见表 8-4。

表 8-4 实验带钢数据参数

钢种	入口厚度/mm	带钢宽度/mm	总压下率/%
SPCC	1.8~3	843~1229	83~90
MRT-2.5	2.3~2.5	860~930	88~90
MRT-3	1.8~2.5	845~1010	87~90
MRT-4	1.8~3	811~866	88
MRT-5	2~2.75	868~935	88

8.1.3 振动监测系统验证

在稳定轧制阶段，轧制速度对不同测点处振动加速度幅值的影响如图 8-4 所示。随着速度增加，振动加速度幅值增大。轧机振动随轧制参数变化。位置 D 对速度变化不敏感，轧辊轴承座上的 A、B、C 测点对速度更敏感，其中 A 点对振动最敏感。因此，本章使用 A 点数据表征轧机在不同轧制参数下的振动情况。

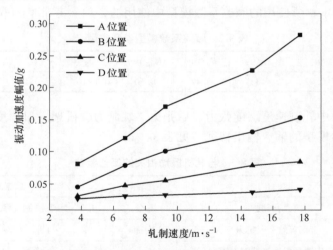

图 8-4 轧制速度对不同位置处振动加速度幅值的影响

图 8-5 显示了当轧机发生异常振动时位置 A 处的传感器（工作辊操作侧轴承座处）所记录的轧机实时振动历史曲线与相关的轧制工艺参数历史记录。根据图 8-5 中的内容发现，当轧制速度为 1130 m/min 时，轧机在第 5 s 的时候出现了异常自激振动的现象，第 5 机架轧制力与前张力逐渐由稳定状态过渡到开始发散的趋势。在第 7.3 s 时，轧机开始降速，此时轧制力与前张力在 5~8 s 的时间内曲线幅值达到最大值。在第 10 s 时，停止降速，轧制速度维持在 1060 m/min，在 8~10 s 内轧制力与前张力的曲线幅值不断减小，并在第 12 s 后重新处于稳定状态。通过图 8-5（d）中的轧机振动历史记录发现，轧机的振动加速度幅值在 4~8.2 s 出现了比较明显的异常增大的现象。在 8.2~12 s 振动加速度幅值随着轧制速度的降低开始不断减小，最终在 12 s 后恢复到发生振动前的稳定轧制状态。

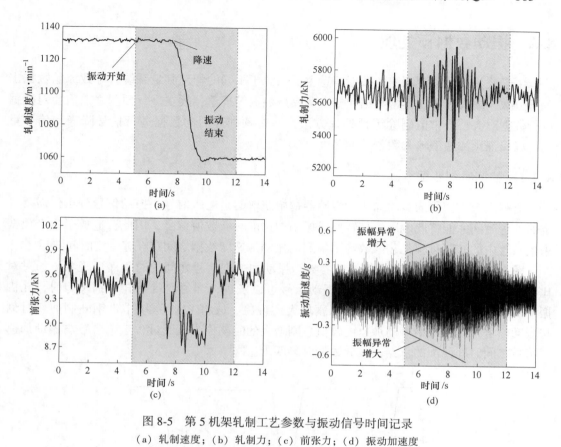

图 8-5 第 5 机架轧制工艺参数与振动信号时间记录
（a）轧制速度；（b）轧制力；（c）前张力；（d）振动加速度

　　从图 8-5 可以看出，当轧机发生异常自激振动时，工作辊轴承座处测得的振动加速度幅值会出现明显的异常增大现象。故所提出的振动监测方法可以有效感知出在轧制过程中轧机出现的三倍频自激振动问题。

　　因此，通过收集轧机在不同轧制工艺下轧机的振动情况，利用智能算法对轧机振动幅值进行预测，根据预测值设定振动加速度幅值报警阈值，对比振动幅值与预测值之间的差异，当实测的振动幅值超过其报警阈值时，为轧机的异常振动提供早期的预警，如图 8-6 所示。

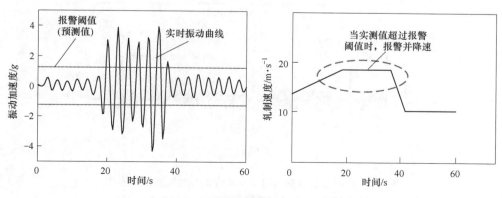

图 8-6 轧机异常振动报警原理

8.2 振动数据预处理

由于轧机实时监测系统的数据信息主要来源于不同的物理测量系统，导致原始数据出现部分数据缺失、存在异常数据和较大的噪声数据等现象，故在进行预测之前需要对数据进行数据对齐、异常值剔除等预处理方法，并对预处理后的数据进行信号降噪和信号重构，以保证预测模型输入数据的准确性。

8.2.1 数据时刻匹配

监测系统中使用的振动加速度传感器初始获取的是电压信号，振动信号分析仪需要一定的处理时间才能将此电压信号转换成振动加速度时域数值信号，因此，造成了生产数据采集系统中的轧制过程工艺参数与采集到的振动加速度数据之间存在着一定时间滞后[5]。

图 8-7 显示了轧制过程数据工艺参数与振动加速度信号之间的时间滞后现象。通过对比 PDA 系统的飞剪信号和采集到的振动信号可以发现，当每卷带钢轧制到飞剪时，轧机振动加速度信号会呈现非常明显的急剧增大的现象。故将 PDA 系统中带钢轧制剪切时刻与振动信号采集系统中振动加速度幅值急剧增大的时刻作为轧制过程工艺参数与振动加速度信号之间时间匹配的依据，完成数据时刻匹配。

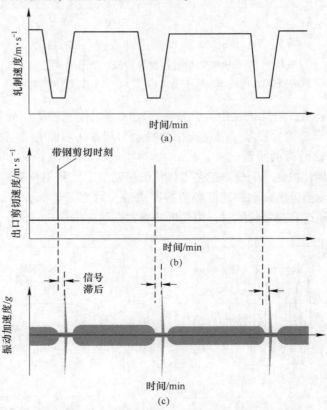

图 8-7 轧制过程数据与振动加速度信号时间滞后示意图

（a）轧制速度；（b）出口带钢剪切速度；（c）振动加速度

8.2.2 异常值剔除

在实际的冷轧生产过程中，由于振动加速度传感器与磁座之间可能会出现松动，最终导致部分类型的信号出现关键数据异常的情况。本章采用拉依达准则剔除振动数据中的异常值，Pauta 准则公式如下：

$$|y_i - \bar{y}| > 3\sigma_y \tag{8-3}$$

$$\sigma_y = \sqrt{\frac{\sum (y_i - \bar{y})^2}{n}} \tag{8-4}$$

式中，y_i 为特定轧制条件下原始振动加速度数值；$\bar{y}$ 为特定轧制条件下振动加速度平均值；σ_y 为特定轧制条件下振动加速度信号的标准差；i 为样本序号。

8.2.3 Z-score 标准化

通过分析轧机实时振动监测系统收集到振动数据与工艺参数数据发现，不同类型的参数之间数据的量纲与单位均不一致，可能导致智能算法模型在进行损失函数的更新过程中出现梯度消失或者梯度爆炸的问题，因此在进行算法训练前需要对原始数据进行标准化处理。本节使用 Z-score 标准化对原始数据进行处理。

数据 Z-score 标准化也称为标准差标准化，是指将原始数据按照一定比例进行缩放，并使经过处理的数据的均值为 0，标准差为 1。其转换方法如下所示：

$$x_i = \frac{x_{ii} - \mu_x}{\sigma_x}, \quad i = 1, 2, \cdots, n \tag{8-5}$$

式中，x_{ii} 为原始样本数据；x_i 为标准化转换后的新样本数据；μ_x 为任意变量所对应的样本数据的均值；σ_x 为任意变量所对应的样本数据的标准差。

8.3 轧机振动异常信号降噪处理

8.3.1 经验模态分解原理

EMD 分解是由黄锷在 1998 年提出的一种针对非线性、非平稳信号的自适应信号分解方法[6]。假设所有信号都可以表示为若干个 IMF 信号的集合，利用三次样条函数得到原始信号极大值包络线 $e_+(t)$ 与极小值包络线 $e_-(t)$，上下极大值包络线的均值作为对应信号的均值包络线 $m_i^j(t)$，如下所示：

$$m_i^j(t) = \frac{e_+(t) + e_-(t)}{2} \tag{8-6}$$

式中，$e_+(t)$ 为极大值点组成的上包络线；$e_-(t)$ 为极小值点组成的下包络线；i 为第 i 个本征模态函数；j 为第 j 个迭代步。

从原始信号中去掉由上下包络线构成的平均值函数 $m_i^j(t)$，从而得到去除低频信号后的新信号如下所示：

$$h_i^j(t) = f(t) - m_i^j(t) \tag{8-7}$$

式中，$f(t)$ 为分解前的原始信号。

EMD 分解后的本征模态函数需要满足以下两个条件：（1）分解信号中极值点和过零点个数的差值不大于 1；（2）分解后信号的任一点处上下包络均值为 0。当 $h_i^j(t)$ 信号不满足上述本征模态函数信号的必要条件时，将 $h_i^j(t)$ 信号视为原始信号继续重复上述步骤求得下一个迭代步获得的 $h_i^{j+1}(t)$。此过程中信号 $h_i^j(t)$ 与 $h_i^{j+1}(t)$ 之间需要满足如下条件：

$$SD = \frac{\sum \left[h_i^{j+1}(t) - h_i^j(t) \right]^2}{\sum \left[h_i^{j+1}(t) \right]^2} \leqslant \Delta \tag{8-8}$$

式中，Δ 为信号分解阈值。

假设第 j 次迭代后 $h_i^j(t)$ 信号满足条件，则原始信号的第 i 个 IMF 分量为：

$$IMF_i(t) = h_i^j(t) \tag{8-9}$$

分解出第 i 个 IMF 分量后，将原信号中去除高频成分构成一个新的信号 $r_i(t)$，残余分量信号的表达式为：

$$r_i(t) = f(t) - \sum_i IMF_i(t) \tag{8-10}$$

将分解出第 i 个 IMF 分量后的残余分量信号 $r_i(t)$ 视为新的原始信号，不断重复上述中所有循环步骤，当下一次分解后的残余分量信号 $r_{i+1}(t)$ 是单调函数或者常数，或者当第 i 个 IMF 分量或者残余分量信号 $r_i(t)$ 小于预设值时，停止所有分解步骤。根据上述描述可知，EMD 分解计算流程如图 8-8 所示。

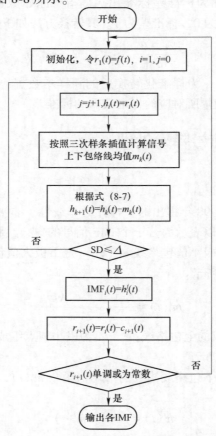

图 8-8 EMD 分解算法流程图

8.3.2 变分模态分解原理

VMD 分解是由 Konstantin Dragomiretskiy 在 2014 年提出的一种完全非递归的模态变分和信号处理的方法[7]。VMD 分解有效克服了传统 EMD 分解存在的端点效应和复杂信号出现的模态混叠问题。

假设原始信号 f 是由 K 个带宽有限的本征模态函数构成，分解后的 IMF 信号的表达式为：

$$u_k(t) = A_k(t)\cos[\phi_k(t)] \tag{8-11}$$

式中，$A_k(t)$ 为第 k 个本征模态函数的瞬时幅值；$\phi_k(t)$ 为第 k 个本征模态函数的相位，且需要满足非单调递减的条件。

对本征模态函数 $u_k(t)$ 进行希尔伯特变换，得到各个本征模态函数的单边频谱：

$$c_k = \left(\delta(t) + \frac{j}{\pi t}\right) * u_k(t) \tag{8-12}$$

式中，$\delta(t)$ 为狄拉克函数；j 为信号的虚数单位；$*$ 为外积计算符号。

通过引入预估中心频率 $e^{-j\omega_k t}$ 后，可以得到各分量的基频带，具体如下：

$$c_{kk} = \left[\left(\delta(t) + \frac{j}{\pi t}\right) * u_k(t)\right] e^{-\omega_k t j} \tag{8-13}$$

式中，ω_k 为第 k 个 IMF 对应的中心频率。

VMD 分解的目标是保证分解后得到具有中心频率的有限带宽的模态分量 $u_k(t)$，各模态的估计带宽之和最小，约束条件为所有模态之和需要与原始信号相等。根据 L2 范数梯度的平方计算各个 IMF 分量的带宽，相应约束变分表达式为：

$$\begin{cases} \min\limits_{u_k, \omega_k} \left\{ \sum\limits_k \left\| \partial_t \left[\delta(t) + \frac{j}{\pi t} * u_k(t) \right] e^{-j\omega_k t} \right\|_2^2 \right\} \\ \text{s. t.} \sum\limits_k u_k = f \end{cases} \tag{8-14}$$

引入增广 Lagrange 函数后，上述约束变分问题转换成非约束变分问题：

$$L(\{u_k\}, \{\omega_k\}, \lambda) = \alpha \sum\limits_k \left\| \partial_t \left[\left(\delta(t) + \frac{j}{\pi t}\right) * u_k(t) \right] e^{-j\omega_k t} \right\|_2^2 + \left\| f(t) - \sum\limits_k u_k(t) \right\|_2^2 +$$
$$\langle \lambda(t), f(t) - \sum\limits_k u_k(t) \rangle \tag{8-15}$$

式中，$\{u_k\} = \{u_1, u_2, \cdots, u_k\}$ 为原始信号分解后所有 IMF 信号集合；$\{\omega_k\} = \{\omega_1, \omega_2, \cdots, \omega_k\}$ 为分解后所有 IMF 信号中心频率的集合；α 为二次项惩罚因子；λ 为拉格朗日算法乘子；$\langle\ \rangle$ 为内积运算符号。

针对式（8-15）中非约束变分问题的求解，利用交替方向乘子（Alternating Direction Method of Multipliers，ADMM）迭代算法交替更新求解，最终得到的频率分量、中心频率与上升步长的更新公式为：

$$\hat{u}_k^{n+1}(\omega) = \frac{\hat{f}(\omega) - \sum\limits_{i \neq k} \hat{u}_i(\omega) + \frac{\hat{\lambda}(\omega)}{2}}{1 + 2\alpha(\omega - \omega_k)^2} \tag{8-16}$$

$$\omega_k^{n+1} = \frac{\int_0^\infty \omega |\hat{u}_k(\omega)|^2 d\omega}{\int_0^\infty |\hat{u}_k(\omega)|^2 d\omega} \qquad (8\text{-}17)$$

$$\hat{\lambda}^{n+1} = \hat{\lambda}^n + \tau\left(\hat{f}(\omega) - \sum_k \hat{u}_k^{n+1}(\omega)\right) \qquad (8\text{-}18)$$

式中，$\hat{u}_k^{n+1}(\omega)$、$\hat{f}(\omega)$ 与 $\hat{\lambda}(\omega)$ 分别为对应变量 $\hat{u}_k^{n+1}(t)$、$f(t)$ 与 $\lambda(t)$ 的傅里叶变换；n 为循环求解中的迭代次数；τ 为保真系数，反映了对噪声的容忍程度。

频率分量、中心频率与上升步长的迭代更新终止条件为：

$$\sum_k \frac{\|\hat{u}_k^{n+1} - \hat{u}_k^n\|_2^2}{\|\hat{u}_k^n\|_2^2} < \varepsilon \qquad (8\text{-}19)$$

式中，ε 为循环迭代终止时的误差条件。

VMD 分解计算流程如图 8-9 所示。VMD 分解的具体分解计算流程如下：

（1）对 $\{\omega_k^1\}$、$\{\hat{u}_k^1\}$、$\{\hat{\lambda}^1\}$ 与 n 的数值进行初始化；

（2）求解在初始条件下的各模态本征模态函数 $u_k(t)$，利用式（8-16）更新 $\hat{u}_k^{n+1}$，并利用式（8-17）更新 ω_k^{n+1} 的值；

（3）不断重复步骤（2）中分解模态、中心频率与带宽的更新计算步骤，直到前后两个迭代步中的结果达到式（8-19）中的终止条件结束循环，输出分解后的态本征模态函数 $u_k(t)$ 及中心频率 ω_k。

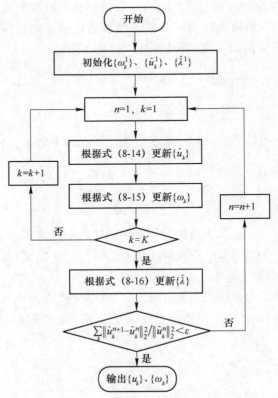

图 8-9　VMD 分解算法流程图

8.3.3 改进的自适应变分模态分解

从 VMD 算法分解原理介绍可知，VMD 分解过程中需要确定的超参数包括：分解的本征模态函数总数 K、二次项惩罚因子 α、保真系数 τ 与循环迭代终止时的误差条件 ε。研究发现保真系数与循环迭代终止时的误差条件对模式分解后的结果影响不大，在本章中都设定为默认值[8]。因此，VMD 分解过程中的超参数只有模态总数 K 与惩罚因子 α 两项，一般惩罚因子 α 的默认值为 2000。

熵（Entropy）是热力学中的一个重要概念，反映了一个系统内部的混乱程度。信息熵是香农于 1948 年首次提出的一种用来评估系统信息含量的量化指标，是信号处理与分析领域中对目标参数进行优化的依据[9]。针对任何一个信号 $x(t) = [x_1, x_2, \cdots, x_n]^T$，信息熵的计算公式如下：

$$H_{IE} = -\sum_{i=1}^{n} p_i \lg(p_i) \tag{8-20}$$

式中，p_i 为 x_i 出现的概率。

本章中所提出的自适应 VMD 分解计算流程图如图 8-10 所示，具体分解计算流程为：

（1）对本征模态函数总数 K 与二次项惩罚因子 α 的取值进行初始化；

（2）根据 K 与 α 的值对原始异常振动信号进行 VMD 分解；

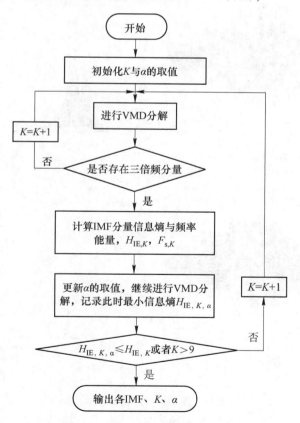

图 8-10 自适应 VMD 分解算法流程图

（3）根据分解后的本征模态函数，查看是否存在主频率为 150~250 Hz 的本征模态函数分量，如果存在则转到第（4）步，否则，$K = K + 1$；

（4）选取振动频率为 150~250 Hz 的本征模态函数信号，计算该信号的信息熵与信号频率能量均值，分别记为 $H_{IE,K}$ 与 $F_{s,K}$；

（5）令 $\alpha \in [100:100:500000]$，重复第（2）~第（4）中的所有步骤，选取使信息熵最小模态个数 K 与惩罚因子 α 的组合，此时最小信息熵记为 $H_{IE,K,\alpha}$，并转到第（6）步；

（6）令 $K = K + 1$，并不断重复步骤（4）~（5）中的步骤，当主频率为 150~250 Hz 的本征模态函数信号分量中的信息熵达到最小时，输出此时的以及此时本征模态函数总数 K、二次项惩罚因子 α 的取值与此时的三倍频 IMF 信号。

8.3.4　降噪结果分析

为解决三倍频异常振动信号的振动成分提取问题以及原始轧制工艺参数信号中的模态混叠问题，采用 EMD 和自适应 VMD 技术进行分解。图 8-11 展示了振动加速度信号的 EMD 分解结果。EMD 分解后，信号在三倍频异常振动前后正、负方向振幅分别变化，且

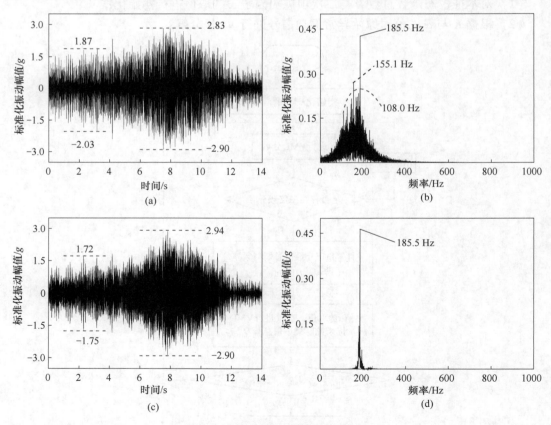

图 8-11　振动加速度信号分解结果

（a）EMD 时域分解结果；（b）EMD 频率分解结果；
（c）自适应 VMD 时域分解结果；（d）自适应 VMD 频率分解结果

提取出了 185. 5 Hz 的三倍频成分。然而，100～250 Hz 频率范围内仍存在 108. 0 Hz 和 155. 1 Hz 主成分，出现了欠分解的模态混叠问题。自适应 VMD 分解后的振动加速度的正方向幅值最大值由 1. 72g 变为 2. 94g，负方向幅值最大值由 −1. 75g 变为 −2. 90g。通过调整本征模态函数总数和惩罚因子，成功提取了 185. 5 Hz 的三倍频振动成分，同时振动信号的幅值变化更为显著。VMD 分解抑制了模态混叠问题，信号能量更集中，有效反映了原始数据特征，提高了轧机异常振动早期报警的准确性。

图 8-12 显示了本征模态函数总数 K 对 VMD 分解后三倍频 IMF 分量信息熵的影响。随着 K 值增大，信息熵先减小后急剧增大。当 K 值较小时，信号中的中频分量未充分分解，出现欠分解，导致 IMF 信号信息熵较大。当 K 值为 7 时，信息熵最小，为 162。当 K 值为 9 时，噪声未完全去除，高频噪声干扰较强，导致信息熵达 8827。手动设置与自适应参数调整后的 K 值一致，验证了信息熵在 VMD 中的合理性，适用于处理三倍频异常振动信号。

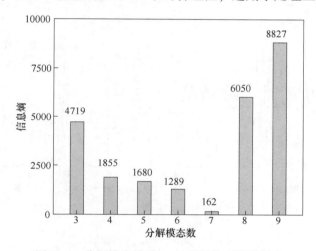

图 8-12 分解模态数对 VMD 分解信息熵的影响

当轧机发生异常振动时，图 8-5 中第 5 机架原始轧制力信号的 EMD、自适应 VMD 分解结果如图 8-13 所示。通过对比图 8-13（b）与图 8-13（d）中频率分析结果可知，当原始信号因为轧机的异常振动出现明显的非平衡特性（时域信号呈现出明显的发散趋势）时，EMD 分解后的信号中能检测出 197. 7 Hz 的有效三倍频轧机振动频率成分，然而该频率成分混杂在了 127. 9 Hz、232. 6 Hz、261. 6 Hz 与 308. 1 Hz 等一系列中频信号之间，信号欠分解严重，最终出现了严重的模态混叠现象。而自适应 VMD 分解后的信号中基本上只存在一个 203. 5 Hz 的三倍频频率主成分。

通过对比图 8-14（b）与图 8-14（d）中的结果可知，图 8-5 中原始前张力信号经过 EMD 分解后的 IMF 信号中同时出现了 174. 4 Hz、279. 1 Hz、302. 3 Hz、395. 4 Hz 与 465. 1 Hz 的频率成分。其中属于三倍频振动范围的 174. 4 Hz 的频率分量混杂在了上述频率成分中，而且该 174. 4 Hz 频率分量能量低于 302. 3 Hz 频率分量的能量，信号中出现了明显的欠分解现象。原始前张力信号经过自适应 VMD 分解后成功分离出了 174. 4 Hz 的主频率分量，有效抑制了在 EMD 分解后出现的频率成分差距较大的信号分解到同一个本征模态函数中的情况。

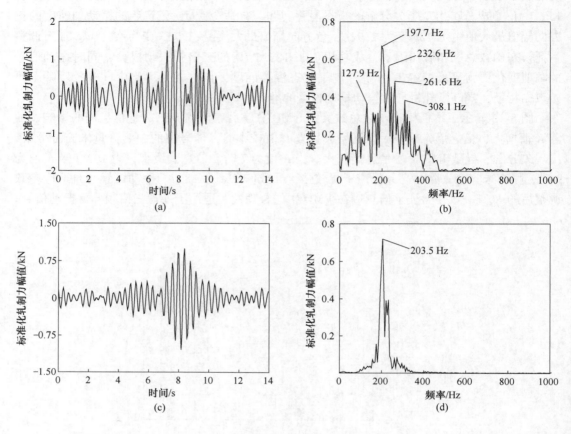

图 8-13 轧制力信号分解结果

（a）EMD 时域分解结果；（b）EMD 频率分解结果；
（c）自适应 VMD 时域分解结果；（d）自适应 VMD 频率分解结果

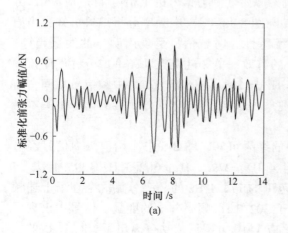

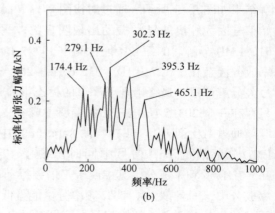

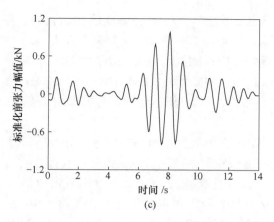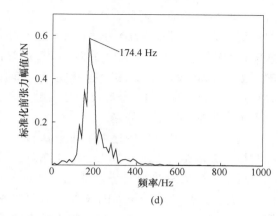

图 8-14　前张力信号分解结果

（a）EMD 时域分解结果；（b）EMD 频率分解结果；

（c）自适应 VMD 时域分解结果；（d）自适应 VMD 频率分解结果

选取图 8-5 中第 5 机架前张力异常波动数据作为原始信号，选用第 5 机架前张力异常波动数据，分别使用 EMD 和自适应 VMD 进行噪声处理，分解后的时域与频率如图 8-15

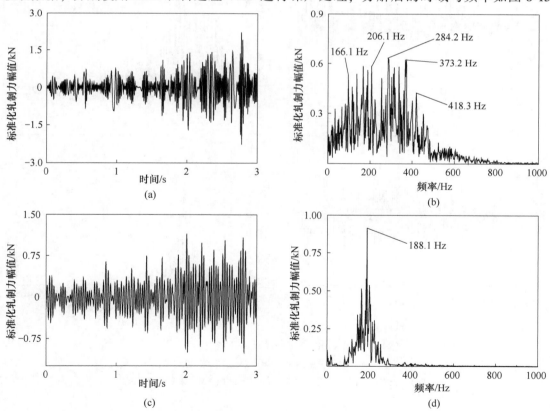

图 8-15　前张力信号分解结果

（a）EMD 时域分解结果；（b）EMD 频率分解结果

（c）自适应 VMD 时域分解结果；（d）自适应 VMD 频率分解结果

所示。时域对比显示两种方法都保留了原始信号的发散趋势。EMD 分解曲线在 2.8 s 处张力达到最大，自适应 VMD 分解在 2 s 处张力最大，而原始信号在 2.2 s 处张力最大。端点效应在 EMD 分解中产生较大影响，导致明显偏移。频率对比显示 EMD 分解的 IMF 频率范围涵盖了 100~500 Hz 的多个频率成分，如 166.1 Hz、206.1 Hz、284.2 Hz、373.2 Hz 和 418.3 Hz。自适应 VMD 分解成功分离出 188.1 Hz 的三倍频主频率分量，有效抑制了 EMD 分解中出现的模态混叠问题。

　　选取在 22.67 m/s 的速度下收集到的第 5 机架后张力数据作为原始信号，分解后信号的时域与频域结果如图 8-16 所示。当轧机发生三倍频异常振动时，原始信号中在第 1~3 s 间呈现了轻微的发散的趋势性变化，经过分解后该变化特征更加显著。对比后张力信号 EMD 与自适应 VMD 分解后的包含三倍频主成分的 IMF 分量频率结果可知，经过 EMD 分解后，原始信号中出现了主频率为 174.4 Hz 的分量，然而 91.8 Hz、158.0 Hz、241.2 Hz 与 397.1 Hz 的频率成分都混叠在了该 IMF 信号的模态分量中。

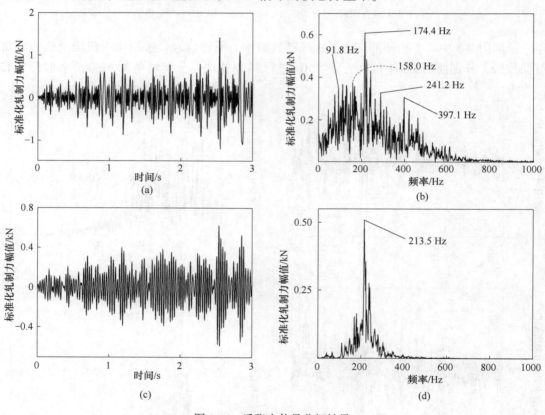

图 8-16　后张力信号分解结果

（a）EMD 时域分解结果；（b）EMD 频率分解结果；
（c）自适应 VMD 时域分解结果；（d）自适应 VMD 频率分解结果

8.4　轧机振动预测建模

　　本节基于机器学习的方法对轧制过程中的轧机振动加速度进行预测。由于冷连轧制的工艺参数与振动信号存在多尺度、强耦合和非线性的问题，并且生产过程存在多态性和时变性，以及运行状态的时序性和演化规律等问题，因此需要将轧机振动预测转化为考虑多维度变量影响下的轧机振动加速度时间序列的预测问题[10-11]。本节利用第 8.1 节采集到的实际工业数据建立了数据驱动的多维度多模态轧机振动时间序列预测模型，从而实现对振动的实时监控和预测。

8.4.1 卷积神经网络介绍

8.4.1.1 一维卷积神经网络

一维卷积神经网络（1D CNN）是卷积神经网络（CNN）的一种形式，主要用于处理一维序列数据，例如时间序列数据或音频信号。

1D CNN 一般包括多个卷积层和池化层，以及一个全连接层用于分类或回归。在卷积层中，假设输入数据是一个长度为 n 的一维向量 x，采用一个长度为 k 的卷积核 w，将在 x 的长度方向上滑动进行卷积计算，得到一个长度为 $n - k + 1$ 的特征向量 c，其中 c_i 表示卷积核从 x 的第 i 个位置开始作用的结果：

$$c_i = \sum_{j=0}^{k-1} w_j x_{i+j} \tag{8-21}$$

式（8-21）表示了一维卷积操作的数学模型，它将卷积核在输入数据上进行滑动，每次取卷积核与输入数据对应位置的乘积之和，得到一个特征值。然后，在池化层中，对每个特征进行最大池化或平均池化操作，以减少特征尺寸的大小，并进一步提取特征。最大值池化计算公式如下：

$$y_i = \max_{j=i\times s}^{i\times s+p-1} x_j \tag{8-22}$$

式中，x 为输入数据；y 为池化后的结果；s 为池化步长；p 为池化窗口大小。

8.4.1.2 长短时记忆神经网络

长短时记忆（Long Short-Term Memory）神经网络是一种特殊的循环神经网络（RNN），主要用于解决传统 RNN 中梯度消失和梯度爆炸等问题。LSTM 网络广泛应用于序列预测任务中。LSTM 的网络结构图如图 8-17 所示。

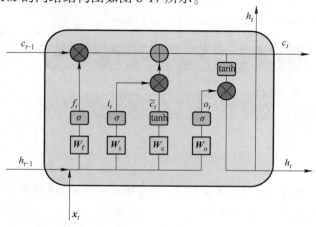

图 8-17 长短时记忆神经网络结构

结构图中 x_t 表示时刻 t 的输入向量，h_t 表示时刻 t 的隐藏状态，$\tilde{c}_t$ 表示时刻 t 的记忆状态。i_t、f_t 和 o_t 分别表示输入门、遗忘门和输出门的输出，W_f、W_i、W_c、W_o 是权重矩阵，σ 是偏置向量。

假设输入向量 x_t 和前一时刻的隐藏状态 h_{t-1} 经过线性变换和激活函数处理后得到输入门、遗忘门和输出门的输出表示如下：

$$i_t = \sigma\left(W_i[h_{t-1}, x_t] + b_i\right) \tag{8-23}$$

$$f_t = \sigma\left(W_f[h_{t-1}, x_t] + b_f\right) \tag{8-24}$$

$$o_t = \sigma\left(W_o[h_{t-1}, x_t] + b_o\right) \tag{8-25}$$

式中，σ 是 sigmoid 函数。

记忆状态的更新公式如下：

$$\tilde{c}_t = \tanh\left(W_c[h_{t-1}, x_t] + b_c\right) \tag{8-26}$$

$$c_t = f_t \odot c_{t-1} + i_t \odot \tilde{c}_t \tag{8-27}$$

$\odot$ 表示向量点积运算。tanh 是双曲正切函数，控制信息的记忆和遗忘。输入门的输出 i_t 控制新的信息输入到记忆状态中，遗忘门的输出 f_t 控制旧的信息从记忆状态中被遗忘。

最终，隐藏状态的更新公式如下

$$h_t = o_t \odot \tanh(c_t) \tag{8-28}$$

输出门的输出 o_t 控制从记忆状态中提取出的信息输出到隐藏状态中。

8.4.1.3 时间卷积神经网络

时间卷积神经网络（Time Convolutional Neural Network，TCN）是一种基于卷积神经网络（CNN）的网络模型，主要特点是在 CNN 中引入了一维的时间维度，使得模型能够有效地学习序列中的长期依赖关系。同时使用了残差连接和可扩展的空洞卷积等技术，提高了模型的效率和准确性。TCN 的基本结构如图 8-18 所示。

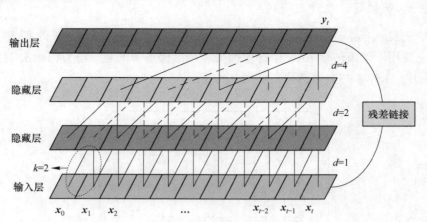

图 8-18 时间卷积神经网络结构

图 8-18 中，x_t 表示时刻 t 的输入向量，k 是卷积核的大小，d 是卷积核的扩张因子。

时间卷积神经网络（TCN）中因果卷积是关键技术，它可以确保在每个时间步中，只使用当前和以往的信息，避免未来信息的泄漏。设输入时间序列为 $x = (x_1, x_2, \cdots, x_T)$，

输出时间序列为 $\boldsymbol{y} = (\boldsymbol{y}_1, \boldsymbol{y}_2, \cdots, \boldsymbol{y}_T)$，卷积核大小为 k，则 y_i 的计算公式为：

$$y_i = \sum_{j=1}^{k} \boldsymbol{w}_j \boldsymbol{x}_{i-j} \tag{8-29}$$

式中，w_j 是卷积核的权重。

显然，式（8-29）在 $i \geqslant k$ 时才能计算，对于 $i < k$ 的情况，$\boldsymbol{x}_{i-j}$ 中会出现负数下标。为了避免这个问题，TCN 使用了 causal padding 技术，在输入序列的两端各添加 $k-1$ 个零，使得 $\boldsymbol{x}_i$ 的计算只依赖于 $\boldsymbol{x}_{i-k+1}, \boldsymbol{x}_{i-k+2}, \cdots, \boldsymbol{x}_i$，从而避免了未来信息泄漏的问题。

但是直接应用因果卷积来处理长时间序列问题时，只能通过增加网络深度来实现回溯历史数据视野的增加，实现起来有一定的困难。为消除这一问题，在 TCN 中采用了扩张卷积网络，可以实现指数级大的接收域。假设一维序列，滤波器 $f:\{0, \cdots, k-1\} \rightarrow \boldsymbol{R}$，将序列元素 s 上的扩张卷积运算 F 定义为：

$$F(s) = \sum_{i=0}^{k-1} f(i) \cdot \boldsymbol{x}_{s-d \cdot i} \tag{8-30}$$

式中，k 为滤波器尺寸；$s - d \cdot i$ 为过去方向；d 为膨胀因子。

在处理长时间序列问题时间，需要增大 TCN 的感受野。由于网络感受野依赖于网络深度、卷积核大小 k 和膨胀因子 d，这会导致网络层数和每层卷积核的数量增加。对于非常深的网络，容易产生的主要问题是梯度爆炸和梯度消失。在 TCN 使用残差模块代替卷积层来避免决梯度消失问题，并提高模型的泛化能力。具体来说，设输入为 $\boldsymbol{x}$，网络的映射关系为 $H(\boldsymbol{x})$，残差连接的计算公式为：

$$f(\boldsymbol{x}) = H(\boldsymbol{x}) - \boldsymbol{x} \tag{8-31}$$

式中，$f(\boldsymbol{x})$ 表示残差。

通过残差连接，模型可以直接学习残差部分，从而避免了梯度消失问题，并提高了模型的泛化能力。

8.4.1.4 前馈注意力机制

循环神经网络等算法能够有效捕捉有限长度时间序列数据的前后依赖关系。但是随着时间序列长度增加，在训练过程中会出现消失和爆炸梯度问题，这会限制模型对时间序列的处理能力。前馈神经网络注意力机制（Feed-forward Networks Attention）允许模型在不同时间点的状态之间存在更直接的依赖关系，这能够使得模型更容易学习到序列的长期依赖关系。前馈注意力机制模型结构如图 8-19 所示。

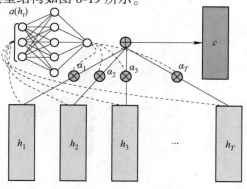

图 8-19　前馈注意力机制网络结构

前馈注意力机制的主要思想是，将每个时间步的隐藏状态通过一个前馈神经网络进行转换，产生注意力权重。前馈网络是一个多层感知器结构的神经网络。

隐藏状态序列 h_t 中的向量输入到可学习函数 $a(h_t)$ 中，再通过一系列非线性变换将隐藏状态序列映射到一个输出向量 e_t。

$$\boldsymbol{e}_t = a(h_t) \tag{8-32}$$

使用 softmax 函数将输出向量转化为一个概率分布，该分布表示了输入向量中每个元素的注意力权重以产生概率向量 $\boldsymbol{\alpha}_t$。

$$\boldsymbol{\alpha}_t = \frac{\exp(\boldsymbol{e}_t)}{\sum\limits_{k=1}^{T} \exp(\boldsymbol{e}_k)} \tag{8-33}$$

计算 h_t 的加权平均值

$$\boldsymbol{c} = \sum\limits_{t=1}^{T} \boldsymbol{\alpha}_t \boldsymbol{h}_t \tag{8-34}$$

通过对每个时间步隐藏状态进行加权，来表示时间步的重要程度。

8.4.2 多维度多模态振动时间序列预测模型

针对多维度致振工艺参数对振动状态的影响和振动信号长短周期模式混合两方面问题[12]，本节构建了多维度多模态轧机振动时间序列预测模型（Multi-Dimensional and Multi-Modal Rolling mill Vibration Model，MDMRVM）。其网络结构如图 8-20 所示。多维度多模态振动信号时间序列预测模型网络结构包括多维度长短周期特征提取层、循环神经网络层、时间卷积神经网络层、注意力机制层和特征融合层。

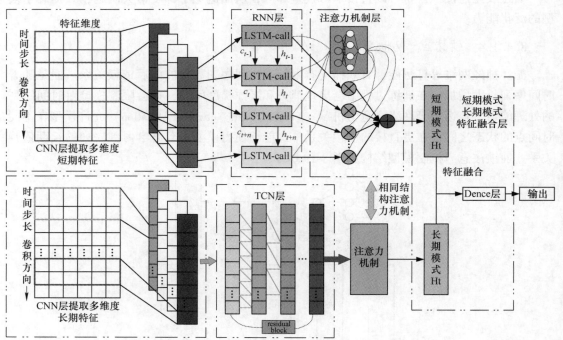

图 8-20 多维度多模态振动信号时间序列预测模型网络结构

（1）网络结构的第 1 层利用一维卷积神经网络提取时间维度上长周期模态和短周期模态以及变量之间的局部依赖关系，图 8-20 中上半部分表示跨越时间步较短的短周期模式数据集，下半部分表示跨越时间步较长的长周期模式数据集，两个数据集分别进行卷积运算，将提取的特征分别作为下一层网络的输入。

（2）网络结构的第 2 层分别对短周期和长周期的数据集进行卷积训练：短周期模式卷积层的输出被输入 LSTM 模块进行训练，长周期模式卷积层输出被输入到时间卷积网络层（TCN）来学习。

（3）网络结构的第 3 层为注意力机制层，注意力机制层可以实现自适应捕捉跨时间步之间的依赖关系，提高训练过程计算效率，防止序列预测算法在长时间预测下表现出计算效率低下、信息丢失的问题。

（4）网络结构的第 4 层为特征融合层，将 TCN 部分提取的时间序列的长期模式和 LSTM 部分提取的短期模式进行融合。在进行预测时，下一时间步或者后数个时间步的预测结果会受到长期模式和短期模式的双重影响。利用该层能够有效的结合两种模式，提高模型对后续时间步的预测精度。

8.4.3 数据集构建与网络优化

与一般回归拟合问题的数据集构建方式不同，时间序列预测问题需要保证数据的时序性，若随机打乱数据顺序，将会破坏时间序列原有的自相关性，数据没有规律性而无法预测未来的发展趋势。本节采用滑动窗口变换（Moving Window Transformation）对输入数据集进行构建，将时间序列数据集划分为一系列固定大小的滑动窗口，并将每个滑动窗口作为一个样本来训练模型，然后使用模型对下一个或几个时间点进行预测。

假设轧机运行过程中观测到了一系列时间序列数据 $Y = \{y_1, y_2, \cdots, y_T\}$，其中 $y_t \in R^n$，n 代表特征维度，包括一个轧机振动加速度实测特征和第 4、第 5 机架间张力、第 5 机架前张力、第 5 机架轧制速度等共计 9 个与轧机振动密切相关的变量。

根据时间序列数据集的长度，定义一个窗口大小 m 和预测步长 i，通常为一个固定的时间间隔。从时间序列数据集的开始位置开始，使用窗口大小进行滑动，每次滑动的步长通常为 1。这样原始数据集构建成如下形式：

$$X = \begin{bmatrix} y_1 & y_2 & \cdots & y_m \\ y_2 & y_3 & \cdots & y_{m+1} \\ \vdots & \vdots & \ddots & \vdots \\ y_{T-m-i} & y_{T-m-i+1} & \cdots & y_{T-i} \end{bmatrix}, \ Y = \begin{bmatrix} y_{m+1,1} & y_{m+2,1} & \cdots & y_{m+i,1} \\ y_{m+2,1} & y_{m+3,1} & \cdots & y_{m+i+1,1} \\ \vdots & \vdots & \ddots & \vdots \\ y_{T-i+1,1} & y_{T-i+2,1} & \cdots & y_{T,1} \end{bmatrix} \quad (8\text{-}35)$$

式中，X 为历史数据输入矩阵，输入窗口长度为 m；Y 为在预测振动加速度输出矩阵，预测长度为 i；$y_{m+1,1}$ 为 $m+1$ 时刻的振动加速度。

通过以上滑动窗口的方式，将致振工艺参数和振动加速度时序数据转化为历史数据和未来振动加速度信号的监督学习数据集。矩阵 X 的每一行作为输入，对应同一行的 Y 作为输出。简要概括为当 $\{y_1, y_2, \cdots, y_T\}$ 已知的情况下，预测 $y_{T+i,1}$ 时刻振动幅值，当 $\{y_1, y_2, \cdots, y_T, y_{T+1}\}$ 已知，预测 $y_{T+i+1,1}$ 时刻振动幅值。因此，我们将时间步 T 处的输入矩阵表示为 $X_T = \{y_1, y_2, \cdots, y_T\} \in R^{n \times T}$，振动幅值预测结果的输出矩阵表示为 $Y =$

$\{y_{T+1,1}, \cdots, y_{T+i,1}\}$。

为了选取合适的窗口大小，结合提出的网络模型共同进行超参数的寻优。首先，模型中需要优化的一些主要参数为批量大小、CNN 模块、LSTM 短期模式提取模块超参数、TCN 模块相关参数和注意力机制相关参数。本方法采用的 CNN 特征提取、TCN 长期模式提取模块和注意力机制模块结构较为简单，直接采用固定参数见表 8-5，在没有进行超参数调优的情况下，将在后续试验中验证每个模块对预测精度的影响。

表 8-5 其他模块网络的超参数

超参数	滤波器/神经元	卷积核	空洞卷积	堆叠层数	残差链接
TCN	18	5	1，2，4，8，16，32	1	1
注意力机制	128	—	—	—	—
CNN	24	5	—	1	—

此处主要针对 LSTM 短期模式提取模块进行超参数优化。LSTM 模块中需要优化的一些参数有输入窗口时间步长 T、LSTM 层数 n 和隐藏层神经元数量 p。其中输入窗口时间步长度 T 与滑动窗口的长度 m 相同。为了简化过程每个隐藏层的神经元数目相同。3 个变量存在耦合关系，采用控制变量法对参数进行调优可能达不到最好的效果。采用网格搜索法对 3 个变量进行寻优，式（8-36）确定了 3 个参数范围：

$$\begin{cases} T \in [40, 45, 50, 55, 60] \\ p \in [80, 85, 90, 95, 100, 105, 110, 115, 120] \\ n \in [1, 2, 3] \end{cases} \quad (8\text{-}36)$$

将数据集按照时间先后顺序，以训练集：验证集：测试集 = 6：2：2 的比例进行划分。采用 Adam 优化器，dropout = 0.2。模型的训练过程中，使用验证集来避免过拟合。利用训练集训练的过程中，不断使用验证集进行模型验证，计算验证误差，当验证误差持续 20 次迭代没有减少 0.00001 时，将强制停下模型训练，即"早停"（early-stopping）。将模型进行 K 次训练，最终以测试集 RMSE 作为评判标准。

图 8-21 显示了 LSTM 时间步长 T、神经元数目 p 和 LSTM 堆叠层数 n 对测试集 RMSE 指标的影响。图 8-21（a）表示堆叠层数 $n = 1$ 时，神经元数目和时间不长的优化结果。在神经元数目取 100 时间步长为 40 的情况下，RMES 达到最小值为 0.00169。图 8-21（b）中堆叠层数为 2，神经元个数取 80，时间不长为 50 时，RMSE 最小值为 0.00161。图 8-21（c）中 LSTM 堆叠层数达到 3 层，在任何神经元数量和时间步长的组合下，RMSE 的最小值为 0.002，原因是随着网络深度的增加，模型本身可训练参数增多，出现欠拟合问题。

表 8-6 为堆叠 1 层和 2 层时最优参数下的网络训练过程中的训练集 loss、验证集 loss 和测试集 RMSE 值。可以明显地看出在堆叠 1 层的最优参数下，训练集 loss 为 0.00028，而验证集的误差为 0.0000649，远远低于训练集的误差，这说明模型已经发生了过拟合。堆叠 2 层的最优参数下，网络训练过程的 loss 指标表现正常。最终确定了 LSTM 模块的最优参数：堆叠层数 2 层、神经元数目 80、时间步长 50。

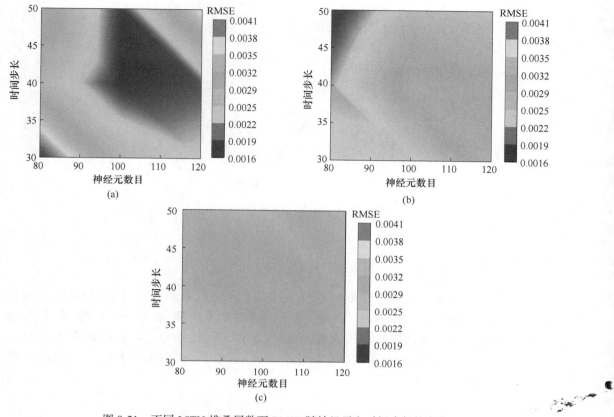

图 8-21　不同 LSTM 堆叠层数下 RMSE 随神经元和时间步长的变化
（a）LSTM 堆叠 1 层；（b）LSTM 堆叠 2 层；（c）LSTM 堆叠 3 层
（扫描书前二维码看彩图）

表 8-6　LSTM 堆叠 1 层和 2 层下模型训练指标

堆叠层数 n	神经元数目 p	时间步长 T	训练集 loss	验证集 loss	测试集 RMSE
1	100	40	0.00028	0.0000649	0.00169
2	80	50	0.000046	0.000152	0.00161

在进行训练批次大小选取时，保持其他参数固定不变。绘制测试集振动数据预测值与真实值均方根误差随训练批次大小的变化曲线如图 8-22 所示。

从图 8-22 中可知，随着训练批次大小增加均方根误差先减小后增加，当训练批次大小为 128（$\log_2$Batch_Size＝7）时均方根误差取最小值。综上所述当训练批次大小为 128 时能够获得最佳的训练效果，此时测试集振动数据预测值与真实值之间的均方根误差为 0.00318。

8.5　模型预测结果分析

在本节中，将历史振动加速度和 14 个致振工艺参数作为输入变量，将下一时刻振动

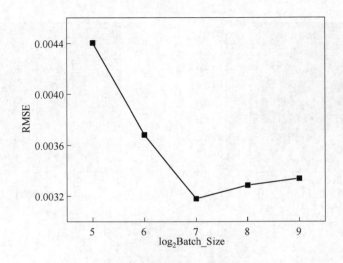

图 8-22   RMSE 随训练批量变化情况

加速度数据作为预测变量，对模型进行训练。本研究选取的对比算法有 GRU、LSTM、CNN-LSTM、TCN、无 Attention 机制模型（NO-ATT）和本章提出的网络模型（MDMRVM）。为了全面比较算法性能，选用了相关系数（R^2）、均方根误差（RMSE）、平均绝对误差（MAE）以及平均绝对百分比误差（MAPE）这些指标来评价不同模型的预测精度，计算公式如下：

$$R^2 = 1 - \frac{\sum_{i=1}^{N}(y_i - \hat{y}_i)}{\sum_{i=1}^{N}(y_i - \bar{y})^2} \tag{8-37}$$

$$\text{RMSE} = \sqrt{\frac{1}{N}\sum_{i=1}^{N}(y_i - \hat{y}_i)^2} \tag{8-38}$$

$$\text{MAE} = \frac{1}{N}\sum_{i=1}^{N}|y_i - \hat{y}_i| \tag{8-39}$$

$$\text{MAPE} = \sum_{i=1}^{N}\left|\frac{y_i - \hat{y}_i}{y_i}\right| \times \frac{100}{N} \tag{8-40}$$

式中，N 为测试样本数量；y_i 和 $\hat{y}_i$ 分别为实际值和预测值；$\bar{y}$ 为测试集数据的平均值。

大多数情况下，预测任务的范围，即预测步长 i，也需要根据实际情况确定。本节中，预测长度设为每个窗口后的 10 个样本，即模型预测完成了 10 个样本，窗口将向前移动一步以预测下 10 个样本。

进行预测时间步长为 10 的预测实验，将得到的 4 项评价指标按照预测步长增加绘制成如图 8-23 所示的折线图。当预测长度达到 10 个时间步时，这 6 个对比算法的预测精度出现了较大的差异。从 4 个指标的折线图来看，随着预测时间步的增加，所有方法的精度有所下降，这也符合长期预测时精度下降的规律。其中以 MDMRVM 模型的效果最优，从第 1 个预测点到第 5 个预测点的相关系数 R^2 值均保持在 97% 以上，第 6 个到第 10 个预测点的预测精度也能稳定在 92% 以上，结果均优于其他方法。

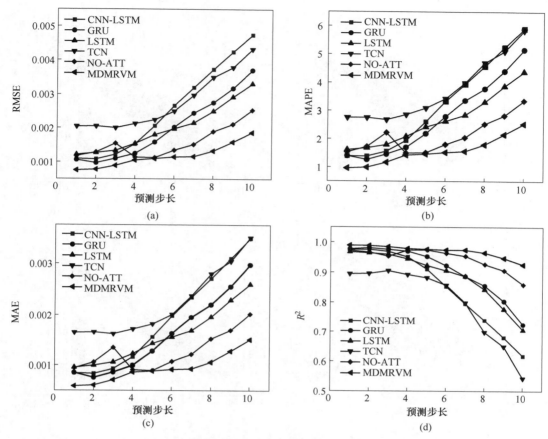

图 8-23 十步预测条件下随预测步长增加四项评价指标变化

（a）RMSE 随时间步长变化；（b）MAPE 随时间步长变化；

（c）MAE 随时间步长变化；（d）R^2 随时间步长变化

图 8-24 为其中 4 种算法在第 10 步预测时对轧机振动加速度预测效果散点图。图 8-24 中对角实线表示振动加速度幅值预测值与实际值之间的误差为 $\pm 0.005g$，不同的颜色代表了样本数据预测结果中误差大小具体的分布情况。

从图 8-24 中发现，MDMRVM 模型在测试集上预测误差超过 $\pm 0.005g$ 的样本点总数最少，模型预测误差最小，样本的分布也更加集中。NO-ATT 模型与 MDMRVM 模型相比，预测结果中绝对误差超出 $\pm 0.005g$ 的样本点数目增加，证明注意力机制能够提高模型的预测精度。LSTM 模型与 GRU 模型的结果中绝对误差超出 $\pm 0.005g$ 的样本点数目相接近，但是 GRU 模型中部分样本点的误差值要大于 LSTM 模型，GRU 模型的样本分布相对分散。

为了研究不同模型在测试集中误差的分布情况，在测试集进行了 3020 次预测步长为 10 的预测实验，记录了 6 种对比算法的 RMSE 误差分布箱式图，如图 8-25 所示。

从图 8-25 中发现，本节提出的 MDMRVM 模型相对于其他算法的平均 RMSE 较低，为 $0.0011g$，并通过观察异常值分布，本节提出的 MDMRVM 模型 RMSE 异常值数目更少，分布更加集中。

通过绘制测试集折线图可以观察模型的泛化效果。根据上述分析，随着预测步长的增

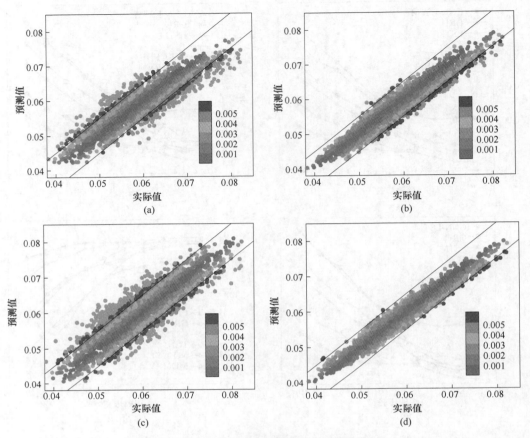

图 8-24　振动加速度预测效果散点图

（a）LSTM 模型预测散点图；（b）NO-ATT 模型预测散点图；
（c）GRU 模型预测散点图；（d）MDMRVM 模型预测散点图
（扫描书前二维码看彩图）

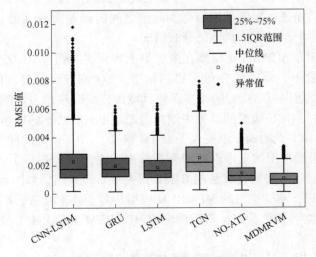

图 8-25　六种模型预测结果

加，预测精度下降，选取预测精度最低第 10 步预测值绘制散点图。由于测试集样本数较多，为了方便查看选取 100 组样本来绘制散点图，如图 8-26 所示。通过观察测试集折线图可知，经过模型在第 10 步的拟合效果良好，整体上能够较为准确地预测出轧机振动的大小。

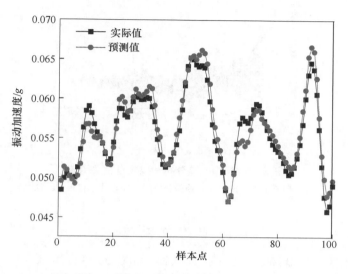

图 8-26　振动加速度预测值和实际值折线图

　　在使用机器学习方法进行时间序列预测时，需要通过对预测结果进行残差分析来评估模型的预测能力和精度。在进行残差分析时，将预测值与实际值之间的残差进行统计和分析，以评估模型的预测精度和可靠性。

　　通过对残差进行分析作出了如图 8-27 所示的残差分布图和残差自相关函数图。观察图 8-27（a）可以发现模型的预测残差呈现正态分布。在图 8-27（b）中模型残差的分位数和标准正态分布分位数呈现线性关系。将模型残差进行自相关计算作出自相关函数图。图 8-27（b）中，模型残差的自相关系数整体上小于 0.2，并随着延迟增加，自相关系数趋近于 0，这说明残差呈现出随机特性。

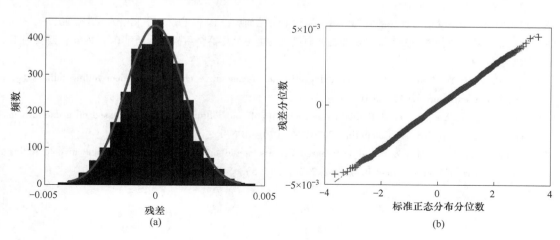

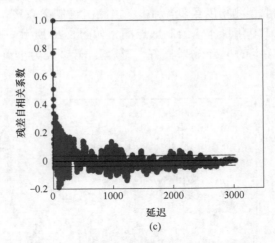

图 8-27 模型残差分布和残差自相关函数

（a）残差正态分布；（b）残差分位图；（c）残差自相关函数

参 考 文 献

［1］王国栋．钢铁行业技术创新和发展方向［J］．钢铁，2015，50（9）：1-10.

［2］孙杰，陈树宗，王云龙，等．冷连轧关键质量指标与轧制稳定性智能优化控制技术［J］．钢铁研究学报，2022，34（12）：1387-1397.

［3］Kim Y，Kim C W，Lee S，et al. Dynamic modeling and numerical analysis of a cold rolling mill［J］. International Journal of Precision Engineering and Manufacturing，2013，14（3）：407-413.

［4］王桥医，谭建平．非稳态轧制时轧机振动稳定性的数值分析［J］．重型机械，2002，3（1）：28-29.

［5］刘阳，郜志英，周晓敏，等．工业数据驱动下薄板冷轧颤振的LSTM智能预报［J］．机械工程学报，2020，56（11）：121-131.

［6］Huang N E，Shen Z，Long S，et al. The empirical mode decomposition and the Hilbert spectrum for nonlinear and non-stationary time series analysis［J］. Proceedings Mathematical Physical and Engineering Sciences，1998，454（1971）：903-995.

［7］Dragomiretskiy K，Zosso D. Variational Mode Decomposition［J］. IEEE Transactions on Signal Processing，2014，62（3）：531-544.

［8］刘尚坤．基于振动信号处理的旋转机械故障诊断方法研究［D］．北京：华北电力大学，2017.

［9］楚剑雄．基于变分模态分解能量熵和支持向量机的电力变压器绕组故障诊断［D］．西安：西安理工大学，2019.

［10］Liu X，Zang Y，Gao Z，et al. Time delay effect on regenerative chatter in tandem rolling mills［J］. Shock and Vibration，2016，2016（1）：1-15.

［11］Lu X，Sun J，Song Z，et al. Prediction and analysis of cold rolling mill vibration based on a data-driven method［J］. Applied Soft Computin，2020，96（1）：106706.

［12］Sun J，Shan P F，Wei Z，et al. Data-based flatness prediction and optimization in tandem cold rolling ［J］. Journal of Iron and Steel Research，2021，28（5）：563-573.

9 冷轧过程稳定性优化控制

冷轧轧制工艺条件复杂，轧制工艺参数之间相互耦合，传统轧机振动机制模型的结果与实际轧制状态之间存在一定误差。因此，可通过数据驱动方法研究轧制过程工艺参数对振动的影响规律，为传统轧机振动机制模型进行验证与补充[1]。基于轧机振动监测系统采集的轧机过程数据，利用主成分分析（principal component analysis，PCA）与 XG Boost 算法研究了不同轧制工艺参数对轧机振动加速度幅值的贡献率。选取第 5 机架轧制速度、带钢等效变形抗力、工作辊累积轧制里程等 14 个输入变量，分别记为变量 $v1 \sim v14$，再对这些工艺参数进行振动贡献率的研究。

9.1 基于数据驱动的工艺参数对振动的影响规律

9.1.1 主成分分析求解变量贡献率

主成分分析是一种无参数特征提取算法，通过线性变换将高维原始数据分解为主成分空间和残差空间，实现降维。主成分矩阵的大方差表示降维后主成分空间的弱线性关系[2]。

假设利用 Z-score 标准化处理后的原始数据样本矩阵表示为：

$$\boldsymbol{X} = \begin{bmatrix} x_{1,1} & x_{1,2} & \cdots & x_{1,n} \\ x_{2,1} & x_{2,2} & \cdots & x_{2,n} \\ \vdots & \vdots & x_{i,j} & \vdots \\ x_{m,1} & x_{m,2} & \cdots & x_{m,n} \end{bmatrix} = \begin{bmatrix} \boldsymbol{x}_1, & \boldsymbol{x}_2, & \cdots, & \boldsymbol{x}_n \end{bmatrix} \tag{9-1}$$

式中，n 为原始数据中的变量个数；m 为每个变量中的样本个数；$x_{i,j}$ 为第 j 个特征变量的第 i 个样本数据；$\boldsymbol{x}_n$ 为第 n 个变量的列向量数据。

协方差经常用来作为两个变量之间的相关程度的统计指标[3]，其计算公式为：

$$\text{Cov}(\boldsymbol{x}_j, \boldsymbol{x}_j) = \sum_{i=1}^{m} \frac{(x_{i,j} - \bar{x}_j)(x_{i,j} - \bar{x}_j)}{m - 1} \tag{9-2}$$

式中，$\bar{x}_j$ 为原始数据中第 j 个特征变量所有样本数据的平均值。

利用式（9-2）得到原始数据样本矩阵的协方差矩阵可以表示为：

$$\boldsymbol{C} = \begin{bmatrix} \text{Cov}(\boldsymbol{x}_1, \boldsymbol{x}_1) & \text{Cov}(\boldsymbol{x}_1, \boldsymbol{x}_2) & \cdots & \text{Cov}(\boldsymbol{x}_1, \boldsymbol{x}_n) \\ \text{Cov}(\boldsymbol{x}_2, \boldsymbol{x}_1) & \text{Cov}(\boldsymbol{x}_2, \boldsymbol{x}_2) & \cdots & \text{Cov}(\boldsymbol{x}_2, \boldsymbol{x}_n) \\ \vdots & \vdots & \ddots & \vdots \\ \text{Cov}(\boldsymbol{x}_n, \boldsymbol{x}_1) & \text{Cov}(\boldsymbol{x}_n, \boldsymbol{x}_2) & \cdots & \text{Cov}(\boldsymbol{x}_n, \boldsymbol{x}_n) \end{bmatrix} \tag{9-3}$$

式中，$\mathrm{Cov}(\boldsymbol{x}_1, \boldsymbol{x}_1)$ 为第 1 个特征变量的方差；$\mathrm{Cov}(\boldsymbol{x}_1, \boldsymbol{x}_2)$ 为第 1 个特征变量对第 2 个特征变量的协方差。

协方差越大表明两个变量之间的影响关系越为显著。求解协方差矩阵 $\boldsymbol{C}$ 的特征值 λ 与特征向量 $\boldsymbol{u}$，求解公式为：

$$\boldsymbol{C}\boldsymbol{u} = \lambda\boldsymbol{u} \tag{9-4}$$

原始数据中包含了 n 个变量，因此利用式（9-4）求解后会得到 n 个特征值。假设将所有特征值按从大到小排列后满足 $\lambda_1 \geqslant \lambda_2 \geqslant \cdots \geqslant \lambda_n$，相应的特征向量分别为 $\boldsymbol{u}_1$，$\boldsymbol{u}_2$，$\cdots$，$\boldsymbol{u}_n$，选取前 k 个特征向量构成转换矩阵 $\boldsymbol{P}$：

$$\boldsymbol{P} = [\boldsymbol{u}_1, \ \boldsymbol{u}_2, \ \cdots, \ \boldsymbol{u}_k] \tag{9-5}$$

PCA 降维的主要方法是将原始的 m 维矩阵变换成 k 维矩阵 $(k < m)$。选取前 k 个最大的特征值，将原始数据向该 k 个特征向量方向上进行投影得到所需的 k 维矩阵，投影后获得的新主成分空间矩阵为：

$$\boldsymbol{Y} = \boldsymbol{P}^{\mathrm{T}}\boldsymbol{X} \tag{9-6}$$

式中，$\boldsymbol{Y}$ 为降维后的新特征矩阵，$k \times n$ 维。

主成分空间的维数 k 由特征值累加方差贡献率进行确定，具体要求是前 k 个特征值的累积方差贡献率要不少于 85%[4]，如下所示：

$$\frac{\sum_{j=1}^{k} \lambda_j}{\sum_{j=1}^{n} \lambda_j} \geqslant 85\% \tag{9-7}$$

式中，λ_j 为第 j 个主成分的特征值。

利用主成分分析确定变量贡献率实质上是利用原始数据在降维过程中各变量的线性组合系数与主成分的方差贡献率来得到各变量的成分权重得分。假设主成分空间矩阵中第 k 个成分与原始变量间的线性组合表示为：

$$\boldsymbol{y}_k = a_1\boldsymbol{x}_1 + a_2\boldsymbol{x}_1 + \cdots + a_n\boldsymbol{x}_n \tag{9-8}$$

式中，a_1，a_2，$\cdots$，a_n 为各变量的主成分线性组合系数。

利用式（9-8）求得各变量的方差贡献率，如下所示：

$$b_j = \frac{\lambda_j}{\sum_{j=1}^{n} \lambda_j} \tag{9-9}$$

式中，b_j 为第 j 个变量的方差贡献率。

第 j 个变量的成分权重得分系数为：

$$c_j = \frac{\sum_{j=1}^{n}(100 \times a_j b_j)}{\sum_{j=1}^{n} b_j} \tag{9-10}$$

将所有权重得分系数归一化后最终得到由 PCA 得到的第 j 个变量的贡献率：

$$w_j = \frac{c_j}{\sum_{j=1}^{n} c_j} \tag{9-11}$$

9.1.2 XGBoost 算法求解变量贡献率

在 XGBoost 算法中，通过贪心原则和预测结果的增益对每棵决策树的叶子节点进行分裂，最终确定模型的结构。在决策树生长过程中，以哪个变量特征来控制叶子节点的分裂决定了该变量的权重得分。图 9-1 为任意一棵决策树的叶子节点分裂过程示意图。计算第 j 个变量在 XGBoost 模型中所有决策树上的权重得分最终得到变量的权重得分系数为：

$$d_j = \sum_{k=1}^{K} n_k(x_j) \tag{9-12}$$

式中，K 为决策树的总数；x_j 为第 j 个输入变量；n_k 为输入变量在第 k 棵决策树上的权重得分。

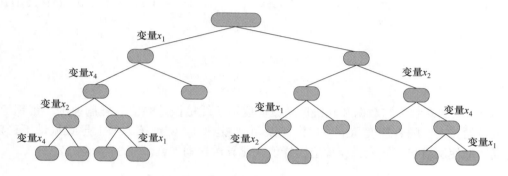

图 9-1 叶子节点分裂示意图

利用 XGBoost 模型中的重要性分析功能记录每个变量在所有决策树分裂过程中选为分裂特征节点的总次数，将所有输入变量在全部决策树上的权重总得分系数进行归一化后，最终得到由 XGBoost 模型得到的第 j 个变量的贡献率：

$$w_j = \frac{d_j}{\sum_{j=1}^{n} d_j} \tag{9-13}$$

本章将使用 PCA 因子分析与 XGBoost 模型计算轧机振动监测系统中各输入变量对振动加速度幅值的贡献率。高贡献率的变量影响振动显著，为解决问题与振动机理提供依据。

9.1.3 轧制工艺参数对轧机振动影响的效果分析

本节基于数据驱动的方法，利用 PCA 因子分析与 XGBoost 算法研究了不同轧制工艺参数对轧机振动加速度幅值的贡献率。选取第 5 机架轧制速度、带钢等效变形抗力、工作辊累积轧制里程、机架入口带钢厚度等 14 个输入变量，分别记为变量 $v1 \sim v14$。图 9-2 为 XGBoost 模型与主成分分析（Principal Component Analysis，PCA）模型得出的贡献率结果。

从图 9-2 中的结果可知 XGBoost 模型与 PCA 模型中各输入变量的贡献率结果排序基本一致。轧制速度（变量 $v1$）、带钢等效变形抗力（变量 $v2$）与工作辊累积轧制里程（变量 $v3$）对轧机振动幅值的影响最为显著，轧制速度、带钢等效变形抗力与工作辊累积轧制里程对轧机振动加速度幅值的贡献率分别为 17.1%、11.1% 与 13.3%。

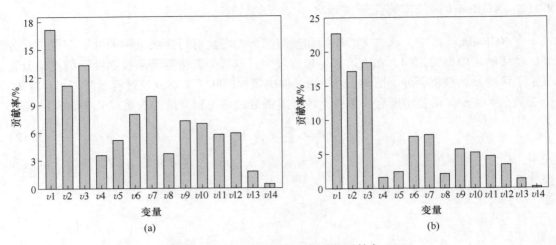

图 9-2 输入变量对轧机振动的贡献率

(a) XGBoost 模型；(b) PCA 模型

图 9-3 利用轧制工艺数据和轧机振动数据展示了轧机振动幅值与轧制速度、带钢等效变形抗力的关系。随着速度和抗力增大，振动显著增加。带钢抗力增大导致振动不稳定，而速度增加使润滑状态转变，摩擦应力峰值变化导致振动加剧。

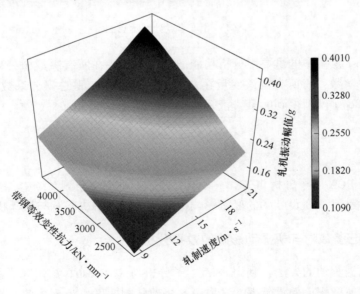

图 9-3 变形抗力与轧制速度对振动幅值的影响

(扫描书前二维码看彩图)

图 9-4 显示了在一个换辊周期内工作辊累积轧制里程对轧机振动加速度幅值的影响规律，图 9-4 中所轧带钢的材质为 MRT-3，轧制速度始终保持为 20 m/s，工作辊原始粗糙度为 0.51 μm，出口带钢与原料的厚度分别为 0.25 mm 与 2.5 mm。随着工作辊累积轧制里程的增大，工作辊开始不断出现磨损，轧辊表面等效粗糙度 R_q 减小。轧机的振动稳定性

开始不断降低，轧机振动加速度幅值明显增大。这表明设置一个合理的工作辊换辊里程并定期更换轧辊有利于控制轧机的振动幅值。

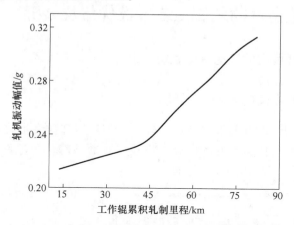

图 9-4 工作辊累积轧制里程对轧机振动幅值的影响

图 9-5（a）显示了工作辊原始半径对轧机振动加速度幅值的影响，以 MRT-3 钢为例，轧制速度恒定为 20 m/s，工作辊表面粗糙度为 0.5 μm，出口带钢与原料的厚度分别为 0.2 mm 和 1.8 mm。图 9-5（b）则展示了工作辊原始粗糙度对振动幅值的影响，以 MRT-5 钢为例，轧制速度保持在 20 m/s，工作辊原始半径为 212~213 mm，出口带钢与原料的厚度分别为 0.32 mm 和 2.75 mm。结果显示，较小的工作辊半径和较大的辊面粗糙度会减小振动幅值。这是因为小辊径减弱了负阻尼效应，提高了振动稳定性；而大粗糙度增加了变形区摩擦降低，油膜填充辊缝更充分，进一步提升了振动稳定性，从而减小了振动幅值。

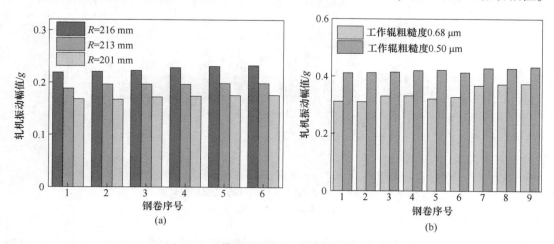

图 9-5 工作辊参数对轧机振动幅值的影响
（a）工作辊原始半径；（b）工作辊原始粗糙度

基于图 9-2~图 9-5 中所有结果可知，利用 PCA 与 XGBoost 模型得到的轧制过程工艺参数对振动贡献率的结果基本一致，然而各变量的贡献率数值上还存在着一定的区别。这是由于轧制力与张力之间存在着一定的联系，如当张力增大时，轧制力减小，导致贡献率模型中这些变量之间并不是完全线性无关的, 不同变量之间存在着一定的耦合作用。

9.2 提高轧制稳定性的轧制工艺参数优化及分析

9.2.1 基于摩擦机理模型的工艺参数优化

9.2.1.1 轧机机构模型建立

为了充分考虑非线性摩擦与润滑特性、轧制力与轧辊弹性变形之间的耦合效应, 带钢在机架间传输时滞特性等因素, 在本研究中将建立质量-弹簧-阻尼系统轧机振动机理模型进行轧机振动特性分析[5], 如图 9-6 所示。

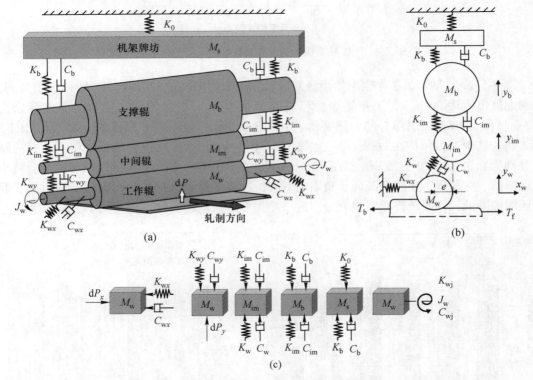

图 9-6 轧机水平-垂直-扭转振动模型示意图

(a) 简化的轧机耦合振动模型; (b) 耦合振动模型侧视图;

(c) 质量体动力学平衡示意图

根据某 1450 mm UCM 轧机的结构特征, 充分考虑工作辊 (Work Roll, WR)、中间辊 (Intermediate Roll, IMR)、支撑辊 (Back Up Roll, BUR) 和机架牌坊 (Stand) 各自的振动情况, 建立了多自由度的质量-弹簧-阻尼系统轧机振动模型[6]。考虑到轧机上下结构之间沿轧制线对称的特性, 简化后的六自由度轧机水平-垂直-扭转系统振动机理模型如图 9-6 所示。下标 w 代表工作辊, im 代表中间辊, b 代表支撑辊, x 代表水平方向, y 代表竖直方向。图中使用的各参数名称以及取值如表 9-1 所示。

表 9-1 轧机主要结构参数

参数名称	单位	取值
工作辊等效质量，M_w	kg	3914
中间辊等效质量，M_{im}	kg	5410
支撑辊等效质量，M_b	kg	31330
上机架牌坊等效质量，M_s	kg	79739
工作辊等效刚度系数，K_w	N/m	0.91×10^{10}
中间辊等效刚度系数，K_{im}	N/m	1.03×10^{10}
支撑辊等效刚度系数，K_b	N/m	5.85×10^{10}
上机架牌坊等效刚度系数，K_0	N/m	11.73×10^{10}
工作辊水平方向阻尼系数，C_{wx}	N·s/m	5.00×10^4
工作辊竖直方向阻尼系数，C_{wy}	N·s/m	0
中间辊阻尼系数，C_{im}	N·s/m	5.70×10^5
中间辊阻尼系数，C_b	N·s/m	5.10×10^6
工作辊等效转动惯量，J_w	kg·m²	1381
工作辊扭转等效刚度系数，K_{wj}	N·m/rad	7.90×10^6
工作辊扭转阻尼系数，C_{wj}	N·m/rad	4178
工作辊辊径，R_w	mm	212.5
工作辊辊径，R_{im}	mm	245
工作辊辊径，R_b	mm	650
工作辊偏心距，e	mm	5

根据图 9-6 （c）中质量体动力学平衡条件，分别考虑工作辊、中间辊、支撑辊与上机架牌坊各自在水平方向、垂直方向以及扭转方向上的振动稳定性，冷轧轧机振动的动力学平衡微分方程如下所示：

$$
\begin{cases}
M_w \ddot{x}_w + C_{wx} \dot{x}_w + K_{wx} x_w = \mathrm{d}P_x \\
M_w \ddot{y}_w + (\dot{y}_w - \dot{y}_{im})C_{wy} + (y_w - y_{im})K_{wy} = \mathrm{d}P_y \\
M_{im} \ddot{y}_{im} - C_{wy}\dot{y}_w + (C_{wy} + C_{im})\dot{y}_{im} - C_{im}\dot{y}_b - K_{wy}y_w + (K_{wy} + K_{im})y_{im} - K_{im}y_b = 0 \\
M_b \ddot{y}_b - C_{im}\dot{y}_{im} + (C_{im} + C_b)\dot{y}_b - C_b\dot{y}_0 - K_{im}y_{im} + (K_{im} + K_b)y_b - K_b y_0 = 0 \\
M_s \ddot{y}_0 + C_b\dot{y}_0 - C_b\dot{y}_b + (K_0 + K_b)y_0 - K_b y_b = 0 \\
J_w \ddot{\theta}_w + C_{wj}\dot{\theta}_w + K_{wj}\theta_w = \mathrm{d}M
\end{cases}
\tag{9-14}
$$

式中，x_w 为工作辊在水平方向上的振动位移，m；y_w 为工作辊在垂直方向上的振动位移，

m；y_{im} 为中间辊在垂直方向上的振动位移，m；y_b 为支撑辊在垂直方向上的振动位移，m；y_0 为上机架牌坊在垂直方向上的振动位移，m；θ 为工作辊在扭转方向上的角位移，rad。

为了表示的方便将上述动力学平衡微分方程转化成矩阵的形式，表示为：

$$[M]\{\ddot{y}\} + [C]\{\dot{y}\} + [K]\{y\} = [P] \tag{9-15}$$

式中，M 为各质量体的质量矩阵；C 为各质量体的阻尼矩阵；K 为各质量体的刚度矩阵；y 为各质量体的振动位移向量；P 为轧制力的动态增量向量；M、C、K 都是 6×6 的对称矩阵；y 与 P 为 6×1 的列向量。

式（9-14）中各矩阵分别如下所示：

$$M = \begin{bmatrix} M_w & 0 & 0 & 0 & 0 & 0 \\ 0 & M_w & 0 & 0 & 0 & 0 \\ 0 & 0 & M_{im} & 0 & 0 & 0 \\ 0 & 0 & 0 & M_b & 0 & 0 \\ 0 & 0 & 0 & 0 & M_s & 0 \\ 0 & 0 & 0 & 0 & 0 & J_w \end{bmatrix}$$

$$C = \begin{bmatrix} C_{wx} & 0 & 0 & 0 & 0 & 0 \\ 0 & C_{wy} & -C_{wy} & 0 & 0 & 0 \\ 0 & -C_{wy} & C_{wy}+C_{im} & -C_{im} & 0 & 0 \\ 0 & 0 & -C_{im} & C_{im}+C_b & -C_b & 0 \\ 0 & 0 & 0 & -C_b & C_b & 0 \\ 0 & 0 & 0 & 0 & 0 & C_{wj} \end{bmatrix}$$

$$K = \begin{bmatrix} K_{wx} & 0 & 0 & 0 & 0 & 0 \\ 0 & K_{wy} & -K_w & 0 & 0 & 0 \\ 0 & -K_w & K_w+K_{im} & -K_{im} & 0 & 0 \\ 0 & 0 & -K_{im} & K_{im}+K_b & -K_b & 0 \\ 0 & 0 & 0 & -K_b & K_b+K_0 & 0 \\ 0 & 0 & 0 & 0 & 0 & K_{wj} \end{bmatrix}$$

$$P = \begin{bmatrix} dP_x \\ dP_y \\ 0 \\ 0 \\ 0 \\ dM \end{bmatrix}, \quad y = \begin{bmatrix} x_w \\ y_w \\ y_{im} \\ y_b \\ y_0 \\ \theta \end{bmatrix}$$

9.2.1.2 负阻尼效应原理分析及振动稳定性判定公式

根据轧机振动实际情况可知，工作辊振动位移近似于一个复杂的谐波，可以使用一个余弦曲线来进行表示。假设出口处带钢厚度、中性面处的带钢厚度变化和工作辊振动位移可以近似表示为：

$$
\begin{cases}
h_{out} = h_m + \Delta h_{out} = h_m + a\cos\omega t \\
\Delta h_n = b\cos(\omega t + \theta) \\
y_w = \dfrac{\Delta S}{2}
\end{cases}
\tag{9-16}
$$

式中，h_m 为平均出口带钢厚度，mm；Δh_{out} 为出口带钢厚度变化量，mm；ω 为带钢振动曲线角频率，rad/s；θ 为曲线相位差，rad；t 为时间，s；a、b 为与振动有关的系数；ΔS 为振动引起的辊缝的变化量，mm；y_w 为工作辊垂直方向上的振动位移，mm。

假设第 3 机架出口带钢速度保持不变，第 4 机架的后张力可以表示为：

$$
\begin{aligned}
\Delta T_{b4} &= \frac{E_2}{l_3} \int \frac{v_{r,4}}{h_{in,4}} \Delta h_n \, \mathrm{d}t = \frac{E_2 v_{r,4} b \sin(\omega t + \theta)}{l_3 h_{in,4} \omega} \\
&= \frac{E_2 v_{r,4} b (\sin\omega t \cdot \cos\theta + \cos\omega t \cdot \sin\theta)}{l_3 h_{in,4} \omega} \\
&= \frac{E_2 v_{r,4} b}{l_3 h_{in,4} \omega} \left(\sin\theta \times \frac{y_w}{a} - \cos\theta \times \frac{\dot{y}_w}{a\omega} \right) + T_{constant} \\
&= A_1 y_w - B_1 \dot{y}_w + T_{constant}
\end{aligned}
\tag{9-17}
$$

式中，ΔT_{b4} 为第 4 机架后张力变化量，MPa；E_2 为带钢的弹性模量，MPa；l_3 为第 3、4 机架之间带钢的总长度，m；$h_{in,4}$ 为第 4 机架入口带钢厚度，mm；$v_{r,4}$ 为第 4 机架轧辊线速度，m/s；$A_1 = \dfrac{E_2 v_{r,4} b \sin\theta}{l_3 h_{in,4} a\omega}$，$B_1 = \dfrac{E_2 v_{r,4} b \cos\theta}{l_3 h_{in,4} a\omega^2}$，$T_{constant} = \dfrac{E_2 v_{r,4} b \sin\theta \dfrac{P}{K_w'}}{l_3 h_{in,4} a\omega}$。

工作辊振动位移变化会引起的机架后张力变化，得到因振动位移造成的轧制力波动 $\mathrm{d}P$ 为：

$$
\mathrm{d}P = -0.7 w l' Q_p (A_1 y_w - B_1 \dot{y}_w + T_{constant})
\tag{9-18}
$$

式中，w 为带钢宽度，mm；l' 为变形区接触弧长，mm；Q_p 为应力状态系数。

在本节的后续部分中采用一个单自由度的自激振动系统来替代轧机结构以便于方便理论推导工作的进行。工作辊在竖直方向上的动力学平衡方程为：

$$
\begin{cases}
M_w \ddot{y}_w + C_w' \dot{y}_w + K_w' y_w = \mathrm{d}P \\
M_w \ddot{y}_w + (C_w' - 0.7 w \Delta l' Q_p B_1) \dot{y}_w + (K_w' + 0.7 w \Delta l' Q_p A_1) y_w = -0.7 w l' Q_p T_{constant}
\end{cases}
\tag{9-19}
$$

式中，M_w 为工作辊等效质量，kg；K_w' 为利用单自由度模型进行等效替代后工作辊等效刚度，N/m；C_w' 为利用单自由度模型进行等效替代后工作辊等效阻尼系数，N·s/m，在本节的后续研究中假定 $C_w' = C_w + C_{im} + C_b$。

假设工作辊轧制过程中的实际阻尼系数 C_{act} 为：

$$
C_{act} = C_w' - 0.7 w l' Q_p B_1
\tag{9-20}
$$

根据式 (9-19)，工作辊实际阻尼系数 C_{act} 出现在振动方程中工作辊振动位移的一阶导数项（$\dot{y}_w$ 项）。当 $C_{act} < 0$ 时，工作辊振动位移，轧机会出现明显的自激振动。根据式 (9-16)~式 (9-20) 可以发现，因振动导致的张力变化会导致出现一个轧制力增量，

这个轧制力增量与振动位移之间存在着 90° 的相位差，这种相位差是导致轧机中出现负阻尼效应的主要原因。

通过第 8 章的研究发现在实际冷轧生产过程中轧机水平振动、扭转振动在冷轧过程中几乎不会出现，假设只考虑工作辊在竖直方向上的振动情况，当在 Δt 的微小时间内工作辊会因为辊系上下振动导致轧辊的位置发生变化，此时辊缝变形区内带钢厚度与辊缝的关系如图 9-7 所示。

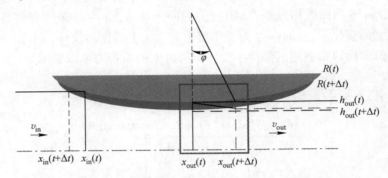

图 9-7 工作辊垂直振动位移引起的变形区几何参数变化

从图 9-7 中发现，在 Δt 的时间内，离开辊缝的带钢总长度为 $v_{out}\Delta t$，当 Δt 极小时，根据几何关系可以得到图中的 φ 角为：

$$\varphi \approx \tan\varphi = \frac{\Delta S}{v_{out}\Delta t} \tag{9-21}$$

式中，v_{out} 为机架出口带钢速度，m/s。

根据变形区接触弧长与轧辊半径之间的几何关系，φ 角也可以表示为：

$$\varphi \approx \sin\varphi = \frac{\Delta l'}{R'} \tag{9-22}$$

式中，$\Delta l'$ 为因振动引起的变形区接触弧长增量，mm；R' 为轧辊的压扁半径，mm。

基于式（9-21），因振动导致的接触弧长变化 $\Delta l'$ 可以表示为：

$$\Delta l' = \frac{R'}{v_{out}} \times \frac{dy_w}{dt} = \frac{R'}{v_{out}} \times \dot{y}_w \tag{9-23}$$

根据图 9-7，利用 φ 角的几何关系，将由振动导致的带钢出口厚度变化转化为变形区接触弧长变化。振动导致的轧制力变化在振动位移上的一阶导数项为：

$$\Delta P = w\bar{k}Q_p n_t \Delta l' = w\bar{k}Q_p n_t \frac{R'}{v_{out}}\dot{y}_w \tag{9-24}$$

式中，$\bar{k}$ 为带钢平均等效变形抗力，mm；n_t 为张力因子。

将式（9-24）取代式（9-20）中的负阻尼项，可得轧制过程中的实际阻尼系数 C_{act} 为：

$$C_{act} = C_w' - \Delta C = C_w' - \frac{w\bar{k}Q_p n_t R'}{v_{out}} \tag{9-25}$$

当 $C_{act} < 0$ 时轧机会出现明显的自激振动问题，以 $C_{act} \geq 0$ 作为轧机稳定性的前提条

件，根据式（9-25），最终通过理论推导得到一个多因素耦合的轧机振动稳定性数学判据：

$$C_{act} = C_w' - \Delta C = C_w' - \frac{w\bar{k}Q_p n_t R'}{v_{out}} \geq 0 \tag{9-26}$$

9.2.1.3 基于混合润滑理论的摩擦系数模型

通过9.1.3节对负阻尼效应的分析可以发现，随着摩擦系数的不断减少，轧机振动稳定性不断提高，利用稳定性判据可以有效获取摩擦系数稳定性区间的上限值，并定量分析上摩擦系数与轧机振动稳定性之间的关系。然而仅利用这个模型无法得到摩擦系数稳定性区间的下限值，也无法得出前后机架间摩擦系数的动态稳定区间（$\mu_4 - \mu_5 = 0.005 \sim 0.007$）。

学者认为在冷轧过程中摩擦系数与轧制速度之间的关系可以根据 Stribeck 曲线来进行描述[7]，如图9-8所示。在冷轧过程中，随着速度的改变润滑可以分为边界润滑、混合润滑与流体润滑3种状态。

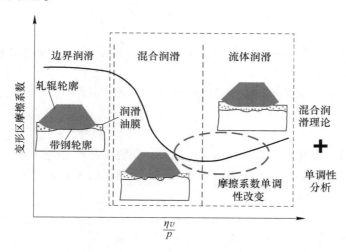

图 9-8 摩擦系数下限值的获取原理

从图9-8中可以发现，润滑状态由混合润滑向流体润滑转变时，变形区摩擦系数呈现先减小后增大的趋势，单调性发生变化。因此，后续研究将采用混合润滑理论建立油膜状态的摩擦系数模型，通过分析油膜分布与摩擦系数下限值的关系，从机理模型角度解析油膜厚度与摩擦系数的关联[8]。

考虑润滑油膜的轧辊与带钢表面入口处微观结构如图9-9所示。入口区油膜厚度的准确分析对于非稳态润滑理论的动态轧制解析至关重要，其会影响变形区内油膜分布和最终摩擦系数计算的精度，所以需要考虑轧制速度、张力和咬入角等因素对油膜厚度的影响。

轧机入口区油膜厚度可以表示为：

$$h = h_a + \alpha x \tag{9-27}$$

式中，h_a 为入口油膜厚度，μm；α 为咬入角，rad；x 为变形区内任一点的位置，mm。

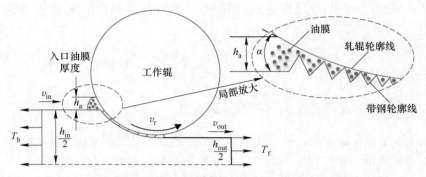

图 9-9 考虑润滑油膜的辊缝入口示意图

在入口区，润滑油膜压力（p）与油膜厚度（h）之间的关系可以用 Reynolds 方程[9-10]进行表示，具体如下：

$$\bar{v}\frac{\partial h_{\mathrm{t}}}{\partial x} - \frac{\partial h_{\mathrm{t}}}{\partial x} + \frac{\partial}{\partial x}\left(\frac{h_{\mathrm{t}}^3}{12\eta}\frac{\partial p}{\partial x}\right) = 0 \tag{9-28}$$

$$\bar{v} = \frac{v_{\mathrm{r}} + v_{\mathrm{in}}}{2} \tag{9-29}$$

式中，h_{t} 为变形区内 x 点处的油膜厚度，μm；p 为变形区内 x 点处的油膜压力，MPa；η 为变形区内 x 点处的油膜黏度，Pa·s。

对式（9-28）中的 x 进行积分可以得到入口区雷诺方程为：

$$\frac{\mathrm{d}p}{\mathrm{d}x} = 6\eta(v_{\mathrm{r}} + v_{\mathrm{in}})\frac{h_{\mathrm{t}} - h_{\mathrm{a}}}{h_{\mathrm{t}}^3} \tag{9-30}$$

对于冷轧轧制过程这种重载荷流体动压润滑，润滑油黏度是轧制过程摩擦与润滑角度中最重要的物理特性之一。目前常用的黏度与压力关系模型主要有以下几种。

A Barus 模型（a 模型）

$$\eta(p) = \eta_0 \mathrm{e}^{\vartheta p} \tag{9-31}$$

式中，η_0 为在大气压下油膜黏度，Pa·s；ϑ 为黏压系数，Pa^{-1}。

B Roelands 模型（b 模型）

$$\eta(p) = \eta_0 \exp\left\{(\ln\eta_0 + 9.67)\left[\left(1 + \frac{p}{1.96 \times 10^8}\right)^z - 1\right]\right\} \tag{9-32}$$

$$z = \frac{\vartheta}{5.1 \times 10^{-9}(\ln\eta_0 + 9.67)} \tag{9-33}$$

C Roelands 模型（c 模型）

Roelands 模型同时考虑温度和压力对黏度的影响的改进：

$$\eta(p,T) = \eta_0 \exp\left\{(\ln\eta_0 + 9.67)\left[\left(1 + \frac{p}{1.96 \times 10^8}\right)^z \times \left(\frac{T_0 - 138}{T - 138}\right)^{s_0} - 1\right]\right\} \tag{9-34}$$

式中，T 为最终轧制界面温度，K；T_0 为初始环境温度，K；$s_0 \approx 1.1$。

在本研究中，润滑油参数如表 9-2 所示。考虑到带钢长时间与润滑油接触，认为界面环境温度与润滑油喷射温度（$T_0 = 328$ K）相同。当不考虑界面温度变化对黏度的影响（即

$T = T_0$）时，b 模型与 c 模型的形式完全一致。综合图 9-10 中的分析结果可以看出，在冷连轧加工过程中，当利用非稳态润滑理论进行摩擦系数稳定性区间分析时需要同时考虑界面油膜压力与温度对润滑油膜黏度的影响。在本研究中将使用式（9-34）建立基于混合润滑理论的摩擦系数模型来进行轧机振动稳定性的研究。

表 9-2 润滑油参数

参数	密度/g·cm^{-3}	黏压系数/Pa^{-1}	大气压下油膜黏度/Pa·s^{-1}
取值	0.91	2.1×10^{-8}	0.0046

为了研究 3 种碾压模型的计算精度，首先假设界面温度不变，对比分析了 a 模型与 b 模型在不同界面载荷下模型计算结果，如图 9-10（a）所示。

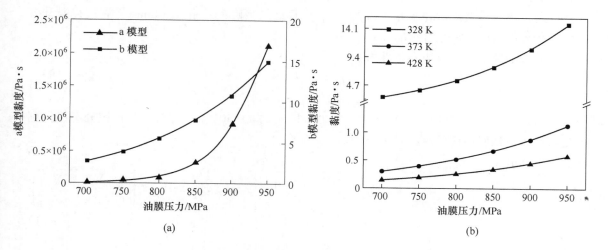

图 9-10 黏度与压力模型计算结果对比

（a）模型类别对黏度结果的影响；（b）温度与油膜压力对黏度的影响

变形界面温度上升的因素主要包括界面摩擦温升与带钢变形热两部分组成。Akira Azushima 在 W. L. Roberts 温升模型的基础上通过对日本钢铁工程控股公司冷轧产线的界面温度实际测量后，通过研究提出了一个同时考虑摩擦热与变形热的轧制界面带钢温度模型，具体如下：

$$T_m = \frac{1.06 \frac{1}{2}l'\mu_{Mixed}\bar{p}\Delta V + K_C\left(\dfrac{v_r \frac{1}{2}l'}{k_C}\right)^{1/2} T_{mw}}{\left(\dfrac{2}{v_r l'}\right)^{1/2}\left(\dfrac{K_B}{k_B^{1/2}} + \dfrac{K_C}{k_C^{1/2}}\right)} \tag{9-35}$$

$$T_{mw} = \frac{\bar{k}r}{\rho c_C} \tag{9-36}$$

$$\Delta V = \frac{(h_{in} - h_{out})(h_{in} + 5h_{out})}{16h_{in}h_{out}}v_r \tag{9-37}$$

$$r = \frac{h_{in} - h_{out}}{h_{in}} \tag{9-38}$$

式中，T_m 为由变形热与摩擦热造成的轧制界面温度上升值，K；μ_{Mixed} 为基于混合润滑理论得到的摩擦系数；K_B 为工作辊导热系数，W/(m·K)；K_C 为带钢导热系数，W/(m·K)；k_B 为工作辊热扩散率，m^2/s；k_C 为带钢热扩散率，m^2/s；r 为压下率，%。

在实际生产过程中乳化液的喷射温度设定为 328~330 K，并认为变形区接触界面的初始环境温度与乳化液的喷射温度相同。针对第 8 章轧制规程中的带钢，利用式（9-35）所计算的轧制界面的温度上升为 95 K，因此，最终的轧制界面温度为：

$$T = T_0 + T_m = 328\ K + 95\ K = 423\ K \tag{9-39}$$

根据现场生产实际测量结果可知，在冷轧生产过程中针对轧制规程 b 的带钢在 22 m/s 的轧制速度下出口步进梁上钢卷的表面温度为 410 K。考虑到带钢在卸卷过程中的辐射散热问题，第 5 机架出口轧制界面为 423 K，计算结果精确，采用 Azushima 轧制过程温升模型进行界面温度计算是合理的。

入口油膜厚度计算边界条件为：

$$\begin{cases} h = \infty, & p = 0 \\ h = h_a, & p = \bar{k} - T_b \end{cases} \tag{9-40}$$

将式（9-27）、式（9-34）和式（9-40）代入式（9-30），通过对 x 进行积分可以得到变形区入口油膜厚度的解析式为：

$$h_a = \frac{10.8\eta_0\beta(v_r + v_{in})}{\alpha} \cdot \frac{1}{\left[1 - (1 + \beta\sigma_s - \beta T_b)^{0.4}\right]\exp\left\{-\left[6(1 + \beta\sigma_s - \beta T_b)^{0.6}\left(\dfrac{T_0 - 138}{T - 138}\right)^{s_0} - 6\right]\right\}} \tag{9-41}$$

式中，β 为大气压力参考常量，$\beta = \dfrac{1}{1.96 \times 10^8}$。

在冷轧过程中，变形区一般处于混合润滑与流体润滑的范围内。根据冷轧混合润滑理论，变形区内等效摩擦应力 τ 可以表示为：

$$\tau = A\tau_1 + (1 - A)\tau_2 \tag{9-42}$$

$$\begin{cases} \tau_1 = mk \\ \tau_2 = \eta\dfrac{v_r - v_x}{h} \end{cases} \tag{9-43}$$

式中，τ 为变形区整体等效摩擦应力，MPa；τ_1 为边界润滑区等效摩擦应力，MPa；τ_2 为流体润滑区等效摩擦应力，MPa；A 为轧辊与带钢直接接触区的比例面积，%；m 为边界润滑黏附系数，$m = 0.32$；k 为临界剪切应力，MPa；h 为变形区内任一点处的油膜厚度，μm。

假设带钢表面微凸体为锯齿形，混合润滑状态下变形区微观结构如图 9-11 所示。其中，A 为轧辊与带钢表面直接接触的边界润滑区的面积；B 为轧辊与带钢表面间填充满润滑油的流体润滑区的面积。在图中边界润滑区与流体润滑区的边界位置处（图中圆点标示）油膜厚度 $h \to 0$，此时 $\tau_2 \to \infty$，造成在变形区内摩擦应力不连续。因此 Wilson 指出在变形区内存在着一个临界剪切油膜厚度，以保证摩擦应力的连续性[11]。根据边界条件临界剪切油膜厚度 h_c 可以表示为：

$$h_c = \frac{\eta(v_r - v_x)}{ck} \tag{9-44}$$

式中，c 为流体润滑黏附系数，$c = 0.001$。

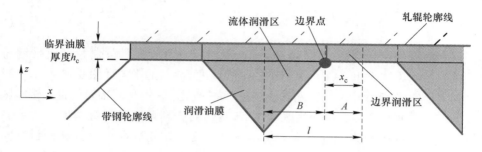

图 9-11　混合润滑微凸体表面微观示意图

在冷轧过程中，咬入角较小，辊缝变形区可近似由一条抛物线表示。假设在分析变形区油膜厚度时忽略轧辊位置变化对油膜厚度的影响，将任一点处带钢的厚度 h_x 修正为：

$$h_x = h_{out} + (h_{in} - h_{out})\left(\frac{x}{l'}\right)^2 \tag{9-45}$$

当临界剪切油膜存在时，根据油膜在变形区内的连续性，辊缝内任一点处的油膜厚度 $h_{t(x)}$ 可以表示为：

$$h_{t(x)} = \frac{v_r + v_{in}}{v_r + v_x}h_a \tag{9-46}$$

根据图 9-11 中的几何关系，轧辊与带钢直接接触区的比例面积 A 可以表示为：

$$A = \frac{1}{2} - \frac{H_n}{2\sqrt{3}} + \frac{H_c}{2\sqrt{3}} \tag{9-47}$$

$$H_c = \frac{h_c}{R_q} = \frac{\eta(v_r - v_x)}{ckR_q} \tag{9-48}$$

$$H_n = \sqrt{3}(1 - 2A) \tag{9-49}$$

$$R_q = \sqrt{R_{q,strip}^2 + R_{q,roll}^2} \tag{9-50}$$

式中，H_c 为无量纲临界油膜厚度；H_n 为无量纲表面间距；R_q 为轧辊与带钢表面综合粗糙度，μm；$R_{q,strip}$ 为带钢表面粗糙度，μm；$R_{q,roll}$ 为轧辊表面粗糙度，μm。

Wilson 引入高斯表面分布概率密度函数后通过分析指出变形区内 H_n 的分布情况与基于混合润滑理论得到的摩擦系数 μ_{Mixed} 可以表示为：

$$\frac{dH_n}{dX} = \frac{256}{128 + 280\bar{Z} - 280\bar{Z}^3 + 168\bar{Z}^5 - 40\bar{Z}^7}\frac{crXZ(1-r)}{3S[Z(1-r) + Y]^2} \tag{9-51}$$

$$\mu_{Mixed} = \frac{\tau}{k} \tag{9-52}$$

式中，X 为无量纲带钢位置，$X = \dfrac{x}{l'}$；Y 为无量纲带钢厚度，$Y = \dfrac{h_x}{h_{in}}$；Z 为出口速度比，$Z =$

$\dfrac{v_{out}}{v_r}$；S 为无量纲速度，$S = \dfrac{l'\eta_0 v_r}{kR_q^2}$；$\bar{Z}$ 为无量纲的油膜厚度计算参数，$\bar{Z} = \dfrac{H_n}{3}$。

将式（9-42）、式（9-47）代入式（9-52）可得：

$$\mu_{Mixed} = Am + (1 - A)\frac{\eta(v_r - v_x)}{kh_x} = Am + c\left\{A + \frac{H_c}{2\sqrt{3}}\left[1 + \ln\frac{2\sqrt{3}(1 - A)}{H_c}\right]\right\} \quad (9\text{-}53)$$

基于混合润滑理论，利用式（9-41）~式（9-51）计算得到的轧制速度对带钢与轧辊表面直接接触区域比例面积（A）、无量纲的油膜厚度（H_t）的影响如图 9-12 所示。当轧制速度由 3 m/s 升高到 12.5 m/s 时，随着轧制速度的增大，带钢与轧辊表面直接接触区域比例面积 A 开始不断减小。当轧制速度大于 12.5 m/s 时，随着速度的继续增大，粗糙表面接触区域比例面积减小趋势大幅下降，基本保持不变。在此过程中，随着轧制速度的增大，无量纲的油膜厚度不断增大。

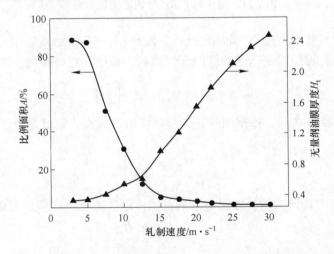

图 9-12　轧制速度对接触面积比例与无量纲油膜厚度的影响

在高速轧制过程中，当无量纲速度 $S > 1$ 时，带钢与轧辊粗糙表面直接接触区域比例面积 A 大约为 0，此时轧制润滑将进入全油膜的流体润滑阶段[12]。基于轧制数据，当轧制速度为 15.01 m/s 时，无量纲速度等于 1，此时接触区域比例面积 $A = 5.13\%$，无量纲的油膜厚度 $H_t = 0.9749$。这表明，针对本研究中的轧制数据，带钢与轧辊之间填充满了润滑油膜，轧制润滑已经开始由混合润滑转变成了全油膜的流体润滑阶段。当轧制速度为 22 m/s 时，接触区域比例面积 $A = 2.01\%$。

轧制润滑状态转变为流体润滑之后，由于带钢与轧辊表面由润滑油膜完全分离，因此假设接触区域比例面积 $A = 0$，将其代入式（9-53）中，可得在高速下基于混合润滑理论得到的摩擦系数 μ_{Mixed} 为：

$$\mu_{Mixed} = Am + (1 - A)\frac{\eta(v_r - v_x)}{kh_x} = \frac{cH_c}{2\sqrt{3}}\left(1 + \ln\frac{2\sqrt{3}}{H_c}\right) \quad (9\text{-}54)$$

9.2.1.4 轧制工艺参数优化以提高临界轧制速度

理论分析与实际生产表明，随着轧制速度增加，振动稳定性降低。自激振动通常需要通过降速轧制抑制，但影响生产效率，所以提高轧机临界轧制速度很关键。从振动机理的角度研究了轧制工艺参数对稳定性的影响，并通过优化轧制参数来提高稳定性[13]。第 5 机架摩擦系数和压下率对轧机极限速度的影响如图 9-13 所示。结果显示降低压下率和摩擦系数可以显著提高轧机临界速度。图中结果与振动机理模型一致，降低压下率和摩擦系数可减小负阻尼效应，显著提高振动稳定性。

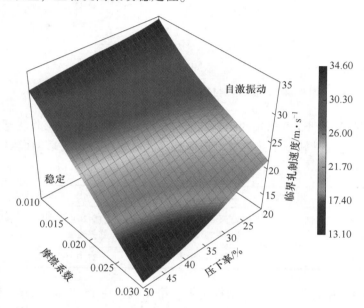

图 9-13　第 5 机架摩擦系数与压下率对轧机临界轧制速度的影响
（扫描书前二维码看彩图）

图 9-14 显示了第 5 机架摩擦系数稳定性区间上下限值与轧制速度的关系。随着速度增加，摩擦系数上限值减小。速度为 15.0 m/s 时，进入流体润滑阶段，摩擦系数下限值急剧减小。速度为 25.0 m/s 时，前滑消失，全后滑开始，摩擦系数下限值最小。随后，速度增加，摩擦系数下限值保持稳定。低速轧制时，影响轧制稳定性的主要因素是负阻尼效应；当轧制速度超过 27.5 m/s 时，影响轧制稳定性的主要因素是前滑为零时中性面处的界面压力峰值与摩擦应力方向的急剧变化。

而对于连轧机而言，整个系统的振动稳定性与各个机架的稳定性都密切相关，无论是哪个机架先出现异常振动的问题，都会导致最终整个轧制过程的不稳定。对于本研究中的某 1450 mm UCM 轧机而言，一般只有第 4、第 5 机架才会出现自激振动的问题，所以只针对末尾这两个机架的临界轧制速度进行分析。

在轧机临界轧制速度的计算过程中考虑了机架张力、带钢厚度变化对计算结果的影响。同时计算完第 4（或第 5）机架的临界轧制速度后，由金属秒流量相等方程得出理论的第 5（或第 4）机架临界轧制速度。之后，对比每个机架按照金属的秒流量相等原则与

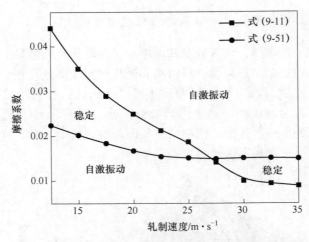

图 9-14 摩擦系数与轧制速度对振动稳定性的影响

振动稳定性判定公式分别计算出来的临界轧制速度，选择更小的数值作为最终的极限临界轧制速度。表 9-3 为在某轧制工艺参数下最终临界轧制速度确定的举例说明过程。

表 9-3 连轧机最终临界轧制速度确定过程 (m/s)

参数	第 4 机架		第 5 机架	
	使用式（9-26）得到的临界速度	利用秒流量原则得到的临界速度	使用式（9-26）得到的临界速度	利用秒流量原则得到的临界速度
取值	15.0	15.3	23.0	22.5

通过分析表 9-3 中计算所得出的数据可知，第 4 机架在 15.0 m/s 的轧制速度下已经出现自激振动的现象，而此时第 5 机架的轧制速度为 22.5 m/s，没有达到第 5 机架的临界轧制速度。第 4 机架比第 5 机架先发生自激振动的问题，因此综合分析后判定整个轧机振动系统最终的出口带钢临界轧制速度为 22.5 m/s。

对第 4、第 5 机架摩擦系数进行了优化以提高轧机临界轧制速度，优化效果如图 9-15 所示。当第 4 机架摩擦系数为 0.03，第 5 机架摩擦系数从 0.03 减小到 0.022 时，轧机极限轧制速度由 17.0 m/s 增大到 23.0 m/s；此后，第 5 机架摩擦系数由 0.022 减小到 0.005，而轧机临界轧制速度由 23.0 m/s 略微减小到 22.5 m/s 之后基本保持不变。

在图 9-15 中，整个连轧机的振动稳定性区域分为（Ⅰ）和（Ⅱ）两部分。对于区域（Ⅰ），轧机整体的振动稳定性主要受第 4 机架影响，通过减小其变形区摩擦系数可提高极限轧制速度。而在区域（Ⅱ），由于第 5 机架首先出现自激振动，通过降低其摩擦系数可以有效提高轧机的临界极限轧制速度。随着摩擦系数的连续减小，轧机的临界轧制速度首先迅速提高，然后趋于稳定，这是由于负阻尼效应增大，但随后受到带钢出口厚度变化引起的轧制力增量的制约，导致振动稳定性下降。

图 9-16 显示机架前后张力调整是提高轧机振动稳定性的有效手段，增大前张力、减小后张力可有效提高摩擦系数稳定性区间的下限值，提高轧机临界轧制速度，增强振动稳定性。然而，张力对极限轧制速度的影响有限，50 MPa 的张力提高仅为 1.5 m/s，相比之

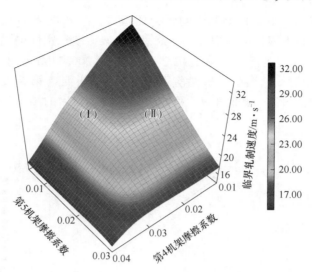

图 9-15　第 4、第 5 机架摩擦系数协调优化

（扫描书前二维码看彩图）

下，摩擦系数调整效果更为显著。图 9-16 中张力调整的效果与第 3 章中仿真结果相类似。假设第 5 机架前张力（$T_{f,s}$）为定值，同时机架间张力保持恒定（即 $T_{f,i} = T_{b,i+1}$）。基于图 9-16 中的研究结果发现，增大第 4、第 5 机架间张力会提高第 4 机架的振动稳定性，但与此同时会降低第 5 机架的振动稳定性，因此进行张力调整时需要同时考虑对上下游机架振动稳定性整体的影响。

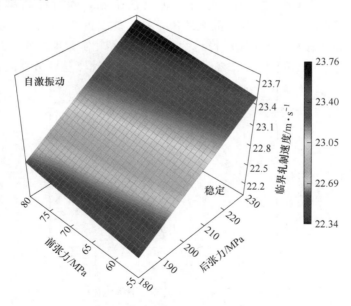

图 9-16　第 5 机架张力对临界轧制速度的影响

（扫描书前二维码看彩图）

第 4 与第 5 机架间张力对第 4、第 5 机架摩擦系数下限值的影响如图 9-17 所示。通过

图 9-17 发现，随着第 4、第 5 机架间中间张力的增大，第 4 机架摩擦系数下限值逐渐减小，第 5 机架摩擦系数下限值逐渐增大，导致第 4 机架振动稳定性增强，第 4 机架振动稳定性减弱。因此，最合适的第 4、第 5 机架间张力为 206.5 MPa。同时结合图 9-16 与图 9-17 中张力的作用可知，当第 4 机架前后张力相同，并且与第 5 机架后张力大小一致时，轧机的振动稳定性最高，此时第 4、第 5 机架张力优化后的结果为 $T_{b,4} = T_{f,4} = T_{b,5} = 206.5$ MPa。

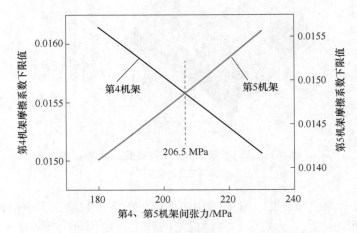

图 9-17　第 4、第 5 机架间张力优化

通过调整第 4 机架带钢的出口厚度，同步调节第 4、第 5 机架的压下率。在总压下率不变的前提下，增大第 4 机架出口厚度并降低其压下率，同时提高第 5 机架压下率。图 9-18 显示，对于区域 A，增大第 5 机架的压下率，轧机的临界轧制速度提高；在区域 B，随第 5 机架压下率增大，轧机振动稳定性下降，临界轧制速度减小。当第 4 机架压下率为 32.6%，第 5 机架压下率为 35.5% 时，轧机临界轧制速度达到最高值 24.3 m/s。

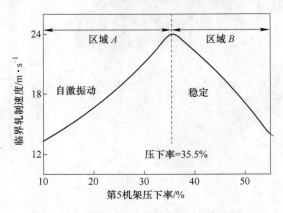

图 9-18　第 4、第 5 机架压下率优化图

基于式（9-52），调节乳化液油膜黏度是提高轧机振动稳定性的另一种重要手段，不同轧制速度与润滑油大气压下油膜黏度对摩擦系数下限值的影响如图 9-19 所示。从图 9-19 中发现，随着轧制速度的提高，入口油膜厚度增大，变形区内润滑条件得到改善，

在变形区内的油膜厚度不超过无量纲临界油膜厚度（≤ 2√3）时，轧机振动稳定性增高；当变形区内的油膜厚度超过无量纲临界油膜厚度（> 2√3）时，轧机振动稳定性变差。当轧制速度低于 22.5 m/s 时，随着大气压下润滑油黏度的增加，润滑效果不断改善，轧机振动稳定性提高；当轧制速度超过 22.5 m/s 时，随着大气压下润滑油黏度的增加，摩擦系数的稳定性区间下限值出现先减小后急剧增大的趋势。这种先减小后增大的变化主要是由于变形区内无量纲的油膜厚度的变化导致的。在 25 m/s 的轧制速度下，当大气压下润滑油黏度超过 0.04 Pa·s，无量纲油膜厚度会超过 2√3 的临界值，变形区内摩擦系数急剧增大，轧机的振动稳定性下降。

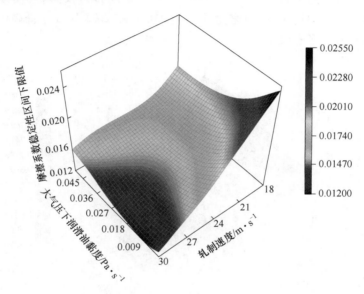

图 9-19 第 5 机架张力对临界轧制速度的影响
(扫描书前二维码看彩图)

轧机在高速轧制高强度薄规格带钢时出现异常振动主要由两个原因引起：负阻尼效应是轧制力与振动位移反馈时滞造成的，另一个是润滑状态转变导致的摩擦压力峰值与摩擦方向的变化。通过比较摩擦系数、张力和压下率对轧机振动极限速度的影响，发现调整第 4、第 5 机架的摩擦系数并平衡机架间摩擦系数是提高振动稳定性的有效手段。在确保油膜厚度不超过 2√3 的临界条件下，提高润滑油黏度是另一关键方法。张力的调整有限，而机架间压下率的调整可能会影响产品厚度和板形，需要通过实际轧制实验验证。

9.2.2 基于振动预测模型的工艺参数优化

通过 9.1 节的分析，轧制速度、张力、轧制力和辊缝值对振动有明显的影响并具有明确的方向性。本节利用收集到的轧制工艺数据与轧机振动数据，基于训练完成的振动预测模型，通过控制变量的方式研究了工艺参数变化量对振动加速度变化量的影响。以第 4、第 5 机架间张力和第 5 机架前张力作为变量，研究了不同张力下振动加速度变化情况。其他轧制工艺参数如表 9-4 所示。

表 9-4　其他轧制工艺参数

F5 轧制速度 /m·s⁻¹	来料厚度 /mm	F4 出口厚度 /mm	F5 出口厚度 /mm	F5 轧制速度 /m·s⁻¹	F5 轧制力 /kN	F5 辊缝 /mm
21.38	2.69	0.40	0.28	14.89	6233.0	2.53

　　图 9-20 展示了机架间张力及第 5 机架前张力对轧机振动幅值的影响。随着机架间张力减小，轧机振动幅值增大。机架间张力从 0.5 下降至 0.2，振动加速度由 0.67g 增至 0.74g。低机架间张力会加剧振动，同时增大前张力也导致振动加剧。当机架间张力从 0.5 增至 0.9 时，第 5 机架前张力对振动影响显著。在机架间张力较高时，前张力先降后升，当归一化前张力为 0.35 时，振动加速度最小，为 0.58g。综上所述，提高机架间张力并合理设置前张力可有效减轻轧机振动。

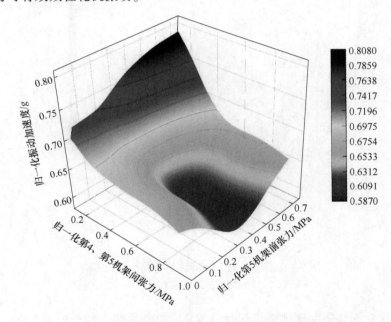

图 9-20　机架前后张力对振动加速度的影响
（扫描书前二维码看彩图）

　　控制其他变量不变，以第 5 机架轧制力和机架间张力作为变量，研究了轧制力下和张力下振动加速度变化情况。其他轧制工艺参数如表 9-5 所示。

表 9-5　其他轧制工艺参数

F5 轧制速度 /m·s⁻¹	来料厚度 /mm	F4 出口厚度 /mm	F5 出口厚度 /mm	F4 轧制速度 /m·s⁻¹	机架前张力 /kN	F5 辊缝 /mm
21.38	2.69	0.40	0.28	14.89	10.6	2.53

　　观察图 9-21 可以发现，当归一化轧制力为 0.18 时，机架间张力从 0.4 增加到 0.7，振动加速度从 0.50g 降低至 0.48g。并且随着机架间的张力持续增加，振动加速度不再发生变化。其原因是当振动低于一定水平，张力对振动的调节作用受到了限制。因此结合

图 9-20 的分析，当振动加速度较大时，通过调节张力来降低振动的作用明显，在振动较小时，张力调节不再发挥作用。随着轧制力的增加，振动加速度显著下降。在归一化张力为 0.9 的条件下，归一化轧制力从 0.04 增加到 0.18，振动加速度从 0.61g 降低至 0.48g。其原因是当轧制力较大时，由于外在因素引起的轧制力波动会降低，较低的轧制力波动引起的轧机振动加速度也较低。

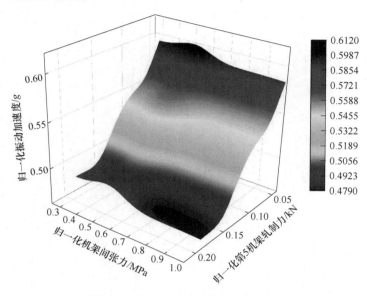

图 9-21　轧制力对振动加速度的影响
（扫描书前二维码看彩图）

参 考 文 献

［1］王国栋. 钢铁行业技术创新和发展方向［J］. 钢铁，2015，50（9）：1-10.

［2］郜志英，臧勇，曾令强. 轧机颤振建模及理论研究进展［J］. 机械工程学报，2015，51（16）：87-105.

［3］袁志发. 多元统计分析［M］. 北京：科学出版社，2018：188-215.

［4］Hardle W K，Simar L. Applied multivariate statistical analysis［M］. New York：Springer Press，2012：269-330.

［5］Lu X，Sun J，Li G T，et al. Stability Analysis of a Nonlinear Coupled Vibration Model in a Tandem Cold Rolling Mill［J］. Shock and Vibration，2019，2019（Pt. 2）：1-14.

［6］曾令强. 轧机耦合振动动力学建模及稳定性分析［D］. 北京：北京科技大学，2016.

［7］王国栋. 板带轧制理论与实践［M］. 北京：中国铁道出版社，2003：261-287.

［8］Lu X，Sun J，Wei Z，et al. Effect of minimum friction coefficient on vibration stability in cold rolling mill［J］. Tribology International，2021，159（1）：1-11.

［9］Wilson W，Marsault N. Partial hydrodynamic lubrication with large fractional contact areas［J］. Journal of Tribology，1998，120（1）：16-20.

［10］Roelands C. Correlational aspects of the viscosity-temperature-pressure relationship of the lubricating oils［D］. Netherlands：Delft University of Technology，1966.

[11] Lin H S, Marsault N, Wilson W. A mixed lubrication model for cold strip rolling-part I: theoretical [J]. Tribology Transactions, 1998, 41 (3): 317-326.

[12] Azushima A. Recent development and theory of lubrication in cold sheet rolling [J]. Tetsu to Hagane, 2013, 64 (12): 569-574.

[13] 王桥医. 非稳态润滑过程轧机系统动力学研究 [D]. 长沙: 中南大学, 2004.

附录　网络输入 68 维变量的带钢冷连轧工艺参数列表

附表　用于预测板形分布的轧制工艺参数详细说明

ID	变量	5 机架冷连轧过程工艺参数详细描述	单位
1	EntThk	Strip thickness before STD1	mm
2	ExiThk	Strip thickness after STD5	mm
3	Wth	Strip width	mm
4	Speed_std1	Rolling speed of STD1	m/s
5	Speed_std2	Rolling speed of STD2	m/s
6	Speed_std3	Rolling speed of STD3	m/s
7	Speed_std4	Rolling speed of STD4	m/s
8	Speed_std5	Rolling speed of STD5	m/s
9	RF_std1	Rolling force of STD1	kN
10	RF_std2	Rolling force of STD2	kN
11	RF_std3	Rolling force of STD3	kN
12	RF_std4	Rolling force of STD4	kN
13	RF_std5	Rolling force of STD5	kN
14	WRB_std1	Work roll bending force of STD1	kN
15	WRB_std2	Work roll bending force of STD2	kN
16	WRB_std3	Work roll bending force of STD3	kN
17	WRB_std4	Work roll bending force of STD4	kN
18	WRB_std5	Work roll bending force of STD5	kN
19	IMRB_std1	Intermediate roll bending force of STD1	kN
20	IMRB_std2	Intermediate roll bending force of STD2	kN
21	IMRB_std3	Intermediate roll bending force of STD3	kN
22	IMRB_std4	Intermediate roll bending force of STD4	kN
23	IMRB_std5	Intermediate roll bending force of STD5	kN
24	RGT_std1	Roll gap tilting value of STD1	mm
25	RGT_std2	Roll gap tilting value of STD2	mm
26	RGT_std3	Roll gap tilting value of STD3	mm
27	RGT_std4	Roll gap tilting value of STD4	mm
28	RGT_std5	Roll gap tilting value of STD5	mm

ID	变量	5 机架冷连轧过程工艺参数详细描述	单位
29	IMRS_std1	Intermediate roll shifting value of STD1	mm
30	IMRS_std2	Intermediate roll shifting value of STD2	mm
31	IMRS_std3	Intermediate roll shifting value of STD3	mm
32	IMRS_std4	Intermediate roll shifting value of STD4	mm
33	IMRS_std5	Intermediate roll shifting value of STD5	mm
34	Ten_stdB1	Strip tension between entry bridle and STD1	MPa
35	Ten_std12	Strip tension between STD1 and STD2	MPa
36	Ten_std23	Strip tension between STD2 and STD3	MPa
37	Ten_std34	Strip tension between STD3 and STD4	MPa
38	Ten_std45	Strip tension between STD4 and STD5	MPa
39	Ten_stdE5	Strip tension of STD5 Exit	MPa
40	TenTi_stdB1	Tension difference between OS and DS of STDB1	MPa
41	TenTi_std12	Tension difference between OS and DS of STD12	MPa
42	TenTi_std23	Tension difference between OS and DS of STD23	MPa
43	TenTi_std34	Tension difference between OS and DS of STD34	MPa
44	TenTi_std45	Tension difference between OS and DS of STD45	MPa
45	TenTi_stdE5	Tension difference between OS and DS of STDE5	MPa
46	CoiDtr	Coil diameter	mm
47	Thk_stdB1	Measured strip thickness from X0 in Fig. 9	mm
48	Thk_std12	Measured strip thickness from X1 in Fig. 9	mm
49	Thk_std45	Measured strip thickness from X4 in Fig. 9	mm
50	Thk_stdE5A	Measured strip thickness from X5 （A） in Fig. 9	mm
51	Thk_stdE5B	Measured strip thickness from X5 （B） in Fig. 9	mm
52	LS_std12	Measured strip speed from LS1 in Fig. 9	m/s
53	LS_std23	Measured strip speed from LS2 in Fig. 9	m/s
54	LS_std45	Measured strip speed from LS4 in Fig. 9	m/s
55	LS_stdA5	Measured strip speed from LS5 in Fig. 9	m/s
56	FlaTC_2	Coefficient of the square term of the flatness target curve	
57	FlaTC_4	Coefficient of the quadratic term of the flatness target curve	
58	WRB_mnl	Manual adjusting of work roll bending force of STD5	%
59	IMRB_mnl	Manual adjusting of intermediate roll bending force of STD5	%
60	RGT_mnl	Manual adjusting of roll gap tilting of STD5	%
61	WRB_aut	Automatic adjusting of work roll bending force of STD5	%
62	IMRB_aut	Automatic adjusting of intermediate roll bending force of STD5	%
63	RGT_aut	Automatic adjusting of roll gap tilting of STD5	%
64	RFD_std1	Rolling force difference between OS and DS of STD1	kN

ID	变量	5 机架冷连轧过程工艺参数详细描述	单位
65	RFD_std2	Rolling force difference between OS and DS of STD2	kN
66	RFD_std3	Rolling force difference between OS and DS of STD3	kN
67	RFD_std4	Rolling force difference between OS and DS of STD4	kN
68	RFD_std5	Rolling force difference between OS and DS of STD5	kN

索　引